# 工程训练指导

主　编　王立新　于忠德
副主编　刘永飞　刘伟琦　李　阳
　　　　赵旭东　张　聪　白　冰
　　　　刘世超
主　审　刘绍力

哈爾濱工程大學出版社
Harbin Engineering University Press

## 内容简介

本书共包括12章,在编写过程中,突出以技能训练为主线,以相关知识为支撑,将理论教学与技能训练进行良好结合。本书不仅全面介绍了普通车床、普通铣床、数控车床、加工中心的操作流程,还详细讲解了钳工、刨削、磨削、手工焊接及自动化焊接、钣金的操作工艺,以及特种加工技术中的线切割加工、电火花成形、激光加工技术和3D打印技术。在内容编排上,贯彻由浅入深、循序渐进的原则,在编写时力求突出重点,以真实案例为切入点,紧密联系实际生产过程,采用图文并茂的阐述形式,降低了学习难度,以利于培养学生的实践能力。

本书可作为普通高等院校机械、自动化相关专业教材,也可作为继续教育培训教材,以及从事加工制造业的工程技术人员的参考书。

**图书在版编目(CIP)数据**

工程训练指导/王立新,于忠德主编. —哈尔滨:哈尔滨工程大学出版社,2022.1(2025.1重印)
ISBN 978-7-5661-3402-8

Ⅰ.①工… Ⅱ.①王… ②于… Ⅲ.①机械制造工艺 Ⅳ.①TH16

中国版本图书馆CIP数据核字(2022)第011637号

**工程训练指导**
GONGCHENG XUNLIAN ZHIDAO

**选题策划** 包国印
**责任编辑** 张 彦
**封面设计** 博鑫设计

**出版发行** 哈尔滨工程大学出版社
**社 址** 哈尔滨市南岗区南通大街145号
**邮政编码** 150001
**发行电话** 0451-82519328
**传 真** 0451-82519699
**经 销** 新华书店
**印 刷** 哈尔滨市海德利商务印刷有限公司
**开 本** 787 mm×1 092 mm 1/16
**印 张** 18
**字 数** 446千字
**版 次** 2022年1月第1版
**印 次** 2025年1月第4次印刷
**定 价** 49.80元

http://www.hrbeupress.com
E-mail:heupress@hrbeu.edu.cn

# 前　言

工程训练是现代高等工程教育的重要组成部分，既是传授工程知识和工程技术的重要手段，又是理论教学与生产实践相结合的桥梁，更是培养学生工程素质、创新潜质和实践能力的重要途径。通过工程训练，学生的工程素质、专业素质和适应社会的能力都将得到全面的提升与发展。培养复合型、应用型、创新型的人才也是当代高等教育的主要目标之一。

当今社会各界对工程技术人员的需求量在不断增加，要求水平也在日益提高，因此工程训练作为理工科学生最为重要的实践教学环节越来越受到高等院校的重视。伴随着科学技术的高速发展，工程训练的内容和形式也在逐步改良更新。

根据新形势下的教学要求，本书将传统制造工艺与现代先进制造技术相结合，注重学生工艺设计能力和动手实践能力的培养，让学生在工程实训中真正了解机械制造技术及其发展历程。

本书共包括 12 章，在编写过程中，突出以技能训练为主线以相关知识为支撑，将理论教学与技能训练进行良好的结合。本书不仅全面介绍了普通车床、普通铣床、数控车床、加工中心的操作流程，还详细讲解了钳工、刨削、磨削、手工焊接及自动化焊接、钣金的操作工艺，以及特种加工技术中的线切割加工、电火花成形、激光加工技术和三维（3D）打印技术。在内容编排上，贯彻由浅入深、循序渐进的原则，在编写时力求突出重点，以真实案例为切入点，紧密联系实际生产过程，采用图文并茂的阐述形式，降低了学习难度，以利于培养学生的实践能力。

本书由大连工业大学艺术与信息学院工程训练中心组织编写，由王立新、于忠德担任主编，参加编写的有刘永飞、刘伟琦、李阳、赵旭东、张聪、白冰、刘世超。其中，王立新编写第 6 章、第 7 章，于忠德（庄河市职业教育中心）编写第 3 章，刘永飞编写第 4 章、第 8 章，刘伟琦编写第 5 章、第 11 章，李阳编写第 10 章，赵旭东编写第 1 章，张聪编写第 2 章，白冰编写第 12 章，刘世超编写第 9 章。全书由刘绍力担任主审。

编　者

2021 年 10 月

# 目　录

# 第1章　普通车床实训

## 1.1　车床基本操作

### 1.1.1　实训目的

1. 了解普通车床的安全操作规程。
2. 掌握普通车床的基本操作及步骤。
3. 了解对操作者的有关要求。
4. 掌握车削加工中的基本操作技能。
5. 培养良好的职业道德。

### 1.1.2　实训要求

1. 安全技术。
2. 熟悉普通车床的结构组成及功用。
3. 熟悉普通车床的基本操作：
(1)车床的启动和停止；
(2)车床转速、进给量、进给方向、光丝杠转换；
(3)车床手动进给控制。

### 1.1.3　实训设备

1. CA6140A 普通车床3台
CA6140A 普通车床如图1.1所示。

图1.1　CA6140A 普通车床

2. CDE6140A 普通车床 2 台

CDE6140A 普通车床如图 1.2 所示。

图 1.2 CDE6140A 普通车床

### 1.1.4 实训内容

1. 熟悉车工基本概念及其加工范围

车工是在车床上利用工件的旋转运动和刀具的移动来改变毛坯形状和尺寸，将其加工成所需零件的一种切削加工方法。其中工件的旋转为主运动，刀具的移动为进给运动（图 1.3）。

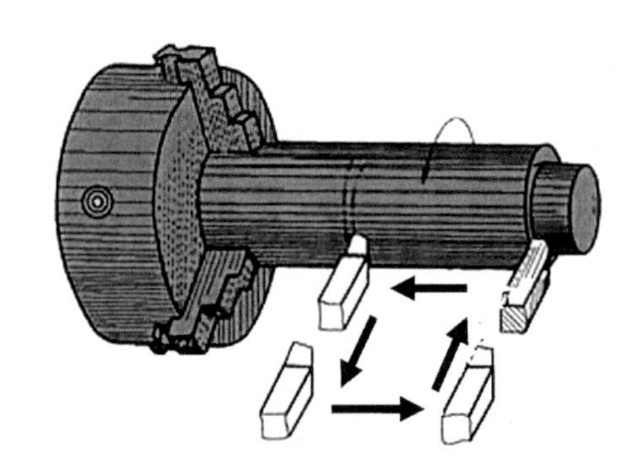

图 1.3 车工工作原理

车削运动车床主要用于加工回转体表面（图 1.4），加工的尺寸公差等级为 IT11 ~ IT6，表面粗糙度为 $Ra$12.5 ~ $Ra$0.8 μm。车床种类很多，其中卧式车床应用最为广泛。

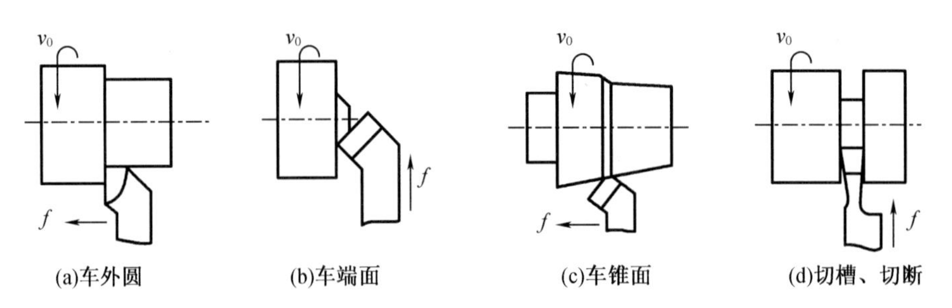


图 1.4 普通车床所能加工的典型表面

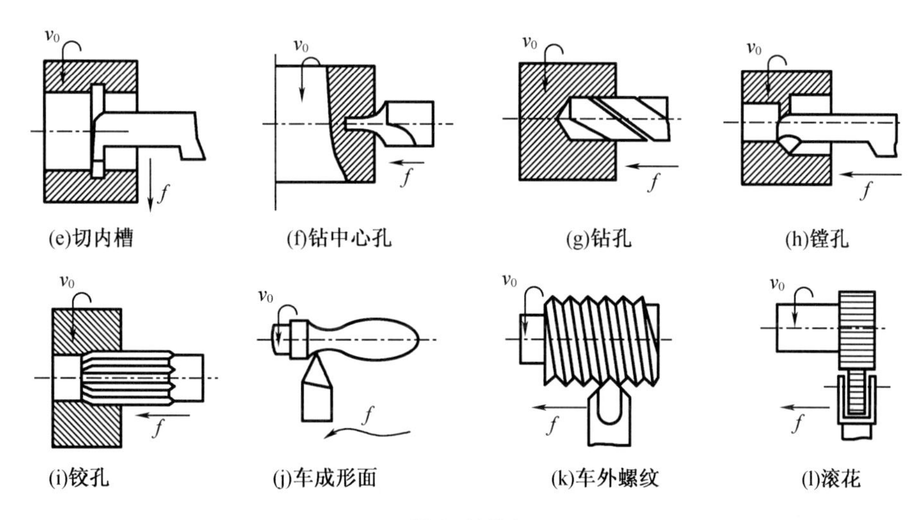


图 1.4(续)

2. 学习卧式车床型号及结构组成

(1)机床的型号

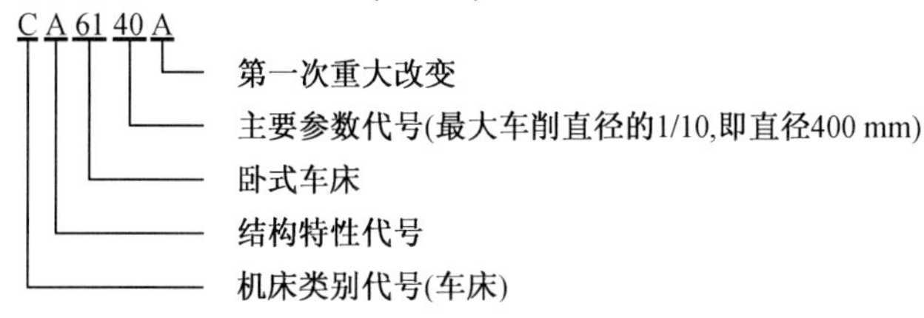


(2)卧式车床的结构

①卧式车床的型号

卧式车床用 CA61 × × ×来表示,其中 C 为机床分类号,表示车床类机床;61 为组系代号,表示卧式。其他部分表示车床的有关参数和改进号。

②卧式车床各部分的名称和用途

CA6140A 普通车床的整体结构如图 1.5 所示。

a. 主轴箱,又称床头箱,内装主轴和变速机构。通过改变设在床头箱外面的手柄位置,可使主轴获得 12 种不同的转速(45 ~1 980 r/min)。主轴是空心结构,能通过长棒料,棒料能通过主轴孔的最大直径是 29 mm。主轴的右端有外螺纹,用以连接卡盘、拨盘等附件。主轴右端的内表面是莫氏 5 号的锥孔,可插入锥套和顶尖,当采用顶尖并与尾架中的顶尖同时使用安装轴类工件时,其两顶尖之间的最大距离为 750 mm。床头箱的另一重要作用是将运动传给进给箱,并可改变进给方向。

b. 进给箱,又称走刀箱,它是进给运动的变速机构。它固定在床头箱下部的床身前侧面。变换进给箱外面的手柄位置,可将床头箱内主轴传递下来的运动转为进给箱输出的光杆或丝杆上的不同转速,以改变进给量的大小或车削不同螺距的螺纹。其纵向进给量为 0.06 ~0.83 mm/r;横向进给量为 0.04 ~0.78 mm/r;可车削 17 种公制螺纹(螺距为 0.5 ~

9 mm)和 32 种英制螺纹(每英寸[1] 2 ~38 牙)。

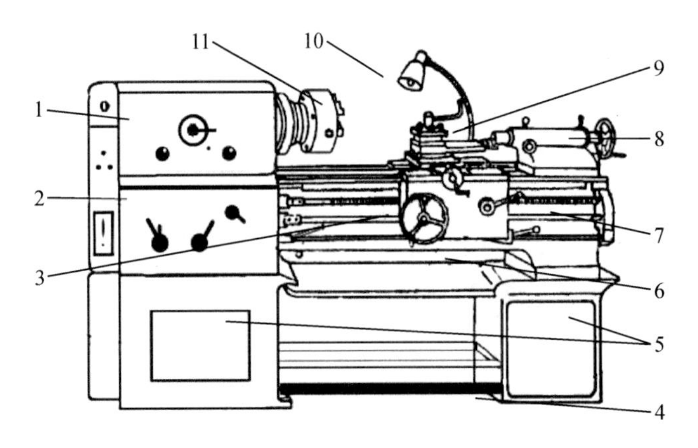


1—主轴箱;2—进给箱;3—溜板箱;4—紧急制动踏板;5—床脚;6—床身;
7—光杠、丝杠、操纵杠;8—尾座;9—刀架;10—照明灯;11—卡盘。

图 1.5 CA6140A 普通车床整体结构

c. 溜板箱,又称拖板箱,是进给运动的操纵机构。它使光杠或丝杠的旋转运动,通过齿轮和齿条或丝杠和开合螺母,推动车刀做进给运动。溜板箱上有三层滑板,当接通光杠时,可使床鞍带动中滑板、小滑板及刀架沿床身导轨做纵向移动;中滑板可带动小滑板及刀架沿床鞍上的导轨做横向移动。故刀架可做纵向或横向直线进给运动。当接通丝杠并闭合开合螺母时可车削螺纹。溜板箱内设有互锁机构,使光杠、丝杠两者不能同时使用。

d. 刀架,用来装夹车刀,并可纵向、横向及斜向运动。刀架是多层结构,其组成如图 1.6 所示。

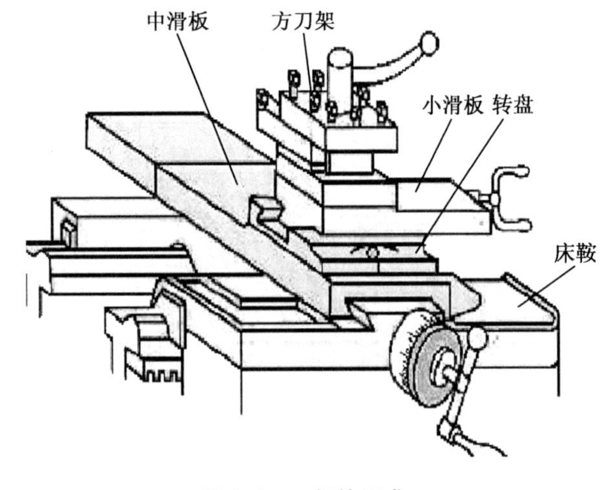


图 1.6 刀架的组成

床鞍:它与溜板箱牢固相连,可沿床身导轨做纵向运动。

---

① 1 英寸(in) =25.4 mm。

中滑板:它装置在床鞍顶面的横向导轨上,可做横向运动。

转盘:它固定在中滑板上,松开紧固螺母后,可转动转盘,使它和床身导轨成一个所需要的角度,而后再拧紧螺母,以加工圆锥面等。

小滑板:它装在转盘上面的燕尾槽内,可做短距离的进给运动。

方刀架:它固定在小滑板上,可同时装夹四把车刀。松开锁紧手柄,即可转动方刀架,把所需要的车刀更换到工作位置上。

e. 尾座,用于安装后顶尖,以支持较长工件进行加工,或安装钻头、铰刀等刀具进行孔加工。偏移尾架可以车出长工件的锥体。尾座主要由下列结构组成(图1.7)。

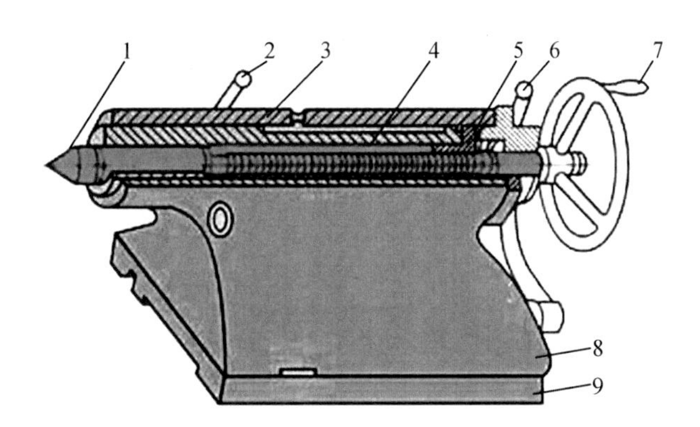


1—顶尖;2—套筒锁紧手柄;3—顶尖套筒;4—丝杆;5—螺母;6—尾座锁紧手柄;7—手轮;8—尾座体;9—底座。

图1.7 尾座

套筒:其左端有锥孔,用以安装顶尖或锥柄刀具。套筒在尾架体内的轴向位置,可用手轮调节,并可用锁紧手柄固定。将套筒退至极右位置时,即可卸出顶尖或刀具。

尾座体:它与底座相连,当松开固定螺钉,拧动螺杆可使尾架体在底板上做微量横向移动,以便使前后顶尖对准中心或偏移一定距离车削长锥面。

底座:它直接安装于床身导轨上,用以支承尾座体。

f. 光杠、丝杠与操纵杆,可将进给箱的运动传至溜板箱。

光杠:用于一般车削加工。

丝杠:用于车螺纹加工。

操纵杆:是车床的控制机构,在操纵杆左端和拖板箱右侧各装有一个手柄,操作工人可以很方便地操纵手柄以控制车床主轴正转、反转或停车。

g. 床身,是车床的基础件,用来连接各主要部件并保证各部件在运动时有正确的相对位置。在床身上有供溜板箱和尾座移动用的导轨。

h. 床脚,起到支撑机床各部件和连接地基的作用。

③卧式车床的传动系统

电动机输出的动力,经变速箱通过带传动传给主轴,更换变速箱和主轴箱外的手柄位置,得到不同的齿轮组啮合,从而得到不同的主轴转速。主轴通过卡盘带动工件做旋转运动。同时,主轴的旋转运动通过换向机构、交换齿轮、进给箱、光杠(或丝杠)传给溜板箱,使溜板箱带动刀架沿床身做直线进给运动。

④卧式车床的各种手柄和基本操作

a.卧式车床的调整及手柄的使用

CA6140A 普通车床的调整主要是通过变换各自相应的手柄位置进行的,如图 1.8 所示。

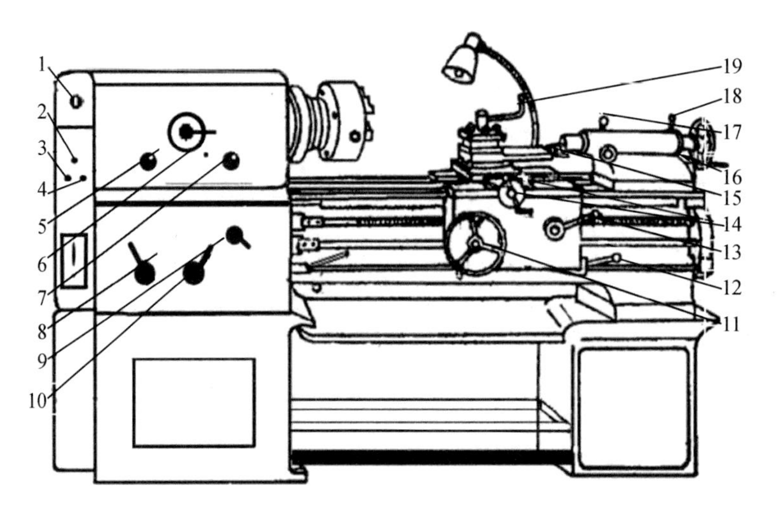


1—电源总开关;2—冷却开关;3—急停按钮纵向正、反向走刀手柄;4—电机控制开关;5—纵向反、正走刀手柄;6—主轴变速手柄;7—主轴高、低挡手柄;8,9,10—螺距及进给量调整手柄、丝杠光杠变换手柄;11—纵向进给手动手轮;12—主轴正、反转及停止手柄;13—开合螺母操纵手柄;14—下刀架横向进给手动手柄;15—上刀架移动手柄;16—尾座移动套筒手柄;17—尾座顶尖套筒固定手柄;18—尾座紧固手柄;19—方刀架转位、固定手柄。

图 1.8　CA6140A 普通车床的调整手柄

b.卧式车床的基本操作

(i)停车练习(主轴正、反转及停止手柄 12 在停止位置)

• 正确变换主轴转速。变动变速箱和主轴箱外面的手柄 5,6,7,可得到各种相对应的主轴转速。当手柄拨动不顺利时,可用手稍转动卡盘即可。

• 正确变换进给量。按所选的进给量查看进给箱上的标牌,再按标牌上进给变换手柄位置来变换手柄 14 和 15 的位置,即得到所选定的进给量。

• 熟悉掌握纵向和横向手动进给手柄的转动方向。左手握纵向进给手动手轮 11,右手握横向进给手动手柄 14。分别顺时针和逆时针旋转手轮,操纵刀架和溜板箱的移动方向。

• 熟悉掌握纵向或横向机动进给的操作。光杠或丝杠接通手柄位于光杠接通位置上,将纵向机动进给手柄提起即可纵向进给,如将横向机动进给手柄向上提起即可横向机动进给。分别向下扳动则可停止纵、横机动进给。

• 尾座的操作。尾座靠手动移动,其固定靠紧固螺栓螺母。转动尾座移动套筒手轮 16,可使套筒在尾座内移动,转动尾座锁紧手柄,可将套筒固定在尾座内。

(ii)低速开车练习

练习前应先检查各手柄位置是否处于正确的位置,无误后进行开车练习。

• 主轴启动—电动机启动—操纵主轴转动—停止主轴转动—关闭电动机。

• 机动进给—电动机启动—操纵主轴转动—手动纵横进给—机动纵横进给—手动退

回—机动横向进给—手动退回—停止主轴转动—关闭电动机。

特别注意:

- 机床未完全停止时严禁变换主轴转速,否则会发生严重的主轴箱内齿轮打齿现象,甚至发生机床事故。开车前要检查各手柄是否处于正确位置。
- 纵向和横向手柄进退方向不能摇错,尤其是快速进退刀时要千万注意,否则会导致工件报废和发生安全事故。
- 横向进给手动手柄每转一格时,刀具横向吃刀为0.02 mm,其圆柱体直径方向切削量为0.04 mm。

### 1.1.5 操作示例分析

1. 机床各个手轮的使用

(1)机床在不通电的情况下,尝试摇动手轮来操作机床;

(2)转动纵向进给手轮,溜板箱带动刀架做纵向运动;

(3)转动横向进给手轮,溜板箱带动刀架做横向运动。

2. 低速开车练习

(1)接通机床电源;

(2)将主轴速度调整至275 r/min(如果无法转动,先转动一下卡盘,再继续转动手柄);

(3)将控制进给箱输出速度手柄扳到0.053 mm/r;

(4)按下启动按钮,机床主轴运动,扳动控制自动进给的手柄,刀架可以进行自动进给运动;

(5)按下主轴停止按钮;

(6)按下急停开关;

(7)将机床断电。

### 思考题

1. 车削加工时,工件和刀具需做哪些运动?车削要素的名称、符号和单位是什么?解释CA6140A的含义。

2. 卧式车床有哪些主要组成部分?各有何功用?

3. 卧式车床的结构有哪些特点?主要应用在什么场合?

## 1.2 车削加工基本操作

### 1.2.1 实训目的

1. 掌握刀具的种类、组成和基本角度。

2. 掌握端面、外圆等切削方法。

3. 掌握车削加工中的基本操作技能。

4. 掌握各类刀具的刃磨。

5. 掌握螺纹的车削方法。
6. 掌握综合类零件的车削加工。
7. 掌握孔类零件的车削加工。
8. 掌握综合类零件的车削加工。
9. 熟悉车床附件的使用。
10. 学习各类零件的工艺制定。

### 1.2.2 实训要求

1. 安全操作。
2. 刀具的结构、种类、刃磨、基本角度和功用。
3. 普通车床的基本切削操作:
(1)零件的装夹;
(2)刀具的安装;
(3)端面、外圆的车削方法;
(4)滚花的车削方法;
(5)切槽、切断的车削方法;
(6)圆锥的车削方法。
4. 螺纹的切削操作:
(1)螺纹相关数据的计算方法;
(2)开合螺母加工法车削螺纹;
(3)正反转加工法车削螺纹。
5. 孔类零件的切削操作。
6. 轴类零件的工艺制定。
7. 盘套类零件的工艺制定。
8. 附件使用。

### 1.2.3 实训设备

CA6140A 普通车床 3 台。

### 1.2.4 实训内容

1. 车刀
(1)刀具材料
①刀具材料应具备的性能

a. 高硬度和好的耐磨性。刀具材料的硬度必须高于被加工材料的硬度才能切下金属。一般刀具材料的硬度应在 60HRC 以上。刀具材料越硬,其耐磨性就越好。

b. 足够的强度与冲击韧度。强度是指在切削力的作用下,不至于发生刀具破碎、刀杆折断所具备的性能。冲击韧度是指刀具材料在有冲击或间断切削的工作条件下保证不崩刃的能力。

c. 高的耐热性。耐热性又称红硬性,是衡量刀具材料性能的主要指标,它综合反映了刀具材料在高温下仍能保持高硬度、耐磨性、高强度、抗氧化、抗黏结和抗扩散的能力。

d. 良好的工艺性和经济性。

②常用刀具材料

目前，车刀广泛应用硬质合金刀具材料，在某些情况下也应用高速钢刀具材料。

a. 高速钢。高速钢是一种高合金钢，俗称白钢、锋钢、风钢等。其强度、冲击韧度、工艺性很好，是制造复杂形状刀具的主要材料，如成形车刀、麻花钻头、铣刀、齿轮刀具等。高速钢的耐热性不高，约在 640 ℃其硬度便会下降，不能进行高速切削。

b. 硬质合金。以耐热高和耐磨性好的碳化物——钴为黏结剂，采用粉末冶金的方法压制成各种形状的刀片，然后用铜钎焊的方法焊在刀头上作为切削刀具的材料。硬质合金的耐磨性和硬度比高速钢高得多，但塑性和冲击韧度不及高速钢。

(2)车刀组成及车刀角度

车刀是形状最简单的单刃刀具，其他各种复杂刀具都可以看作是车刀的组合和演变，有关车刀角度的定义，均适用于其他刀具。

①车刀的组成

车刀由刀头(切削部分)和刀体(夹持部分)组成。车刀的切削部分由三面、二刃、一尖组成，即一点二线三面，如图 1.9 所示，刀尖的形式如图 1.10 所示。

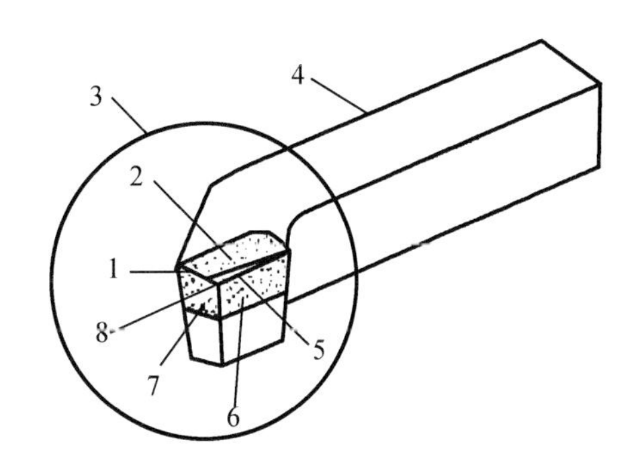


1—副切削刃；2—前刀面；3—刀头；4—刀体；5—主切削刃；6—主后刀面。

图 1.9 车刀的组成

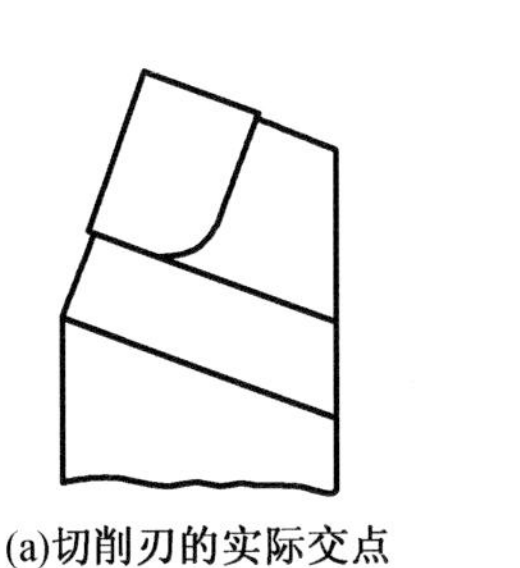

(a)切削刃的实际交点

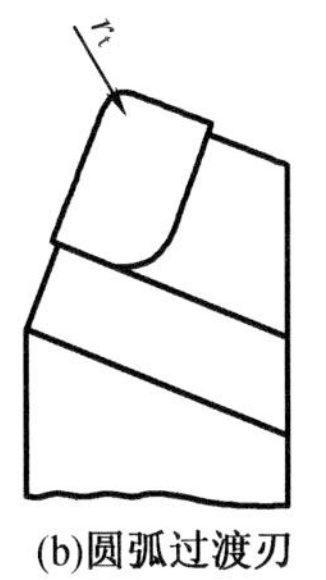


(b)圆弧过渡刃

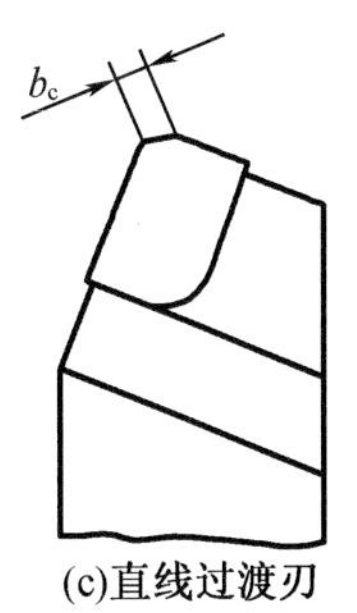


(c)直线过渡刃

图 1.10 刀尖的形式

②车刀角度

车刀的主要角度有前角 $\gamma_0$、后角 $\alpha_0$、主偏角 $\kappa_r$、副偏角 $\kappa_r'$和刃倾角 $\lambda_s$。

a. 前角 $\gamma_0$ 是前刀面与基面之间的夹角，表示前刀面的倾斜程度。前角可分为正、负、零，前刀面在基面之下则前角为正值，反之为负值，相重合为零。

前角的作用：增大前角，可使刀刃锋利、切削力降低、切削温度降低、刀具磨损减小、表面加工质量提高。但过大的前角会使刃口强度降低，容易造成刃口损坏。

选择原则：用硬质合金车刀加工钢件（塑性材料等），一般选取 $\gamma_0 = 10° \sim 20°$；加工灰口铸铁（脆性材料等），一般选取 $\gamma_0 = 5° \sim 15°$。精加工时可取较大的前角，粗加工时应取较小的前角。工件材料的强度和硬度大时，前角取较小值，有时甚至取负值。

b. 后角 $\alpha_0$ 是主后刀面与切削平面之间的夹角，表示主后刀面的倾斜程度。

后角的作用：减少主后刀面与工件之间的摩擦，并影响刃口的强度和锋利程度。

选择原则：一般后角可取 $\alpha_0 = 6° \sim 8°$。

c. 主偏角 $\kappa_r$ 是主切削刃与进给方向在基面上投影间的夹角。

主偏角的作用：影响切削刃的工作长度、切深抗力、刀尖强度和散热条件。主偏角越小，则切削刃工作长度越长，散热条件越好，但切深抗力越大。

选择原则：车刀常用的主偏角有 45°、60°、75°、90°几种。工件粗大、刚性好时，可取较小值。车细长轴时，为了减小径向力而引起工件弯曲变形，宜选取较大值。

d. 副偏角 $\kappa_r'$是副切削刃与进给方向在基面上投影间的夹角。

副偏角的作用：影响已加工表面的表面粗糙度，减小副偏角可使已加工表面光洁。

选择原则：一般取 $\kappa_r' = 5° \sim 15°$，精车可取 5° ~ 10°，粗车时取 10° ~ 15°。

e. 刃倾角 $\lambda_s$ 是主切削刃与基面间的夹角，刀尖为切削刃最高点时为正值，反之为负值。

刃倾角的作用：主要影响主切削刃的强度和控制切屑流出的方向。以刀杆底面为基准，当刀尖为主切削刃最高点时，$\lambda_s$ 为正值，切屑流向待加工表面；当主切削刃与刀杆底面平行时，$\lambda_s = 0°$，切屑沿着垂直于主切削刃的方向流出；当刀尖为主切削刃最低点时，$\lambda_s$ 为负值，切屑流向已加工表面。

选择原则：一般 $\lambda_s$ 在 0° ~ ±5°之间选择。粗加工时，常取负值，虽切屑流向已加工表面，但保证了主切削刃的强度好。精加工常取正值，使切屑流向待加工表面，从而不会划伤已加工表面。

（3）车刀的刃磨

车刀（指整体车刀与焊接车刀）用钝后是在砂轮机上重新刃磨的。磨高速钢车刀用氧化铝砂轮（白色），磨硬质合金刀头用碳化硅砂轮（绿色）。

①砂轮的选择

砂轮的特性由磨料、粒度、硬度、结合剂和组织 5 个因素决定。

常用的磨料有氧化物系、碳化物系和高硬磨料系 3 种。氧化铝砂轮磨粒硬度低（HV2000 ~ HV2400）、韧性大，适用刃磨高速钢车刀，白色的叫作白刚玉，灰褐色的叫作棕刚玉。碳化硅砂轮的磨粒硬度比氧化铝砂轮的磨粒高（HV2800 以上），性脆而锋利，并且具有良好的导热性和导电性，适用刃磨硬质合金。常用的是黑色和绿色的碳化硅砂轮，而绿色的碳化硅砂轮更适合刃磨硬质合金车刀。

砂轮的硬度是反映磨粒在磨削力作用下，从砂轮表面上脱落的难易程度。砂轮硬，表面磨粒难以脱落；砂轮软，则磨粒容易脱落。刃磨高速钢车刀和硬质合金车刀时应选软或中软的砂轮。

应根据刀具材料正确选用砂轮。刃磨高速钢车刀时，应选用粒度为46号到60号的软或中软的氧化铝砂轮；刃磨硬质合金车刀时，应选用粒度为60号到80号的软或中软的碳化硅砂轮，两者不能搞错。

②车刀刃磨的步骤

a. 磨主后刀面，同时磨出主偏角及主后角；

b. 磨副后刀面，同时磨出副偏角及副后角；

c. 磨前面，同时磨出前角；

d. 修磨各刀面及刀尖。

③刃磨车刀的姿势及方法

a. 人站立在砂轮机的侧面，以防砂轮碎裂时，碎片飞出伤人。

b. 两手握刀的距离放开，两肘夹紧腰部，以减小磨刀时的抖动。

c. 磨刀时，车刀要放在砂轮的水平中心，刀尖略向上翘3°～8°，车刀接触砂轮后应做左右方向水平运动。当车刀离开砂轮时，车刀需向上抬起，以防磨好的刀刃被砂轮碰伤。

d. 磨后刀面时，刀杆尾部向左偏过一个主偏角的角度；磨副后刀面时，刀杆尾部向右偏过一个副偏角的角度。

e. 修磨刀尖圆弧时，通常以左手握车刀前端为支点，用右手转动车刀的尾部。

(4)车刀的安装

车刀必须正确牢固地安装在刀架上。安装车刀应注意下列几点：

①刀头不宜伸出太长，否则切削时容易产生振动，影响工件加工精度和表面粗糙度。一般刀头伸出长度不超过刀杆厚度的两倍，能看见刀尖车削即可。

②刀尖应与车床主轴中心线等高。车刀装得太高，后角减小，则车刀的主后面会与工件产生强烈的摩擦；如果装得太低，前角减少，切削不顺利，会使刀尖崩碎。刀尖的高低，可根据尾架顶尖高低来调整。车刀的安装如图1.11所示。

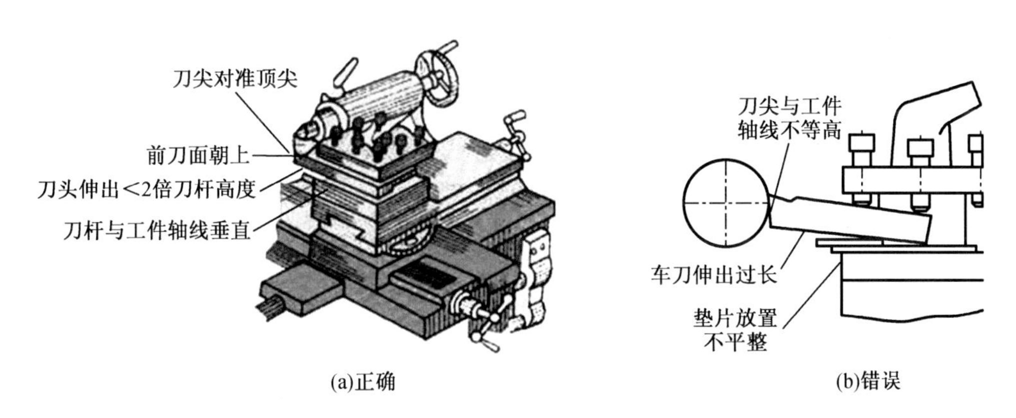


图1.11　车刀的安装

③车刀底面的垫片要平整，并尽可能用厚垫片，以减少垫片数量。调整好刀尖高低后，至少要用两个螺钉交替将车刀拧紧。

2. 车外圆、端面和台阶

(1)工件的安装

①用三爪自定心卡盘安装工件

三爪自定心卡盘的结构如图 1.12(a)所示，当用卡盘扳手转动小锥齿轮时，大锥齿轮也随之转动，在大锥齿轮背面平面螺纹的作用下，使三个爪同时向心移动或退出，以夹紧或松开工件。它的特点是对中性好，自动定心精度可达 0.05 ~ 0.15 mm。可以装夹直径较小的工件，如图 1.12(b)所示。当装夹直径较大的外圆工件时可用三个反爪进行，如图 1.12(c)所示。但三爪自定心卡盘由于夹紧力不大，所以一般只适宜于质量较小的工件，当质量较大的工件进行装夹时，宜用四爪单动卡盘或其他专用夹具。

②用一夹一顶安装工件

对于一般较短的回转体类工件，较适用于三爪自定心卡盘装夹，但对于较长的回转体类工件，用此方法则刚性较差。所以，对一般较长的工件，尤其是较重要的工件，不能直接用三爪自定心卡盘装夹，而要用一端夹住，另一端用后顶尖顶住的装夹方法。

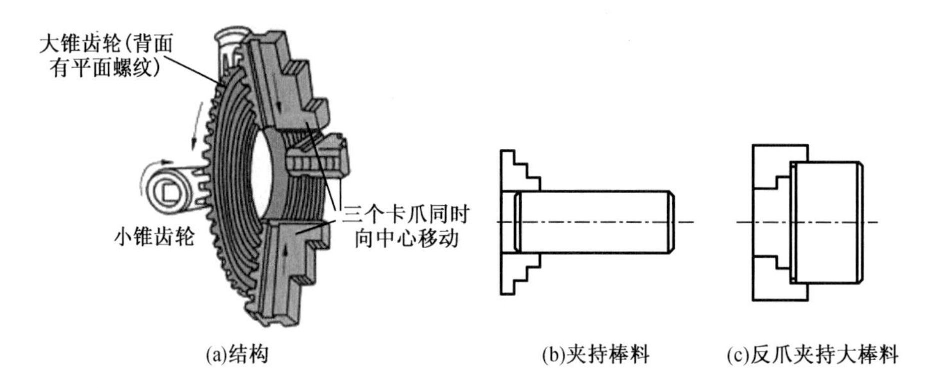


图 1.12 三爪自定心卡盘结构和工件安装

(2)车外圆

①调整车床

车床的调整包括主轴转速和车刀的进给量。

主轴的转速是根据切削速度计算选取的，而切削速度的选择和工件材料、刀具材料以及工件加工精度有关。用高速钢车刀车削时，$V = 0.3 \sim 1$ m/s，用硬质合金刀时，$V = 1 \sim 3$ m/s。车硬度高钢比车硬度低钢的转速低一些。

例如，用硬质合金车刀加工直径 $D = 200$ mm 的铸铁带轮时，选取的切削速度 $V = 0.9$ m/s，计算主轴的转速 $n$ 为

$$n = \frac{1\ 000 \times 60v}{\pi D} = \frac{1\ 000 \times 60 \times 0.9}{3.14 \times 200} \approx 99 \text{ r/min} \tag{1.1}$$

进给量是根据工件加工要求确定的。粗车时，一般取 0.2 ~ 0.3 mm/r；精车时，随所需要的表面粗糙度而定。例如表面粗糙度为 $Ra3.2$ μm 时，选用 0.1 ~ 0.2 mm/r；床表面粗糙度为 $Ra1.6$ μm 时，选用 0.06 ~ 0.12 mm/r，等等。进给量的调整可对照车床进给量表扳动手柄位置，具体方法与调整主轴转速相似。

②粗车和精车

粗车的目的是尽快地切去多余的金属层,使工件接近于最后的形状和尺寸。粗车后应留下0.5 ~1 mm 的加工余量。

精车是切去余下少量的金属层以获得零件所要求的精度和表面粗糙度,因此背吃刀量较小,为0.1 ~0.2 mm,切削速度则可用较高或较低速,初学者可用较低速。为了提高工件表面粗糙度,用于精车的车刀的前、后刀面应采用油石加机油磨光,有时将刀尖磨成一个小圆弧。

为了保证加工的尺寸精度,应采用试切法车削。试切法的步骤如图1.13 所示。

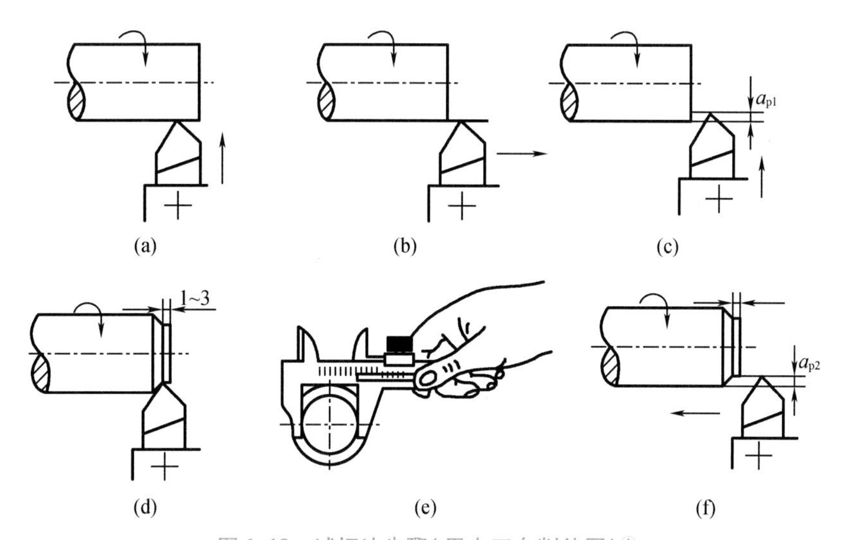


图1.13 试切法步骤(用尖刀车削外圆)①

③车外圆时的质量分析

尺寸不正确:原因是车削时粗心大意,看错尺寸;刻度盘计算错误或操作失误;测量时不仔细,不准确等。

表面粗糙度不符合要求:原因是车刀刃磨角度不对;刀具安装不正确或刀具磨损,以及切削用量选择不当;车床各部分间隙过大等。

外径有锥度:原因是吃刀深度过大,刀具磨损;刀具或拖板松动;用小拖板车削时转盘下基准线未对准"0"线;两顶尖车削时床尾"0"线不在轴心线上;精车时加工余量不足等。

(3)车端面

车端面时,刀具的主刀刃要与端面有一定的夹角。工件伸出卡盘外部分应尽可能短些,车削时用中拖板横向走刀,走刀次数根据加工余量而定,可采用自外向中心走刀的方法,也可采用自圆中心向外走刀的方法。

常用端面车削时的几种情况如图1.14 所示。

车端面时应注意以下几点:

①车刀的刀尖应对准工件中心,以免车出的端面中心留有凸台。

---

① 图、表中未标注的长度单位均为mm,粗糙度单位均为μm。

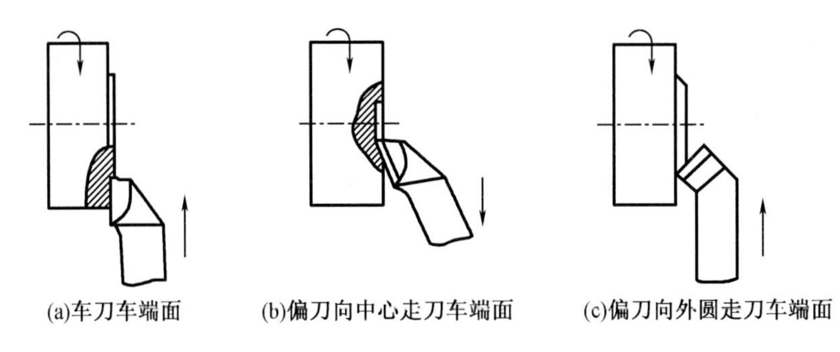


图 1.14 车端面的常用方法

②偏刀车端面，当背吃刀量较大时，容易扎刀。背吃刀量 $a_p$ 的选择：粗车时 $a_p$ = 0.2 ~ 1 mm，精车时 $a_p$ = 0.05 ~ 0.2 mm。

③端面的直径从外到中心是变化的，切削速度也在改变，在计算切削速度时必须按端面的最大直径计算。

④车直径较大的端面，若出现凹心或凸肚时，应检查车刀和方刀架，以及大拖板是否锁紧。

车端面的质量分析：

①端面不平，产生凸凹现象或端面中心留“小头”，原因是车刀刃磨或安装不正确，刀尖没有对准工件中心，切削深度过大，车床有间隙拖板移动。

②表面粗糙度差，原因是车刀不锋利，手动走刀摇动不均匀或太快，自动走刀切削用量选择不当。

(4) 车台阶

车削台阶的方法与车削外圆基本相同，但在车削时应兼顾外圆直径和台阶长度两个方向的尺寸要求，还必须保证台阶平面与工件轴线的垂直度要求。

台阶长度尺寸的控制方法：

①台阶长度尺寸要求较低时可直接用大拖板刻度盘控制。

②台阶长度可用钢直尺或样板确定位置，如图 1.15 所示。车削时先用刀尖车出比台阶长度略短的刻痕作为加工界限，台阶的准确长度可用游标卡尺或深度游标卡尺测量。

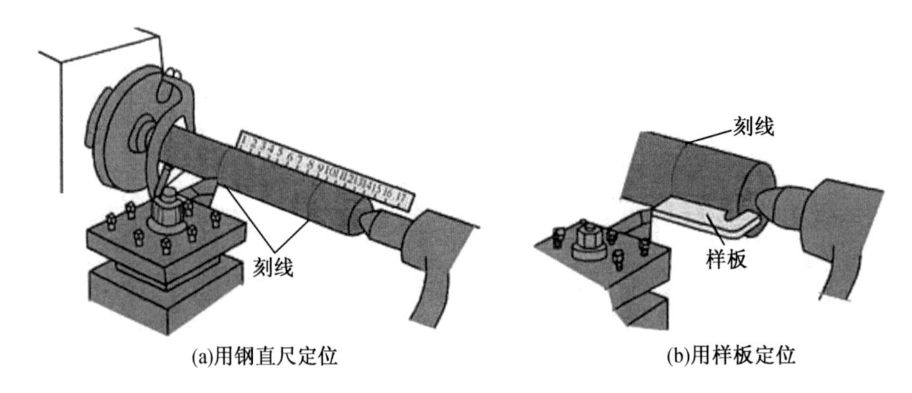


图 1.15 台阶长度尺寸的控制方法

③台阶长度尺寸要求较高且长度较短时，可用小滑板刻度盘控制其长度。

3. 滚花

零件的花纹有直纹和网纹两种，滚花刀也分直纹滚花刀（图 1.16（a））和网纹滚花刀（图 1.16（b）、图 1.16（c））。滚花是用滚花刀来挤压工件，使其表面产生塑性变形而形成花纹。滚花的径向挤压力很大，因此加工时工件的转速要低些，需要充分供给冷却润滑液，以免研坏滚花刀和防止细屑滞塞在滚花刀内而产生乱纹。

4. 切槽、切断

(1) 切槽

在工件表面上车沟槽的方法叫作切槽，形状有外槽、内槽和端面槽，如图 1.17 所示。

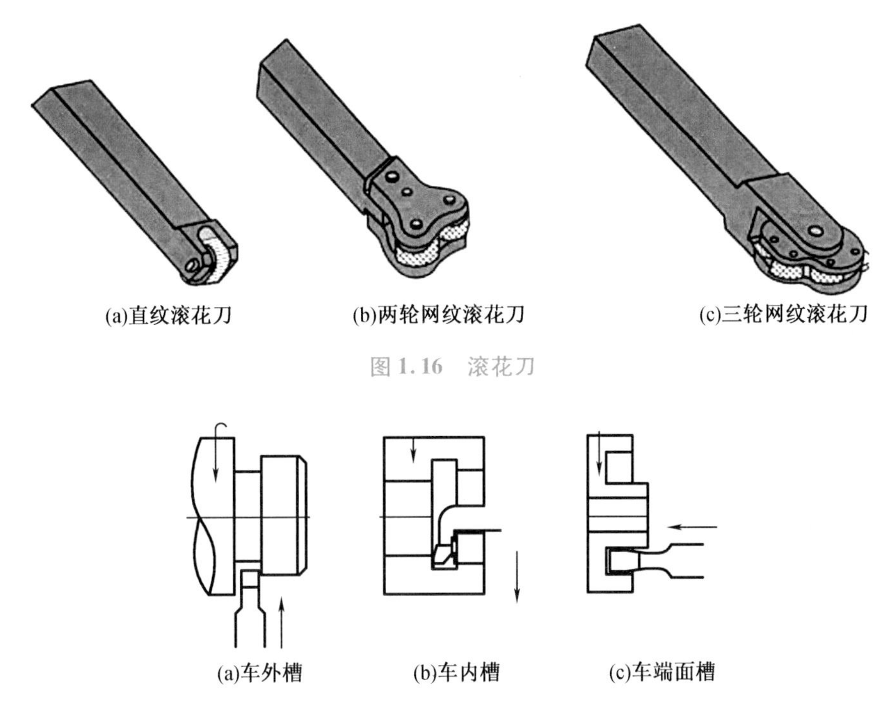


图 1.16　滚花刀



图 1.17　常用切槽的方法

①切槽刀的选择

常选用高速钢切槽刀切槽，切槽刀的几何形状和角度如图 1.18 所示。

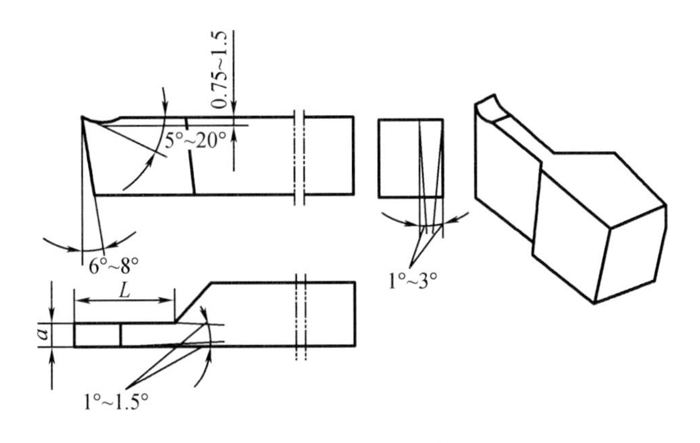


图 1.18　高速钢切槽刀

②切槽的方法

车削精度不高和宽度较窄的矩形沟槽时,可以用刀宽等于槽宽的切槽刀,采用直进法一次车出。精度要求较高的,一般分两次车成。

车削较宽的沟槽时,可用多次直进法切削(图 1.19),并在槽的两侧留一定的精车余量,然后根据槽深、槽宽精车至要求的尺寸。

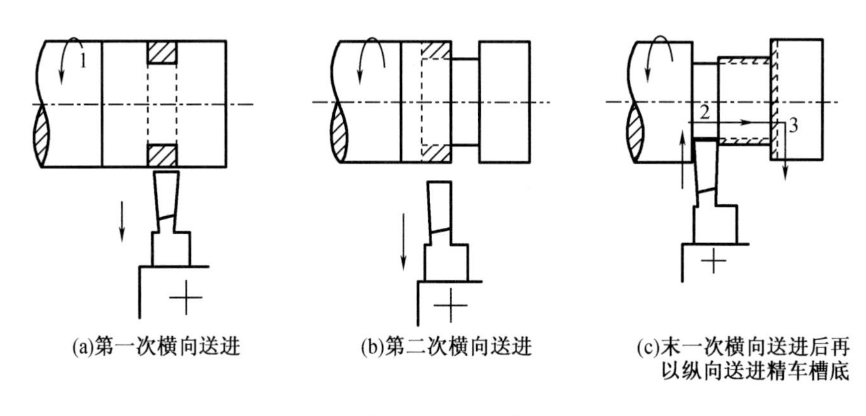


(a)第一次横向送进
(b)第二次横向送进
(c)末一次横向送进后再以纵向送进精车槽底

图 1.19　切宽槽

(2)切断

切断要用切断刀。切断刀的形状与切槽刀相似,但因刀头窄而长,很容易折断。常用的切断方法有直进法和左右借刀法两种。直进法常用于切断铸铁等脆性材料;左右借刀法常用于切断钢等塑性材料。

切断时应注意以下几点:

①切断一般在卡盘上进行,如图 1.20 所示。工件的切断处应距卡盘近些,避免在顶尖安装的工件上切断。

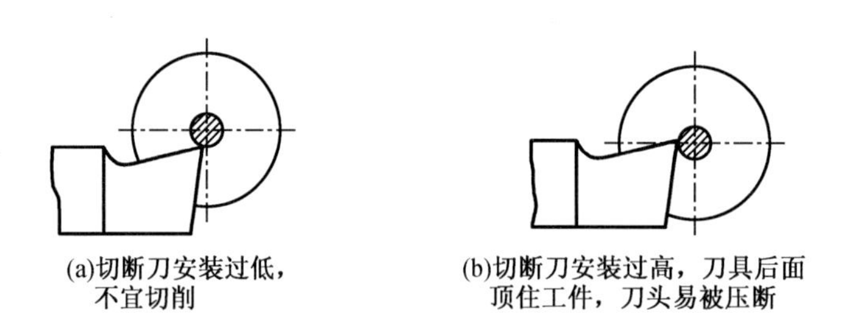

(a)切断刀安装过低,不宜切削
(b)切断刀安装过高,刀具后面顶住工件,刀头易被压断


图 1.20　在卡盘上切断

②切断刀刀尖必须与工件中心等高,否则切断处将剩有凸台,且刀头也容易损坏(图1.21)。

③切断刀伸出刀架的长度不要过长,进给要缓慢均匀。将切断时,必须放慢进给速度,以免刀头折断。

④两顶尖工件切断时,不能直接切到中心,以防车刀折断,工件飞出。

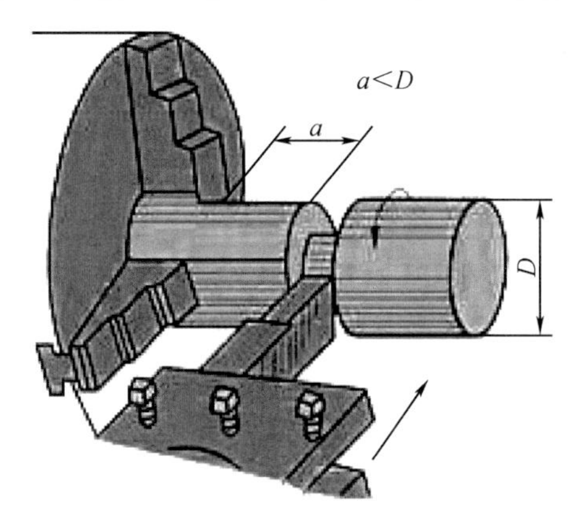


图1.21　切断刀刀尖必须与工件中心等高

5. 车圆锥面

将工件车削成圆锥表面的方法称为车圆锥面。常用车削圆锥面的方法有宽刀法、转动小刀架法、靠模法、尾座偏移法等几种。这里介绍转动小刀架法、尾座偏移法。

(1)转动小刀架法

当加工锥面不长的工件时,可用转动小刀架法车削。车削时,将小滑板下面的转盘上螺母松开,把转盘转至所需要的圆锥半角$\frac{\alpha}{2}$的刻线上,与基准零线对齐,然后固定转盘上的螺母,如果锥角不是整数,可在圆锥附近估计一个值,试车后逐步找正,如图1.22所示。

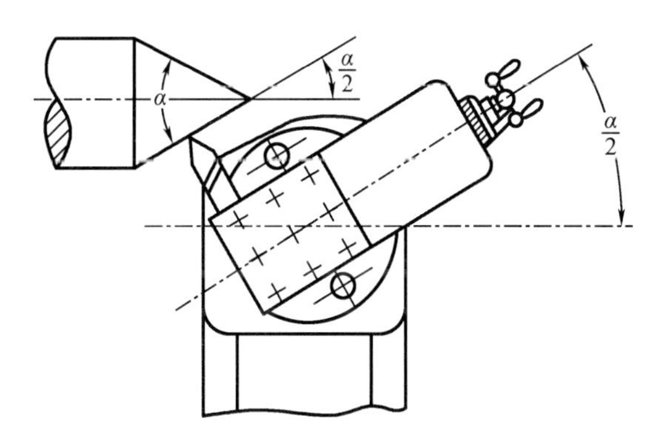


图1.22　转动小滑板车圆锥面

(2)尾座偏移法

当车削锥度小,锥形部分较长的圆锥面时,可以用偏移尾座的方法,此方法可以自动走刀,缺点是不能车削整圆锥和内锥体以及锥度较大的工件。将尾座上滑板横向偏移距离$S$,使偏位后两顶尖连线与原来两顶尖中心线相交$\frac{\alpha}{2}$,尾座的偏向取决于工件大小头在两顶尖间的加工位置。尾座的偏移量与工件的总长有关,如图1.23所示,可用下列公式计算:

$$S=\frac{D-d}{2L}L_0 \tag{1.2}$$

式中　$S$——尾座偏移量;

$L$——工件锥体部分长度；

$L_0$——工件总长度；

$D$、$d$——锥体大头直径和锥体小头直径。

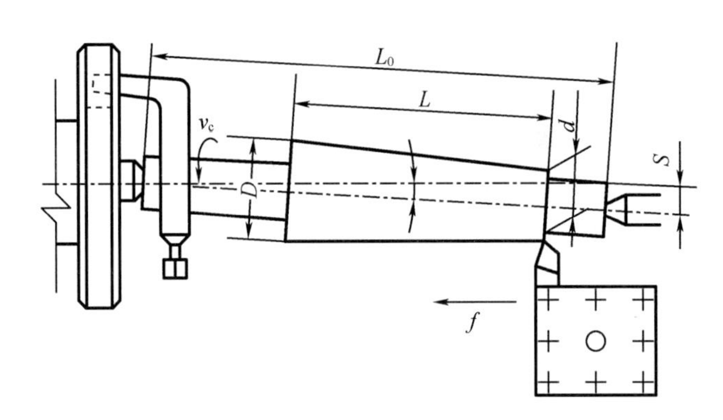


图 1.23 尾座偏移法车削圆锥面

床尾的偏移方向，由工件的锥体方向决定。当工件的小端靠近床尾处，床尾应向里移动；反之，床尾应向外移动。

车圆锥面的质量分析：

①锥度不准确，原因是计算上的误差；小拖板转动角度和床尾偏移量不精确；或者是车刀、拖板、床尾没有固定好，在车削中移动。甚至还会因为工件的表面粗糙度太差，量规或工件上有毛刺或没有擦干净，而造成检验和测量的误差。

②圆锥母线不直，是指锥面不是直线，锥面上产生凹凸现象或是中间低、两头高，主要原因是车刀安装没有对准中心。

③表面粗糙度不符合要求，原因是切削用量选择不当，车刀磨损或刃磨角度不对；没有进行表面抛光或者抛光余量不够；用小拖板车削锥面时，手动走刀不均匀；另外机床的间隙大，工件刚性差也会影响工件的表面粗糙度。

6. 车螺纹

将工件表面车削成螺纹的方法称为车螺纹。螺纹按牙型分有三角螺纹、方牙螺纹、梯形螺纹等（图 1.24）。其中普通公制三角螺纹应用最广。

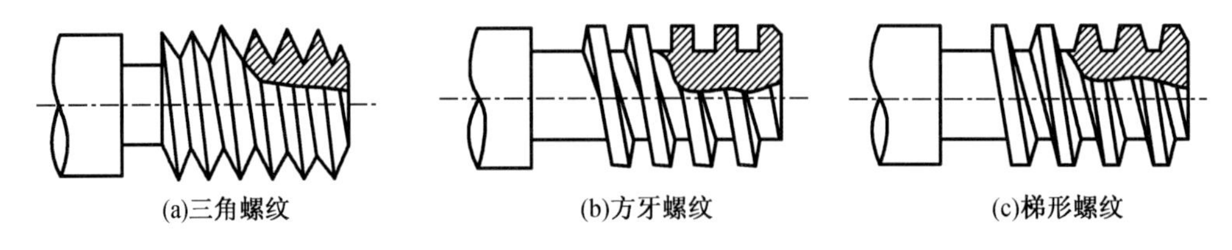


图 1.24 螺纹的种类

（1）普通三角螺纹的基本牙型

普通三角螺纹的基本牙型如图 1.25 所示。决定螺纹的基本要素有三个：

螺距 $P$——沿轴线方向上相邻两牙间对应点的距离。

牙型角 $\alpha$——螺纹轴向剖面内螺纹两侧面的夹角。

螺纹中径 $D_2(d_2)$——平螺纹理论高度 $H$ 的一个假想圆柱体的直径。在中径处的螺纹牙厚和槽宽相等。只有内外螺纹中径都一致时,两者才能很好地配合。

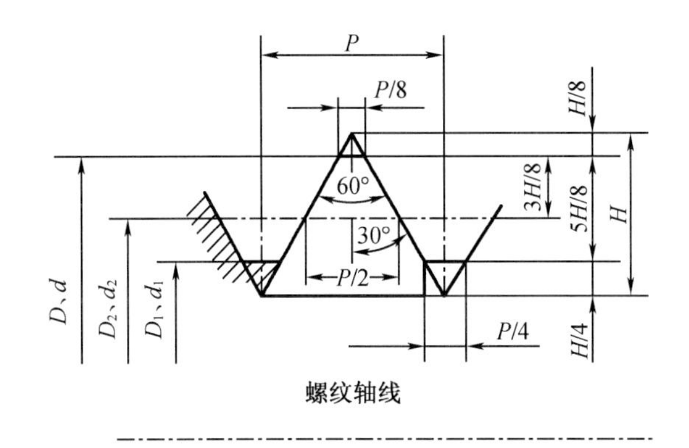


$D$—内螺纹大径(公称直径);$d$—外螺纹大径(公称直径);$D_2$—内螺纹中径;$d_2$—外螺纹中径;

$D_1$—内螺纹小径;$d_1$—外螺纹小径;$P$—螺距;$H$—原始三角形高度。

图1.25　普通三角螺纹基本牙型

(2)车削外螺纹的方法与步骤

①准备工作

a.安装螺纹车刀时,车刀的刀尖角等于螺纹牙型角 $\alpha=60°$,其前角 $\gamma_0=0°$,才能保证工件螺纹的牙型角,否则牙型角将产生误差。只有粗加工时或螺纹精度要求不高时,其前角可取 $\gamma_0=5°\sim20°$。安装螺纹车刀时刀尖对准工件中心,并用样板对刀,以保证刀尖角的角平分线与工件的轴线相垂直,车出的牙型角才不会偏斜。如图1.26所示。

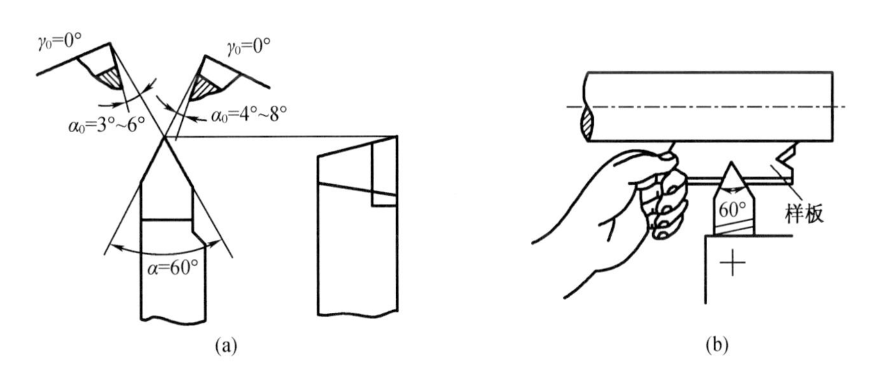


图1.26　螺纹车刀几何角度与用样板对刀

b.按螺纹规格车螺纹外圆,并按所需长度刻出螺纹长度终止线。先将螺纹外径车至尺寸,然后用刀尖在工件上的螺纹终止处刻一条微可见线,以它作为车螺纹的退刀标记。

c.根据工件的螺距 $P$,查看机床上的铭牌,然后调整进给箱上手柄位置及配换挂轮箱齿轮的齿数以获得所需要的工件螺距。

d.确定主轴转速。初学者应将车床主轴转速调到最低速。

②车螺纹的方法和步骤

a. 确定车螺纹切削深度的起始位置,将中滑板刻度调到零位,开车,使刀尖轻微接触工件表面,然后迅速将中滑板刻度调至零位,以便于进刀记数。

b. 试切第一条螺旋线并检查螺距。将床鞍摇至离工件端面 8 ~ 10 牙处,横向进刀 0.05 mm 左右。开车,合上开合螺母,在工件表面车出一条螺旋线,至螺纹终止线处退出车刀,开反车把车刀退到工件右端;停车,用钢尺检查螺距是否正确。如图 1.27(a)所示。

c. 用刻度盘调整背吃刀量,开车切削,如图 1.27(d)所示。螺纹的总背吃刀量 $a_p$ 与螺距的关系按经验公式 $a_p \approx 0.65P$ 计算,一次的背吃刀量约 0.1 mm。

d. 车刀将至终点时,应做好退刀停车准备,先快速退出车刀,然后开反车退出刀架。如图 1.27(e)所示。

e. 再次横向进刀,继续切削至车出正确的牙型,如图 1.25 所示。

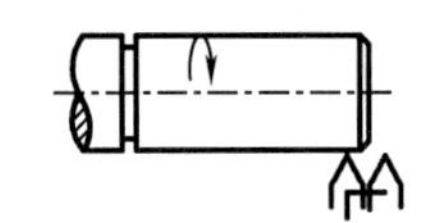

(a)开车，使车刀与工件轻微接触，记下刻度盘读数，向右退出车刀

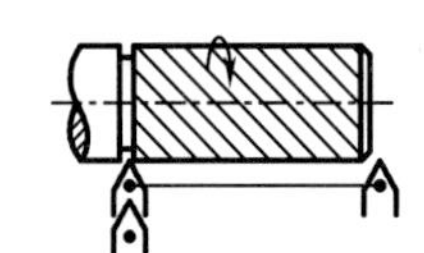

(b)合上对开螺母，在工件表面车出一条螺旋线，横向退出车刀，停车

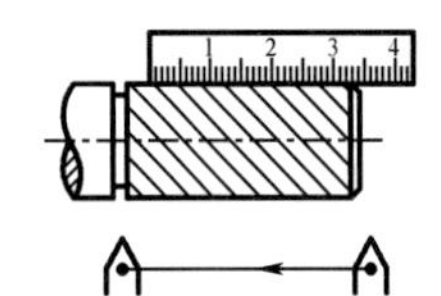


(c)开车，使车刀遇到工件右端,停车，用钢尺检查螺距是否正确

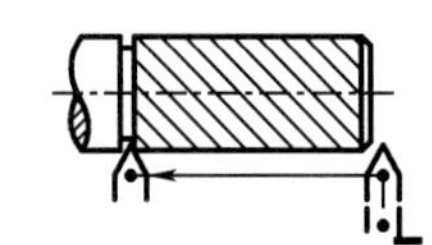

(d)利用刻度盘调整切深，开车切削，车钢料时加大背车量

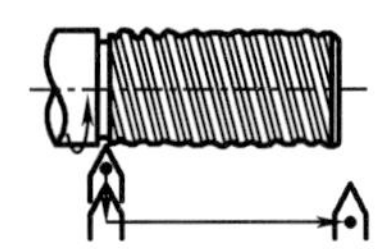

(e)车刀将至终点时，应做好退刀停车准备。先快速退出车刀，然后停车，开反车退出刀架

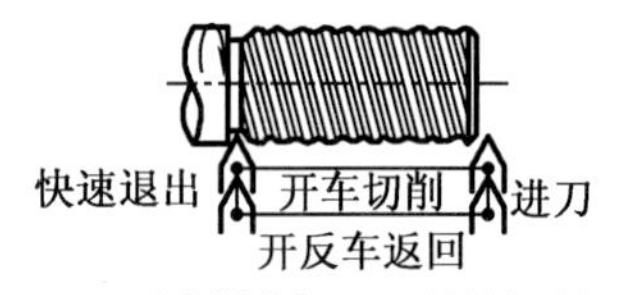


(f)再次横向切入，继续切削

图 1.27　螺纹切削方法与步骤

(3)螺纹车削注意事项

①注意和消除拖板的“空行程”。

②避免“乱扣”。当第一条螺旋线车好以后,第二次进刀后车削,刀尖不在原来的螺旋线(螺旋桩)中,而是偏左或偏右,甚至车在牙顶中间,将螺纹车乱,这个现象就叫作“乱扣”。预防乱扣的方法是采用倒顺(正反)车法车削。

③对刀前先要安装好螺纹车刀,然后按下开合螺母,开正车(注意应该是空走刀)停车,移动中、小拖板使刀尖准确落入原来的螺旋槽中(不能移动大拖板),同时根据所在螺旋槽中的位置重新做中拖板进刀的记号,再将车刀退出,开倒车,将车退至螺纹头部,再进刀。对刀时一定要注意是正车对刀。

④借刀就是螺纹车削一定深度后,将小拖板向前或向后移动一点距离再进行车削,借刀

时注意小拖板移动距离不能过大，以免将牙槽车宽造成乱扣。

⑤安全注意事项：

a. 车螺纹前先检查好所有手柄是否处于车螺纹位置，防止盲目开车；

b. 车螺纹时要思想集中，动作迅速，反应灵敏；

c. 用高速钢车刀车螺纹时，车头转速不能太快，以免刀具磨损；

d. 要防止车刀或者是刀架、拖板与卡盘、床尾相撞；

e. 旋螺母时，车刀退离工件，防止车刀将手划破，不要开车旋紧或者退出螺母。

7. 钻孔和镗孔

车床上可以用钻头、镗刀、扩孔钻头、铰刀进行钻孔、镗孔、扩孔和铰孔。

(1)钻孔

利用钻头将工件钻出孔的方法称为钻孔。钻孔的公差等级为IT10以下，表面粗糙度为*Ra*12.5 μm，多用于粗加工孔。在车床上钻孔如图1.28所示，工件装夹在卡盘上，钻头安装在尾架套筒锥孔内。钻孔前先车平端面并车出一个中心坑或先用中心钻钻中心孔作为引导。钻孔时，摇动尾架手轮使钻头缓慢进给，注意经常退出钻头排屑。钻孔进给不能过猛，以免折断钻头。钻钢料时应加切削液。

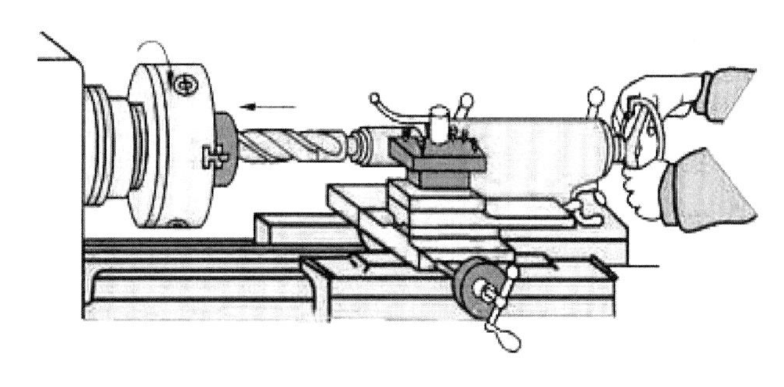

图1.28　车床上钻孔

钻孔注意事项：

①起钻时进给量要小，待钻头头部全部进入工件后，才能正常钻削。

②钻钢件时，应加冷切液，防止因钻头发热而退火。

③钻小孔或钻较深孔时，由于铁屑不易排出，必须经常退出排屑，否则会因铁屑堵塞而使钻头“咬死”或折断。

④钻小孔时，车头转速应快些，钻头的直径越大，钻速相应越慢。

⑤当钻头将要钻通工件时，由于钻头横刃首先钻出，因此轴向阻力大减，这时进给速度必须减慢，否则钻头容易被工件卡死，造成锥柄在床尾套筒内打滑而损坏锥柄和锥孔。

(2)镗孔

在车床上对工件的孔进行车削的方法叫作镗孔(又叫作车孔)，镗孔可以粗加工，也可以精加工。镗孔分为镗通孔和镗不通孔，如图1.29所示。镗通孔基本上与车外圆相同，只是进刀和退刀方向相反。粗镗和精镗内孔时也要进行试切和试测，其方法与车外圆相同。注意通孔车刀的主偏角为45°~75°，不通孔车刀主偏角大于90°。

(3)车内孔时的质量分析

①尺寸精度达不到要求

a. 孔径大于要求尺寸,原因是镗孔刀安装不正确,刀尖不锋利,小拖板下面转盘基准线未对准"0"线,孔偏斜、跳动,测量不及时。

b. 孔径小于要求尺寸,原因是刀杆细造成"让刀"现象,塞规磨损或选择不当,绞刀磨损以及车削温度过高。

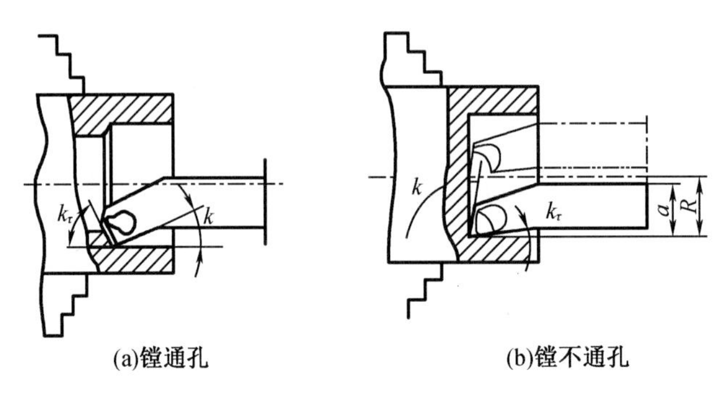


(a)镗通孔　　(b)镗不通孔

图 1.29　镗孔

②几何精度达不到要求

a. 内孔呈多边形,原因是车床齿轮咬合过紧、接触不良、车床各部间隙过大,薄壁工件装夹变形也会使内孔呈多边形。

b. 内孔有锥度,原因是主轴中心线与导轨不平行,使用小拖板时基准线不对,切削量过大或刀杆太细造成"让刀"现象。

c. 表面粗糙度达不到要求,原因是刀刃不锋利,角度不正确,切削用量选择不当,冷却液不充分。

8. 车床附件及其使用方法

(1)用四爪卡盘安装工件

四爪卡盘的外形如图 1.30(a)所示。它的四个爪通过 4 个螺杆独立移动。其特点是能装夹形状比较复杂的非回转体(如方形、长方形等),而且夹紧力大。由于其装夹后不能自动定心,所以装夹效率较低,装夹时必须用划线盘或百分表找正,使工件回转中心与车床主轴中心对齐。图 1.30(b)所示为用百分表找正外圆的示意图。

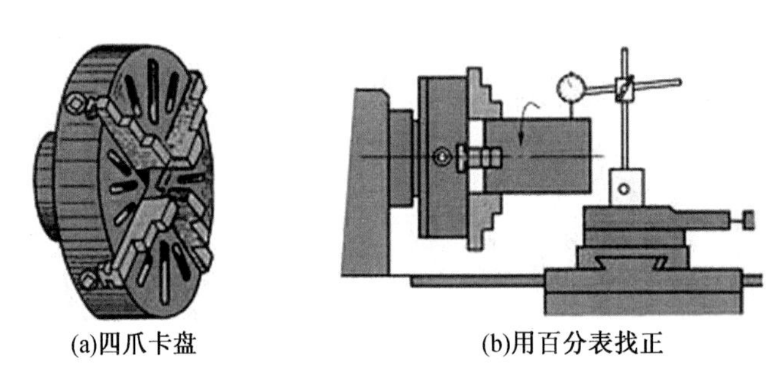

(a)四爪卡盘　　(b)用百分表找正

图 1.30　四爪卡盘装夹工件

(2)用顶尖安装工件

对同轴度要求比较高且需要调头加工的轴类工件,常用双顶尖装夹工件,如图1.31所示。其前顶尖为普通顶尖,装在主轴孔内,并随主轴一起转动,后顶尖为活顶尖,装在尾座套筒内。工件利用中心孔被顶在前后顶尖之间,并通过拨盘和卡箍随主轴一起转动。

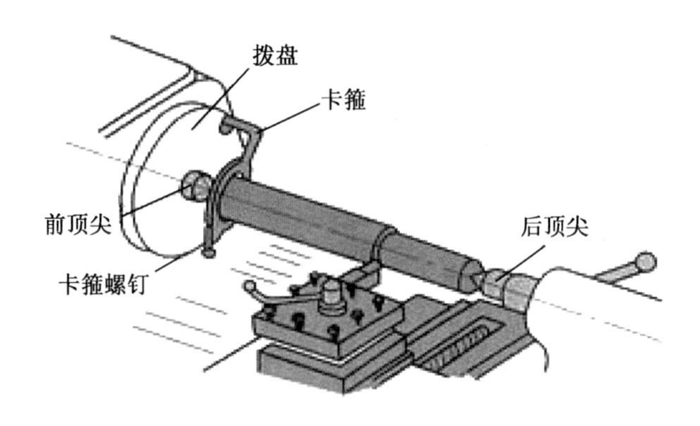


图1.31　用顶尖安装工件

用顶尖安装工件应注意:

①卡箍上的支承螺钉不能支承得太紧,以防工件变形。

②由于靠卡箍传递扭矩,所以车削工件的切削用量要小。

③钻两端中心孔时,要先用车刀把端面车平,再用中心钻钻中心孔。

④安装拨盘和工件时,首先要擦净拨盘的内螺纹和主轴端的外螺纹,把拨盘拧在主轴上,再把轴的一端装在卡箍上,最后在双顶尖中间安装工件。

9.零件车削工艺

(1)轴类零件车削工艺

为了进行科学的管理,在生产过程中,常把合理的工艺过程中的各项内容编写成文件来指导生产。这类规定产品或零部件制造工艺过程和操作方法等的工艺文件叫工艺规程。一个零件可以用几种不同的加工方法制造,但在一定条件下只有某一种方法是较合理的。

如图1.32所示的传动轴,由外圆、轴肩、螺纹及螺纹退刀槽、砂轮越程槽等组成。中间一档外圆及轴肩一端面对两端轴颈有较高的位置精度要求,且外圆的表面粗糙度为 $Ra0.8$ ~ $Ra0.4$ μm,此外该传动轴与一般重要的轴类零件一样,为了获得良好的综合力学性能,需要进行调质处理。

根据传动轴的精度要求和力学性能要求,可确定加工顺序为粗车—调质—半精车—磨削。

由于粗车时加工余量多,切削力较大,且粗车时各加工面的位置精度要求低,故采用一夹一顶安装工件。如车床上主轴孔较小,粗车 $\phi35$ mm 一端时也可只用三爪自定心卡盘装夹粗车后的 $\phi45$ mm 外圆;半精车时,为保证各加工面的位置精度,以及与磨削采用统一的定位基准,减少重复定位误差,使磨削余量均匀,保证磨削加工质量,故采用两顶尖安装工件。

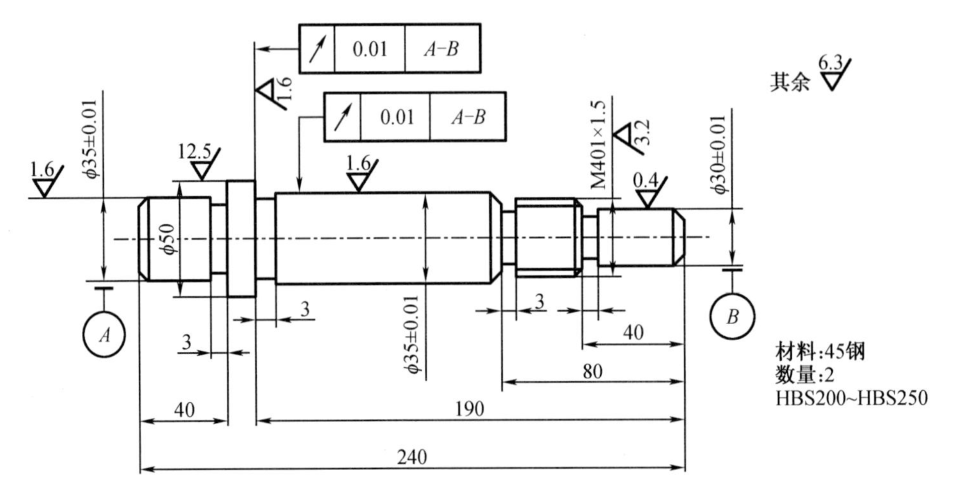


图 1.32 传动轴

传动轴的加工工艺过程见表 1.1。

表 1.1 传动轴加工工艺

| 序号 | 工种 | 加工简图 | 加工内容 | 刀具或工具 | 安装方法 |
|---|---|---|---|---|---|
| 1 | 下料 | | 下料 φ55×245 | | |
| 2 | 车 | | 夹持 φ55 外圆:车端面见平,钻中心孔 φ2.5;用尾座顶尖顶住工件<br>粗车外圆 φ52×202<br>粗车 φ45、φ40、φ30<br>各外圆直径留量 2 mm<br>长度留量 1 mm | 中心钻<br>右偏刀 | 三爪自定心卡盘<br>顶尖 |
| 3 | 车 | | 夹持 φ47 外圆:车另一端面,保证总长 240;钻中心孔 φ2.5;粗车 φ35 外圆,直径留量 2 mm,长度留量 1 mm | 中心钻<br>右偏刀 | 三爪自定心卡盘 |
| 4 | 热处理 | | 调质 HBS220~HBS250 | 钳子 | |
| 5 | 车 | | 修研中心孔 | 四棱顶尖 | 三爪自定心卡盘 |
| 6 | 车 | | 用卡箍卡 B 端<br>精车 φ50 外圆至尺寸<br>精车 φ35 外圆至尺寸<br>切槽,保长度 40 mm<br>倒角 | 右偏刀<br>切槽刀 | 双顶尖 |

表1.1(续)

| 序号 | 工种 | 加工简图 | 加工内容 | 刀具或工具 | 安装方法 |
| --- | --- | --- | --- | --- | --- |
| 7 | 车 | | 用卡箍卡 $A$ 端<br>精车 $\phi45$ 外圆至尺寸<br>精车 M40 大径为 $\phi40_{-0.2}^{-0.1}$ 外圆至尺寸<br>精车 $\phi30$ 外圆至尺寸;切槽三个,分别保长度 190 mm、80 mm 和 40 mm;倒角三个<br>车螺纹 M40 × 1.5 | 右偏刀<br>切槽刀<br>螺纹刀 | 双顶尖 |
| 8 | 磨 | | 外圆磨床,磨 $\phi30$、$\phi45$ 外圆 | 砂轮 | 双顶尖 |

(2)盘套类零件车削工艺

盘套类零件主要由孔、外圆与端面所组成。除尺寸精度、表面粗糙度有要求外,其外圆对孔有径向圆跳动的要求,端面对孔有端面圆跳动的要求。保证径向圆跳动和端面圆跳动是制定盘套类零件工艺时要重点考虑的问题。在工艺上一般分粗车和精车。精车时,尽可能把有位置精度要求的外圆、孔、端面在一次安装中全部加工完。若有位置精度要求的表面不可能在一次安装中完成,通常先把孔做出,然后以孔定位上心轴加工外圆或端面(有条件也可在平面磨床上磨削端面)。图1.33为盘套类齿轮坯的零件图,其加工顺序见表1.2。

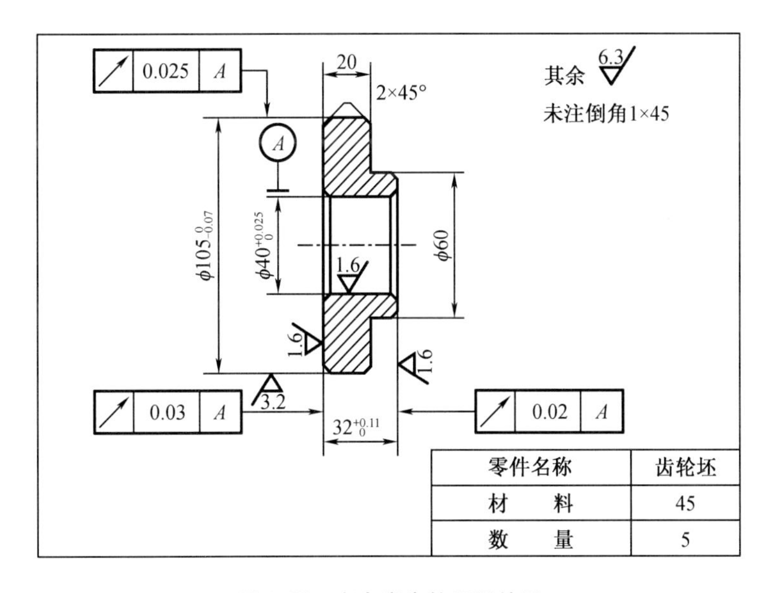


图1.33 盘套类齿轮坯零件图

表 1.2 盘套类齿轮坯零件加工顺序

| 加工顺序 | 加工简图 | 加工内容 | 安装方法 |
|---|---|---|---|
| 1 | | 下料 $\phi110\times36$ | |
| 2 | 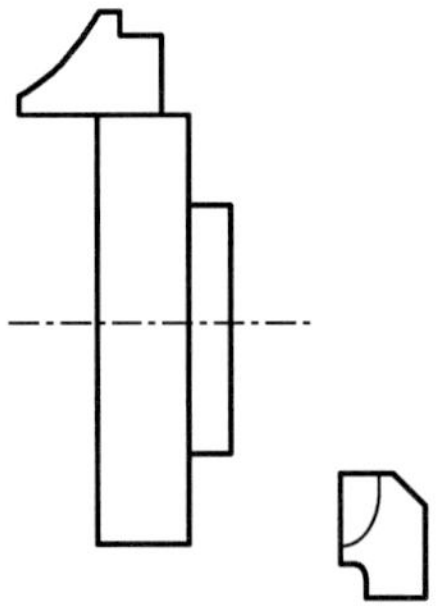 | 卡 $\phi110$ 外圆,长 20 mm<br>车端面见平<br>车外圆 $\phi63\times10$ | 三爪自定心卡盘 |
| 3 | 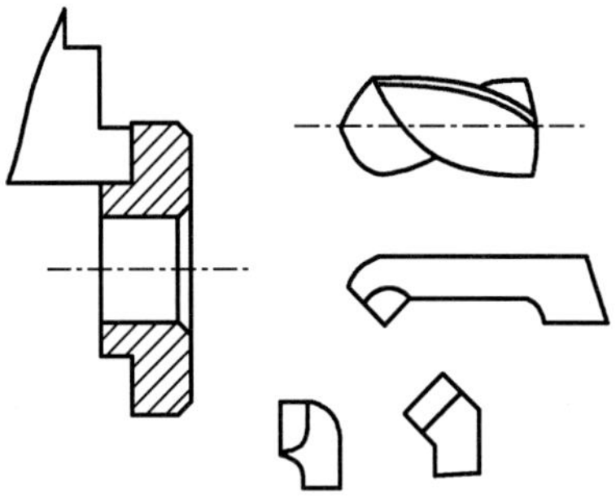 | 卡 $\phi63$ 外圆<br>粗车端面见平,外圆至 $\phi107$<br>钻孔 $\phi36$<br>粗精镗孔 $\phi40$ 至尺寸<br>精车端面、保证总长 33 mm<br>精车外圆 $\phi105$ 至尺寸<br>倒内角 $1\times45°$、外角 $2\times45°$ | 三爪自定心卡盘 |
| 4 | 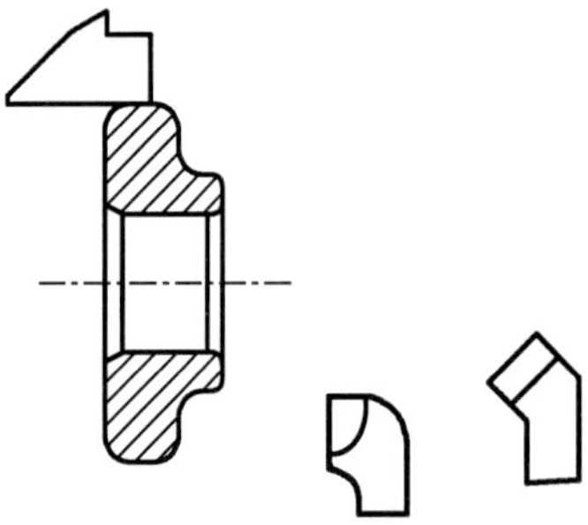 | 卡 $\phi105$ 外圆、缠铜皮、找正<br>精车台肩面保证长度 20 mm<br>车小端面、总长 32.3 mm<br>精车外圆 $\phi60$ 至尺寸<br>倒内角 $1\times45°$、<br>外角 $1\times45°$、$2\times45°$ | 三爪自定心卡盘 |
| 5 | 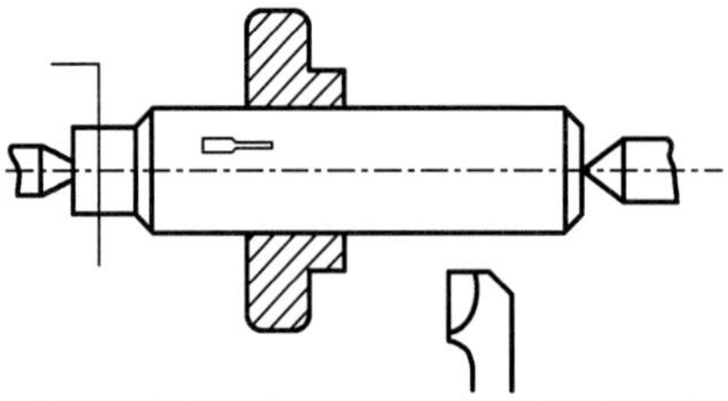 | 精车小端面<br>保证总长 32 mm | 顶尖<br>卡箍<br>锥度心轴 |

### 1.2.5 操作示例分析

1. 45°车刀切削端面(图 1.34)

(1)启动机床,选择合适的主轴运转速度和进给量。

(2)对刀。将刀具慢慢靠近工件,当有少量切削掉下时,横向退刀,使刀具远离工件。

(3)转动纵向进给手轮,纵向进刀1 mm。

(4)然后横向进刀,向工件的中心移动。

(5)当刀具到达工件的中心时,纵向退刀。

(6)横向退刀。

(7)重复步骤(2)~(5),直至完成图纸要求尺寸及精度。

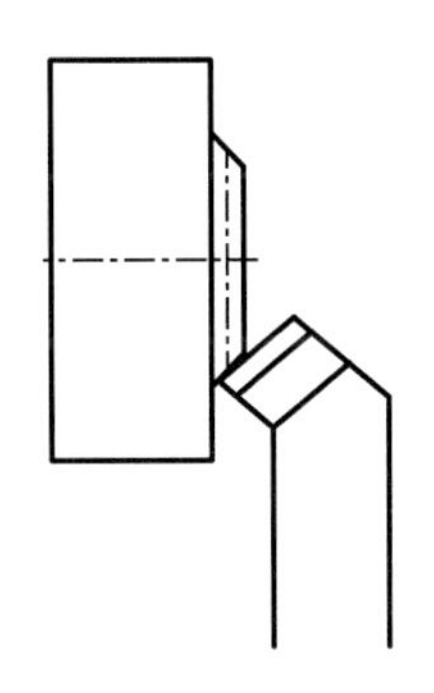

图1.34 偏刀向外圆走刀车端面

2. 用尖刀(或90°车刀)车削外圆(图1.13)

(1)选择合适的主轴运转速度和进给量,启动机床。

(2)对刀。将刀具慢慢靠近工件,当有少量切削掉下时,纵向退刀,使刀具远离工件。

(3)横向进给合理尺寸。

(4)慢慢摇动大托板,当刀具接近工件时,转动小托板手轮,采用小托板进给使刀具慢慢靠近工件。

(5)打开纵向自动走刀手柄。

(6)接近所需长度之后,停止自动走刀,采用手摇小托板的方式进给加工,直至达到所需尺寸。

(7)横向退刀,快速退回起刀位置。

(8)重复上述操作,直至直径加工到达所需尺寸。

(9)按下停止按钮,机床断电。

3. 滚花操作

(1)正确装夹工件与滚花刀。

(2)选择主轴转速约45 r/min。

(3)在主轴低速运转的状态下对刀,将滚花刀靠近工件,并且横向进给直至出现清晰的网纹。

(4)打开自动走刀。

(5)当加工完需要的长度时,横向退刀。

(6)纵向退刀,将刀具远离工件。

(7)按下停车按钮,机床断电。

(8)做好机床清理工作。

4. 用切断刀切断工件

(1)测量切断刀的宽度。

(2)选择合适的主轴转速,并正确安装工件。

(3)开车对刀,将工件移动至纵向将要车断的部位,此时刀具远离工件。

(4)横向缓慢进刀,手摇中托板手轮,直至将工件切断。

(5)纵向退刀,然后横向退刀。

(6)按下停车按钮,机床断电。

(7)做好机床的清理工作。

5. 转动小托板法车圆锥

(1)正确安装工件,并选择合适的切削用量。

(2)正确装夹车刀,可采用尖刀。

(3)按照图纸要求切削外锥时,将小托板逆时针转动$\frac{\alpha}{2}$;切削内锥时,则顺时针转动$\frac{\alpha}{2}$。

(4)通过转动小托板手轮,切削出一段圆锥。

(5)采用正确的方法检验圆锥是否符合图样要求,并根据实际情况微量调整小托板转动的角度。

(6)重复上述操作,直至切削出正确的圆锥。

(7)按下停车按钮,机床断电。

(8)做好机床清理工作。

6. 车削 M24 ×1.5 螺纹操作(图 1.35)

(1)装夹工件。

(2)用对刀样板正确安装车刀。

(3)选择合适转速,调整螺距。

(4)接通电源,启动机床。

(5)对刀。摇动手轮,使工件与刀具接触。

(6)纵向退刀,横向进给合适尺寸,合上开合螺母,自动走刀,完成第一次进给车削。

(7)横向退刀,主轴反转,使刀具退回起刀位置,提起开合螺母。

(8)第二次横向进刀,合上开合螺母,自动走刀,完成第二次进给车削。

(9)重复上述操作,直至完成螺纹加工。

(10)按下停止按钮,机床断电。

(11)卸下工件后,进行机床清洁工作。

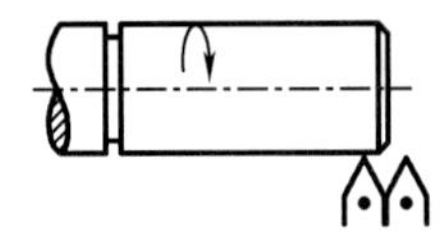

(a)开车,使车刀与工件轻微接触,记下刻度盘读数,向右退出车刀

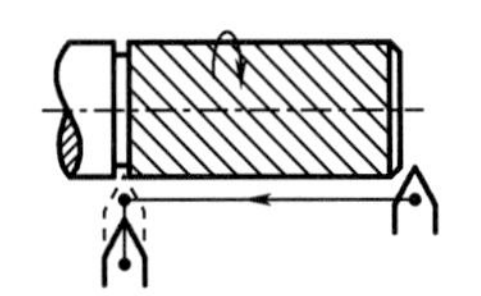

(b)合上对开螺母,在工件表面车出一条螺旋线,横向退出车刀,停车

图 1.35 车削 M24 ×1.5 螺纹

7. 孔加工操作

(1)装夹工件,安装内孔车刀,安装 麻花钻。

(2)选择合理主轴转速,用麻花钻先钻底孔。

(3)机床停止,选择合适主轴转速和进给量,启动机床。

(4)采用内孔车刀进行扩孔操作。

(5)对刀。将刀具靠近工件,当看到有少量切削落下时,纵向退回车刀。

(6)横向摇动手轮,有一定的吃刀深度之后,纵向打开自动走刀。

(7)达到尺寸之后,停止自动走刀,横向退回车刀,再纵向将车刀退回,远离工件。

(8)再次横向进刀,重复上述操作,直至将孔车削至要求尺寸。

(9)按下停止按钮,机床断电。

(10)卸下工件后,进行机床清洁工作。

## 思考题

1. 外圆车刀五个主要标注角度是如何定义的?各有何作用?
2. 安装车刀时有哪些要求?
3. 试切目的是什么?结合实际操作方法说明试切步骤。
4. 车外圆面常用哪些车刀?车削长轴外圆面为什么常用90°偏刀?
5. 加工圆锥面的方法有哪些,各有何特点,各适于何种生产类型?
6. 槽刀和切断刀的几何形状有何特点?
7. 刀具刃磨时应注意哪些事项?
8. 车螺纹时如何保证螺距的准确性?
9. 车螺纹时产生乱扣的原因是什么?如何防止乱扣?
10. 车螺纹时要控制哪些直径?影响螺纹配合松紧的主要尺寸是什么?
11. 车螺纹时如何保证牙型的精度?
12. 加工孔类零件时应注意哪些事项?
13. 何种工件适合双顶尖安装?工件上的中心孔有何作用?如何加工中心孔?
14. 顶尖安装时能否车削工件的端面?能否切断工件?
15. 为什么车削时一般先要车端面?为什么钻孔前也要先车端面?
16. 三爪自定心卡盘和四爪单动卡盘的结构用途有何异同?

# 第2章　普通铣床实训

## 2.1　铣床基本操作

### 2.1.1　实训目的

1. 了解普通铣床的安全操作规程。
2. 掌握普通铣床的基本操作及步骤。
3. 了解对操作者的有关要求。
4. 掌握铣削加工中的基本操作技能。
5. 培养良好的职业道德。

### 2.1.2　实训要求

1. 开车前,必须细心检查各部位、各手柄处在合理位置。

2. 操作者穿着三紧工服,佩戴安全眼镜(必要时佩戴面罩),不得戴手套操作铣床,长发同学应戴帽子。

3. 切削时禁止用手触摸刀刃和工件。

4. 变换主轴转速、测量和检查工件必须停车进行,切削时不得调整工件。

5. 清除切屑要用毛刷,不得用手擦拭或用嘴吹。

6. 学生要遵从本车间安全操作规程及各项规章制度,服从指导老师的管理。

### 2.1.3　实训设备

X6132C 型卧式万能升降台铣床 2 台,X5032 型立式升降台铣床 1 台。

普通立式铣床外形如图 2.1 所示。

### 2.1.4　实训内容

1. 铣工安全技术操作规程

(1)操作者必须熟悉本机床的结构、性能、传动及润滑系统等基本知识和操作方法,严禁超负荷使用机床。

(2)开铣前必须紧束服装、套袖,戴好工作帽,检查各手柄位置是否适当;工作时严禁戴手套、围巾;使用高速铣削时应戴眼镜,工作台面应加防护装置,以防铁屑伤人。

(3)开铣时,工作台不得放置工具或其他无关物件,操作者应注意不要使刀具与工作台撞击。

图2.1 普通立式铣床

(4)使用自动走刀时,应注意不要使工作台走到两极端,以免把丝杠撞坏,并拉开相应的操纵手轮。

(5)铣刀必须夹紧,刀片的套箍一定要清洗干净,以免在夹紧时将刀杆别弯。在取下刀杆或换刀时,必须先松开锁紧螺母。

(6)更换刀杆时,应在刀杆的锥面上涂油,并停铣,操纵变速机构至最低速度挡,然后将刀杆在横梁支架上定位,再锁紧螺母。

(7)变速时必须先停铣,停铣前先退刀。

(8)工作台与升降台移动前,必须将固定螺丝松开,不需要移动时应将固定螺丝拧紧。

(9)装卸大件、大平口钳及分度头等较重物件需多人搬运时,动作要协调,注意安全,以免发生事故。

(10)使用快速行程时,应将手柄位置对准并注意台面运动情况。

(11)装卸工作、测量对刀、紧固心轴螺母及清扫机床时,必须停铣进行。

(12)工件必须夹紧,垫铁必须垫平,以免松动发生事故。

(13)在工作中应详细检查,合理使用安全装置(如限位挡铁),检查限位开关是否灵活可靠,不可靠要给予调整,以免发生事故。

(14)不准使用钝的刀具和过大的吃刀深度、进刀速度进行加工。

(15)开铣时不得用手试摸加工面和刀具,在清除铁屑时,应用刷子,不得用嘴吹或用棉纱擦。

(16)操作者在工作中不准离开工作岗位,如需要离开,无论时间长短都需停铣,以免发生事故。

(17)操作结束后,应认真做好设备保养及周围卫生工作。

2. 熟悉铣工基本概念及其加工范围

铣削是在铣床上利用铣刀对零件进行切削加工的过程。铣床是用铣刀对工件进行铣削加工的机床,其效率较刨床高,在机械制造和修理部门得到广泛应用。

铣削加工主要用于加工平面、台阶、斜面、垂直面、各种沟槽、成形表面、切断、齿轮和螺旋槽等。

(1)铣床的工作特点

①主运动:刀具做旋转运动。

②进给运动:工件做直线移动。

(2)铣削加工特点

由于铣刀是多刃旋转刀具,铣削时多个刀齿同时参加切削,每个刀齿又可间歇地参加切削和轮流地进行冷却,因此铣削可采用较高的切削速度(某些陶瓷刀可达到每分钟几万转),获得较高的生产率。但铣削过程不平稳,有一定的冲击和振动。

铣削加工公差等级一般为IT9 ~ IT8;表面粗糙度一般为 $Ra$6.3 ~ $Ra$1.6 μm。

3.学习铣床型号及结构组成

(1)普通铣床的型号

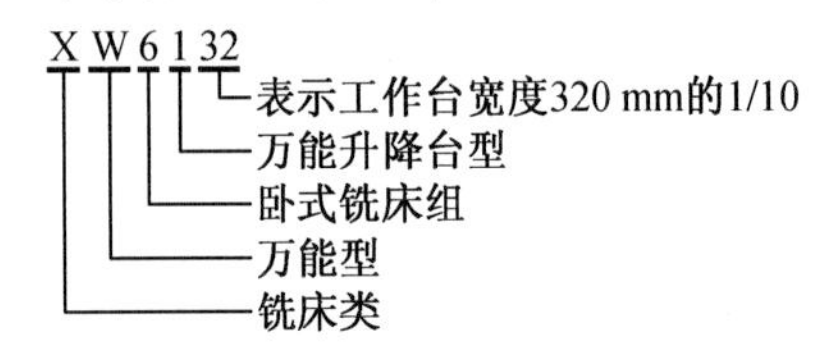


(2)铣床的结构

根据刀具位置和工作台的结构,铣床类机床一般可分为刀具旋转轴线水平的(卧式铣床)和刀具旋转轴线垂直的(立式铣床)两种形式。

①卧式铣床的结构

卧式铣床用X6 × × ×来表示,其中X为机床分类号,表示铣床类机床;6为组系代号,表示卧式;之后的1表示为万能型,其他表示铣床的有关参数和改进号。

②卧式普通铣床各部分的名称和用途

普通卧式铣床操作位置如图2.2所示。

床身——用来固定和支承、连接铣床上各部件。其顶部有水平导轨,前臂有燕尾型的垂直导轨,电动机、主轴及主轴变速机构、润滑系统等安装在它的内部。

横梁——它的上面安装吊架,用来支撑刀杆外伸的一端,以加强刀杆的刚性。横梁可沿床身的水平导轨移动,以调节其伸出的长度。

主轴——主轴是空心轴,前端有7:24的精密锥孔,其用途是安装铣刀刀杆并带动铣刀旋转。

纵向工作台——位于转台的导轨上,带动台面上的工件做纵向进给运动。

横向工作台——位于升降台上面的水平导轨上,带动纵向工作台一起做横向进给运动。

转台——将纵向工作台在水平面内扳转一定的角度(正负45°)。

升降台——可以使整个工作台沿床身的垂直导轨上下移动,以调整工作台面到铣刀的距离,并做垂直进给运动。

底座——支承部件。

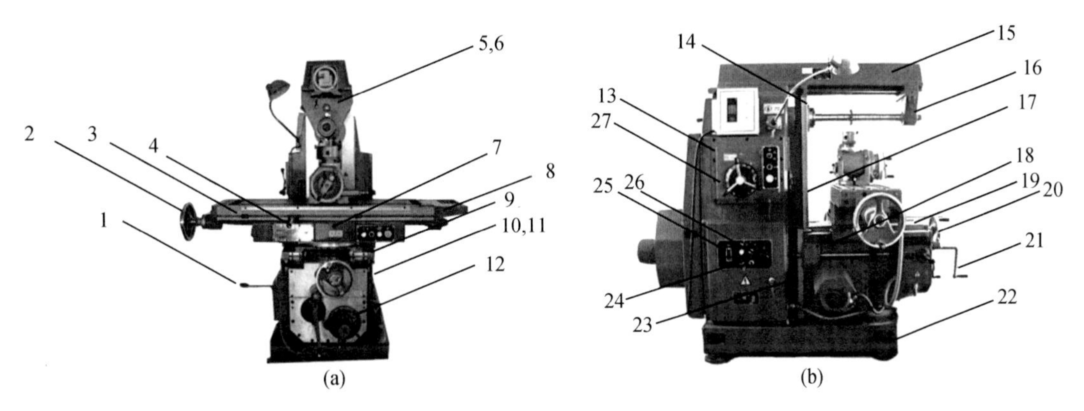


1—横向和垂直自动进给手柄;2—纵向手动进给手柄;3—纵向自动进给停止挡铁;4—纵向自动进给手柄;5—横梁紧固螺母;6—横梁移动六方头;7—纵向紧固螺钉;8—纵向工作台;9—回转盘紧固螺钉;10—横向紧固手柄;11—垂直紧固手柄;12—进给变速机构;13—床身;14—主轴;15—横梁;16—挂架;17—升降台;18—横向自动进给停止挡铁;19—横向工作台;20—横向手动进给手柄;21—垂直手动进给手柄;22—底座;23—垂直自动进给停止挡铁;24—主轴换向开关;25—电源开关;26—冷却泵开关;27—主轴变速机构。

图 2.2 普通卧式铣床操作位置

③卧式铣床的操作方法

a. 工作台纵、横、垂直方向的手动进给操作　图 2.3 所示为纵、横、垂直手柄,涉及工作台纵向手动进给手柄 2,工作台横向手动进给手柄 20,工作台垂直手动进给手柄 21。将上述手柄分别接通其手动进给离合器,摇动各手柄,带动工作台做各进给方向的手动进给运动。顺时针方向摇动各手柄,工作台前进(或上升);逆时针方向摇动各手柄,工作台后退(或下降)。摇动各手柄,工作台做手动进给运动时,进给速度应均匀适当。

纵向、横向刻度盘,圆周刻线 120 格,每摇一转,工作台移动 6 mm,每摇一格,工作台移动 0.05 mm;垂直方向刻度盘,圆周刻线 40 格,每摇一转,工作台上升(或下降)2 mm,每摇一格,工作台上升(或下降)0.05 mm。摇动各手柄,通过刻度盘控制工作台在各进给方向的移动距离。

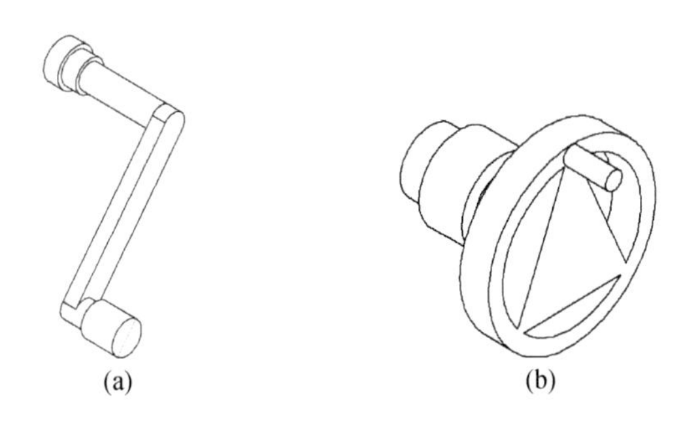


图 2.3 纵、横、垂直手柄

摇动各进给方向手柄,使工作台在某一方向按要求的距离移动时,若手柄摇过头,则不能直接退回到要求的刻线处,应将手柄退回一转后,再重新摇到要求的数值。

b. 主轴变速操作　变换主轴转速时,按动“点动”开关,在主轴即将停止转动时,转动变速手柄至要求转速,若一次转动不能转至要求转速,则重复此步骤。变速终止,用手按"启动"按钮,主轴就获得要求的转速。转速盘3上有30~1 500 r/min 18种转速。

变速操作时,连续变换的次数不宜超过三次,如果必要时隔5 min后再进行变速,以免因起动电流过大,导致电动机超负荷,使电动机线路烧坏。

c. 进给变速操作　变速操作时,顺时针转动手柄,带动转速盘旋转(转速盘上有215~1 180 mm/min 18种进给速度),当所需要的转速数对准指针后,再将变速手柄逆时针转动,按动"启动"按钮使主轴旋转,再扳动自动进给操纵手柄,工作台就按要求的进给速度做自动进给运动。

d. 工作台纵向、横向、垂直方向的机动进给操作　工作台纵向、横向、垂直方向的机动进给操纵手柄均为复式手柄。纵向机动进给操纵手柄有三个位置,即"向右进给""向左进给""停止",扳动手柄,手柄的指向就是工作台的机动进给方向(图2.4)。横向和垂直方向的机动进给由同一对手柄操纵,该手柄有五个位置,即"向里进给""向外进给""向上进给""向下进给""停止"。扳动手柄,手柄的指向就是工作台的进给方向(图2.5)。

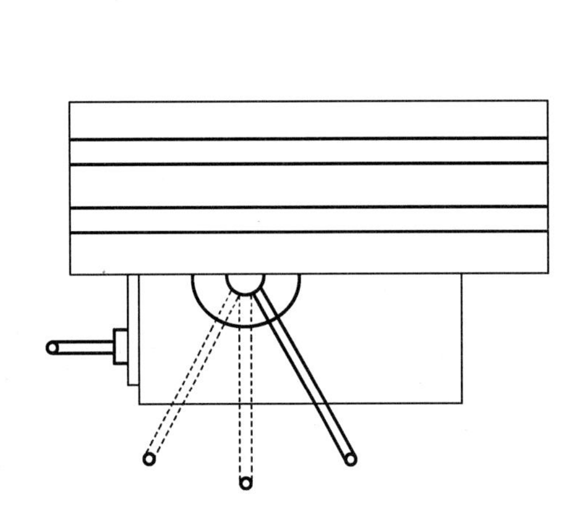

图2.4　工作台纵向自动进给操作

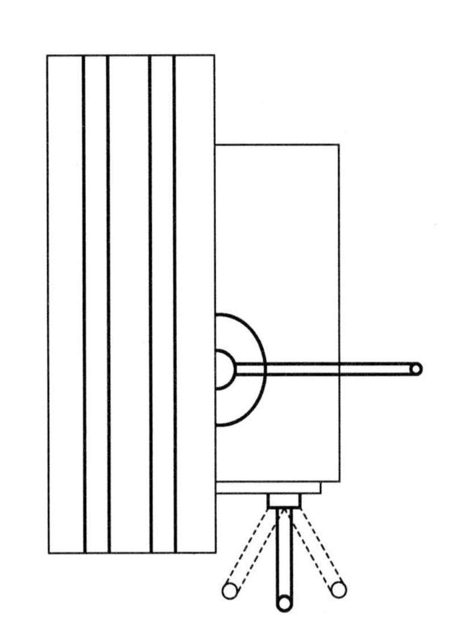

图2.5　工作台横向、垂直方向自动进给操作

以上各手柄,接通其中一个时,就相应地接通了电动机的电器开关,使电动机"正转"或"反转",工作台就处于某一方向的机动进给运动。因此,操作时只能接通一个,不能同时接通两个。

e. 纵向、横向、垂直方向的紧固手柄　铣削加工时,为了减少振动,保证加工精度,避免因铣削力使工作台在某一个进给方向产生位置移动,对不使用的进给机构应紧固。这时可分别旋紧纵向紧固螺钉7、横向紧固手柄10、垂直紧固手柄11(图2.2),工作完毕后,必须将其松开。

f. 横梁紧固螺母和横梁移动六方头　旋紧两紧固螺母,可将横梁紧固在床身水平导轨面上,松开两紧固螺母,用扳手转动横梁移动六方头6,可使横梁沿床身水平导轨面前后移动。

g. 纵向、横向、垂直方向自动进给停止挡铁　图2.2中3是纵向自动进给停止挡铁，18是横向自动进给停止挡铁，23是垂直自动进给停止挡铁，它们各有两块，主要作用是停止机床的自动进给运动。三个方向的自动进给停止挡铁，一般情况下安装在限位柱范围以内，并且不允许随意拆掉，防止出现机床事故。

h. 回转盘紧固螺钉　图2.2中9是回转盘紧固螺钉（有四个）。铣削加工中需要调转工作台角度时，应先松开此螺钉，将工作台扳转到要求的角度，然后再将螺钉紧固。铣削工作完毕后，将此螺钉松开，使工作台恢复原位（即回转盘的零线对准基线），再将螺钉紧固。

（3）铣床的操作顺序

操作铣床时，先手摇各进给手柄，进行手动进给检查。无问题后再将电源转换开关扳至“通”，将主轴换向开关扳至要求的转向，再调整主轴转速和工作台每分钟进给量，然后按“启动”按钮，使主轴旋转，扳动工作台自动进给操纵手柄，使工作台做自动进给运动。工作台进给完毕，将自动进给操纵手柄扳至原位，按主轴“停止”按钮，使主轴和进给运动停止。

工作台做快速进给运动时，先扳动工作台自动进给操纵手柄，再按下“快速”按钮，工作台就做这个进给方向的快速进给运动。快速进给结束，手指松开，停止按“快速”按钮，使自动进给操纵手柄恢复原位。使用快速进给时，应注意机床的安全操作。

4. 卧式铣床的传动系统

电动机输出的动力，经变速箱通过带传动传给主轴，更换变速箱和主轴箱外的手柄位置，得到不同的齿轮组啮合，从而得到不同的主轴转速。主轴通过刀杆带动刀具做旋转运动。同时，主轴的旋转运动通过换向机构、交换齿轮、光杠（或丝杠）传给工作台，使工作台带动工件做直线进给运动。

5. 卧式铣床的基本操作

（1）静态练习（按钮开关处于断开状态）

①正确变换主轴转速。变动主轴变速系统上的变速手柄，可得到各种相对应的主轴转速。当手柄拨动不顺利时，可点动变速机构旁边的点动按钮，使主轴稍做转动即可。

②正确变换进给量。根据加工工件材料、转速等参数的不同，正确选择进给量，转动手轮调整进给量。

③熟悉掌握纵向和横向手动进给手柄的转动方向。握纵向进给手动手轮或横向进给手动手轮，分别逆时针和顺时针旋转手轮，操纵工件的移动方向。

④熟悉掌握纵向或横向机动进给的操作。左右扳动纵向自动进给手柄即可进行纵向进给，左右扳动横向和垂直自动进给手柄即可横向自动进给，上下扳动即可纵向自动进给。

（2）低速练习

练习前应先检查各手柄位置是否正确，无误后进行开车练习。

①主轴启动—电动机启动—操纵主轴转动—停止主轴转动—关闭电动机。

②机动进给—电动机启动—操纵主轴转动—手动纵横进给—机动纵横进给—手动退回—机动横向进给—手动退回—停止主轴转动—关闭电动机。

（3）特别注意

①机床未完全停止时严禁变换主轴转速，否则将发生严重的主轴箱内齿轮打齿现象，甚

至发生机床事故。开车前要检查各手柄是否处于正确位置。

②纵向和横向手柄进退方向不能摇错,尤其是快速进退刀时要千万注意,否则会造成工件报废和发生安全事故。

### 2.1.5 操作示例分析

示例:机床转速及进给速度的调整。

(1)打开钥匙开关。

(2)开启电源。

(3)将主轴转速手柄转至 275 r/min(如果无法转动,按动点动按钮,在主轴即将停止转动时,继续转动手柄)。

(4)将进给手轮沿逆时针方向转动至 27 mm/min。

(5)将进给手轮沿顺时针方向转动至锁死。

(6)关闭电源。

(7)关闭钥匙开关。

### 思考题

1. 铣削加工时,工件和刀具需做哪些运动?铣削要素的名称、符号和单位是什么?解释 X6132 和 X5032 的含义。

2. 卧式铣床有哪些主要组成部分?各有何功用?

3. 卧式铣床的结构有哪些特点?主要应用在什么场合?

## 2.2 铣削加工基本操作

### 2.2.1 实训目的

1. 了解刀具的种类、组成和材料。

2. 掌握平面、六边形等的切削方法。

3. 掌握铣削加工中的基本操作技能。

### 2.2.2 实训要求

1. 开车前,必须细心检查各部位、各手柄处在合理位置。

2. 操作者穿着三紧工服,佩戴安全眼镜(必要时佩戴面罩),不得戴手套操作铣床,长发同学应戴帽子。

3. 切削时禁止用手触摸刀刃和工件。

4. 变换主轴转速、测量和检查工件必须停车进行,切削时不得调整工件。

5. 清除切屑要用毛刷,不得用手擦拭或用嘴吹。

6. 学生要遵从本车间安全操作规程及各项规章制度，服从指导老师的管理。

### 2.2.3 实训设备

X6132C 型和 XW5032 型铣床共 3 台。

### 2.2.4 实训内容

1. 铣刀

(1)刀具材料

铣刀的材料需求与车刀相同。

(2)铣刀种类

铣刀按用途分四类：

①铣平面用铣刀，包括圆柱铣刀和端铣刀；

②铣槽用铣刀，包括三面刃铣刀、立铣刀、键槽铣力、盘形槽铣刀、锯片铣刀等；

③铣特形沟槽用铣刀，包括 T 形槽铣刀、燕尾槽铣刀、半圆键槽铣刀、角度铣刀等；

④铣特形面铣刀，包括凸、凹半圆铣刀，特形铣刀，齿轮铣刀等。

下面介绍一下经常用到的几种铣刀。

①面铣刀(图 2.6)

a. 用于立式铣床上加工平面；

b. 面铣刀的每个刀齿与车刀相似，刀齿采用硬质合金制成；

c. 铣刀主切削刃分布在铣刀一端；

d. 工作时轴线垂直于被加工平面。

②圆柱铣刀(图 2.7)

它一般都是用高速钢整体制成的，螺旋形切削刃分布在圆柱表面上，没有副切削刃，螺旋形的刀齿切削时是逐渐切入和脱离工件的，所以切削过程较平稳。其主要用于卧式铣床上加工宽度小于铣刀长度的狭长平面。

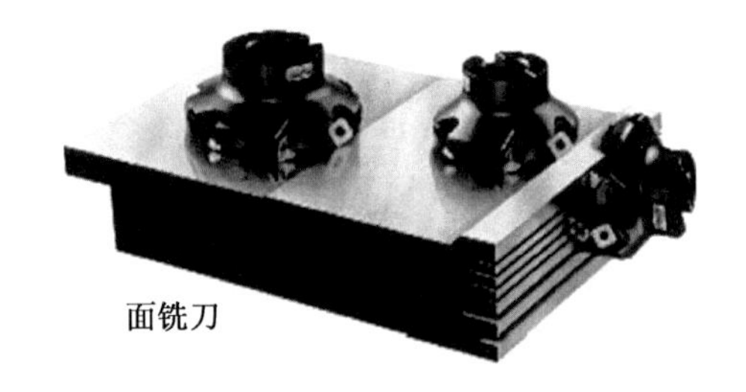

图 2.6 面铣刀

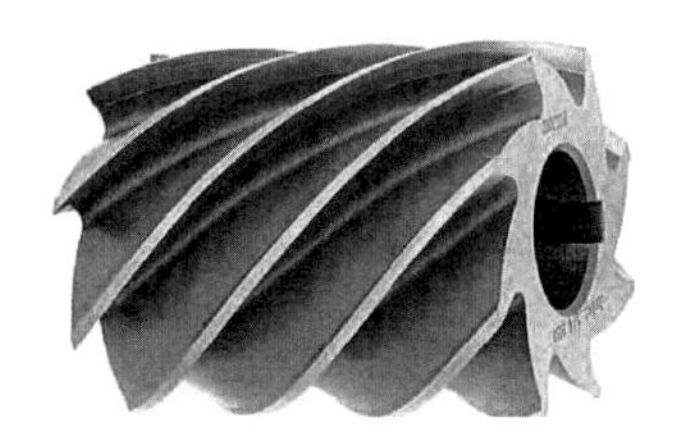
图 2.7 圆柱铣刀

③键槽铣刀(图 2.8)

a. 铣键槽的专用刀具，仅两个刃瓣；

b. 其圆周切削刃和端面切削刃都可作主切削刃；

c. 使用时先轴向进给切入工件后沿键槽方向铣出键槽；

d. 重磨时仅磨端面切削刃。

④锯片铣刀(图 2.9)

锯片铣刀主要用于切断或切深窄槽。在实际加工中,很多一字螺钉都是用锯片铣刀进行加工的。

图 2.8 键槽铣刀

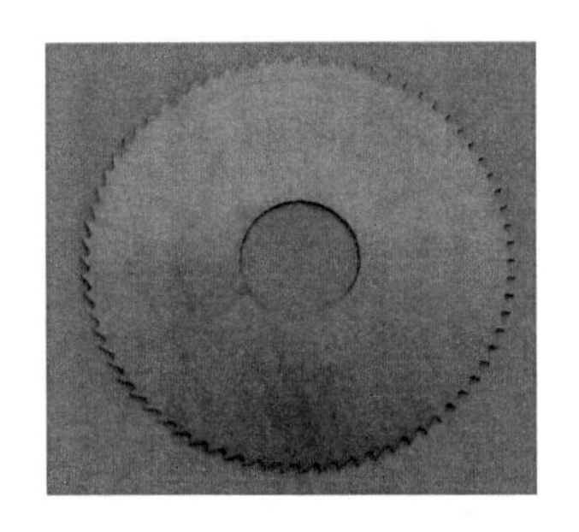

图 2.9 锯片铣刀

⑤角度铣刀(图 2.10)

角度铣刀又分为单面角度铣刀和双面角度铣刀,用于铣削沟槽和斜面。

⑥成形铣刀 (图 2.11)

成形铣刀用于加工成形表面,刀齿廓形要根据被加工零件表面廓形设计。

图 2.10 角度铣刀

图 2.11 成形铣刀

(3)铣刀安装

安装铣刀(图 2.12)应注意以下几点:

①铣刀装在刀杆上应尽量靠近主轴的前端,以减少刀杆的变形;

②安装铣刀时应认真按照方法步骤进行,注意在安装支架后再紧固刀螺母;

③对直径为 10 ~ 50 mm 的锥柄立铣刀,若铣刀柄部的锥度与主轴锥孔的锥度相同,可直接装入机床主轴孔内,否则需套上过渡套筒安装;

④防止铣刀刀齿划破手指,拿铣刀时最好垫上棉丝或其他软物;

⑤安装铣刀前应将主轴锥孔及铣刀杆各处都擦干净,防止有脏物影响安装准确性;

⑥铣刀安装好后,在切削前要再检查一下安装情况,如铣刀刀齿是否装反,各部螺母是否紧固。

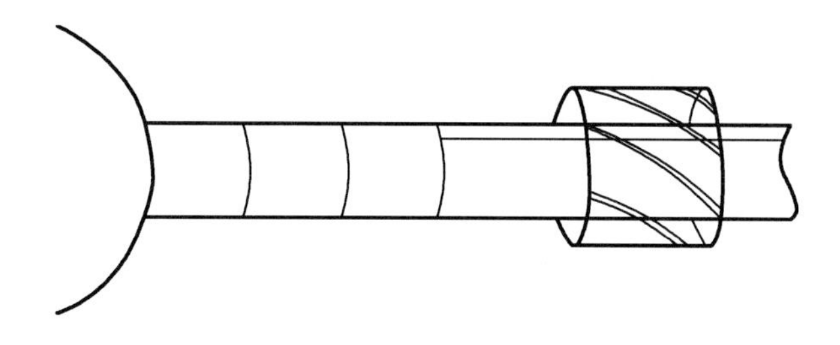

图2.12　铣刀的安装

2. 切削用量的选择

铣削用量应根据工件材料、工件加工表面的余量大小、工件加工的表面粗糙度要求以及铣刀、机床,夹具等条件确定。合理的铣削用量能提高生产效率,提高加工表面的质量,提高刀具的耐用度。

(1)粗铣和精铣

工件加工表面被切除的余量较大,一次进给中不能全部切除,或者工件加工表面的质量要求较高时,可分粗铣和精铣两步完成。粗铣是为了去除工件加工表面的余量,为精铣做好准备工作;精铣是为了提高加工表面的质量。

(2)粗铣时的切削用量

粗铣时,应选择较大的切削深度,较低的主轴转速,较高的进给量。确定切削深度时,一般零件的加工表面,加工余量在2~5 mm之间,可一次切除。选择进给量,应考虑刀齿的强度以及机床、夹具的刚性等因素。加工钢件时,每齿进给量可取在0.05~0.15 mm之间,加工铸铁件时,每齿进给量可取在0.07~0.2 mm之间。选择主轴转速时,应考虑铣刀的材料、工件的材料及切除的余量大小,所选择的主轴转速不能超出高速钢铣刀所允许的切削速度范围,即20~30 m/min;切削钢件时,主轴转速取高些;切削铸铁件时,或切削的材料强度、硬度较高时,主轴转速取低些。

例如,使用直径80 mm,齿数8的圆柱铣刀,粗铣一般钢材时,取进给量$f$=90~75 mm/min,主轴转速$n$=95~118 r/min。使用上述铣刀铣削铸铁件时,取进给量$f$=60~75 mm/min,主轴转速$n$=75~95 r/min。

(3)精铣时的切削用量

精铣时,应选择较小的切削深度,较高的主轴转速,较低的进给量。精铣时的铣削深度可取在0.5~1 mm之间。精铣时进给量的大小,应考虑能否达到加工的表面粗糙度要求,这时应以每转进给量为单位来选择,每转进给量可取在0.3~1 mm之间。选择主轴转速时,应比粗铣时提高30%左右。

例如,使用直径80 mm,齿数10的圆柱铣刀,精铣一般钢件,切削深度取0.5 mm,主轴转速取150 r/min,进给量取75 mm/min。

3. 简单工件的装夹和找正

铣床备有装夹工件的附件。常见的有平口钳(机用虎钳)、分度头等标准化的机床附件,还有各种类型的压板、螺钉等常用夹具。这些附件和夹具能迅速、准确地将工件定位、夹紧并与刀具之间保持准确可靠的加工位置。大型工件可用压板螺钉直接安装在铣床工作台上，中小型零件则应用铣床附件装夹更为方便。

(1)用平口钳装夹工件

平口钳又称机用虎钳，钳体可绕底盘回转一定角度(图2.13)。

图2.13 平口钳

为了便于校正固定钳口的位置，在其底座上装两个定位键。若将定位键嵌入铣床工作台T形槽内，固定钳口与工作台纵向进给方向平行。若将钳体再转90°，则固定钳口又与纵向进给方向垂直。如底盘刻度不在零位和90°位置，应将固定钳口校正并紧固，然后再装夹工件。

用平口钳装夹工件时的注意事项：

①装夹工件时必须将工件基准面贴紧固定钳口，并按线校正；

②工件被加工面必须高出钳口，否则要用平行垫铁垫起工件并与垫铁贴实校正；

③夹持毛坯时，在毛坯和钳口之间垫上铜皮，以免损坏钳口；

④工件应夹紧牢靠，不致在切削力作用下移动。

(2)用压板螺钉装夹工件

尺寸较大、形状特殊的工件，不使用平口钳装夹时，可用压板、螺钉和垫铁把工件装夹在工作台上，如图2.14所示。

图2.14 压板

夹紧时不宜一次把螺母紧死，而应按施力对称的原则，分几次把工件夹紧，以免工件受力不均而变形。为使工件不致在切削力的作用下移动，需在工件前端设置挡铁、压板、螺钉、垫铁等。压板的用法如图2.15所示。

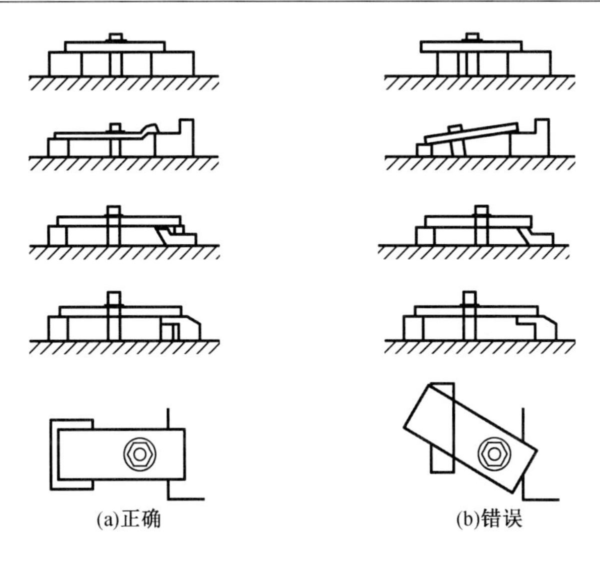


图2.15 压板的使用

4. 分度头(FW125)

F——分度;

W——万能;

125——中心高。

在铣削加工中,常会遇到铣六方、齿轮、花键和刻线等工作。这时,工件每铣过一面或一个槽之后,需要转过一个角度,再铣削第二面或第二个槽,这种工作叫作分度。分度头是分度用的附件,其中万能分度头最为常见。根据加工的需要,万能分度头可以在水平、垂直和倾斜位置工作。

万能分度头的底座上装有回转体,分度头的主轴可随加转体在垂直平面内板转。主轴的前端常装有三爪自定心卡盘或顶尖。分度时,摇动分度手柄,通过蜗杆蜗轮带动分度头主轴旋转进行分度。

(1)传动系统

手柄—1:1 螺旋齿轮—蜗杆—蜗轮—主轴。

分度头蜗杆与蜗轮传动比 $i$ = 蜗杆的头数/蜗轮的齿数 = 1/40。也就是说,当手柄通过一对螺旋齿轮(传动比为1:1)带动蜗杆转动一周时,蜗轮只能带动主轴转过1/40周。若已知工件在整个圆周上的分度数目为 $z$,则每分一个等分就要求分度头主轴转 $1/z$ 圈。这时,分度手柄所需转动的圈数 $n$ 即可,由下列比例关系推得:

$$1:40 = 1/z:n,\text{即 } n = 40/z$$

式中 $n$——手柄转数;

$z$——工件等分数;

40——分度头定数。

即手柄每摇动一圈,主轴所转角度为9°。

(2)分度方法

使用分度头进行分度的方法很多,有直接分度法、简单分度法、角度分度法和差动分度法等。这里仅介绍最常用的简单分度法和角度分度法。

①简单分度法

公式 $n=40/z$ 所表示的方法即为简单分度法。例如铣六边形，每次换边时手柄转动圈数 $n=40/z=40/6$，也就是说，每一面加工后，手柄需要转动6圈再摇过2/3圈，这2/3圈一般通过分度盘控制。国产分度头一般分两块分度盘，分度盘的正、反两面各钻有许多圈盲孔，各圈孔数均不相等，而同一孔圈上的孔距是相等的。

第一块分度盘正面各圈孔数依次为24，25，28，30，34，37；反面各圈孔数依次为38，39，41，42，43。

第二块分度盘正面各圈孔数依次为46，49，51，53，54；反面各圈孔数依次为57，58，59，62，66。

简单分度法需将分度盘固定，再将分度手柄上的定位销调整到孔数为3的倍数的孔圈上，即在孔数为66的孔圈上。此时手柄转过6周后，再沿孔数为66的孔圈转过22个孔距（$n=6\frac{2}{3}=6\frac{44}{66}$）。

为了确保手柄转过的孔距数可靠，可调整分度盘上的扇股（又称扇形夹）1和2间的夹角，使之正好等于22个孔距，这样依次进行分度时就可以准确无误。

②角度分度法

铣削的工件有时需要转过一定的角度，这时就要采用角度分度法。由简单分度法的公式可知，手柄转1圈，主轴带动工件转过1/40圈，即转过9°。若工件需要转过的角度为 $\theta$，则手柄的转数为

$$n=\frac{\theta}{9^\circ}\quad（圈）\tag{2.1}$$

这就是角度法的计算公式。如果用角度分度法加工六边形，也就是说用六边形两边的角度来计算，$n=60/9$。具体的操作方法与简单分度法相同。

5. 铣平面

铣平面是铣工常见的工作内容之一。加工平面时，可以在立式铣床上安装端铣刀铣削（图2.16）；还可在卧式铣床上用圆柱铣刀铣削；也可在卧式铣床上安装端铣刀，用端铣刀铣削。

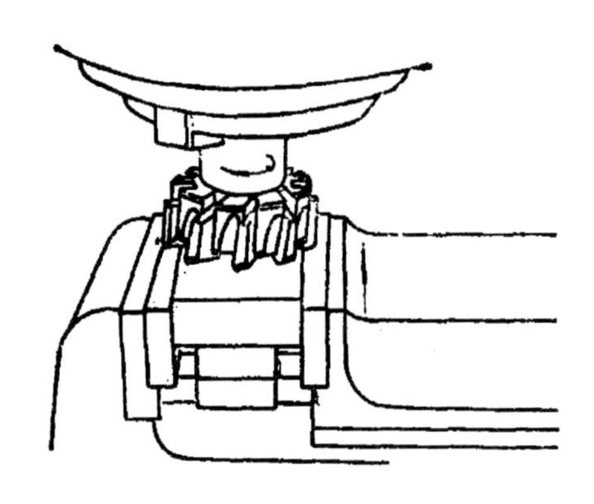

图2.16 在立式铣床上用端铣刀铣平面

(1)铣刀的选择和安装

①铣刀的选择。用圆柱铣刀铣平面时,所选择的铣刀宽度应大于工件加工表面的宽度,这样可以在一次进给中铣出整个加工表面(图2.17)。粗加工平面时,切去的金属余量较大,工件加工表面的质量要求较低,可选用粗齿铣刀;精加工时,切去的金属余量较小,工件加工表面的质量要求较高,可选用细齿铣刀。

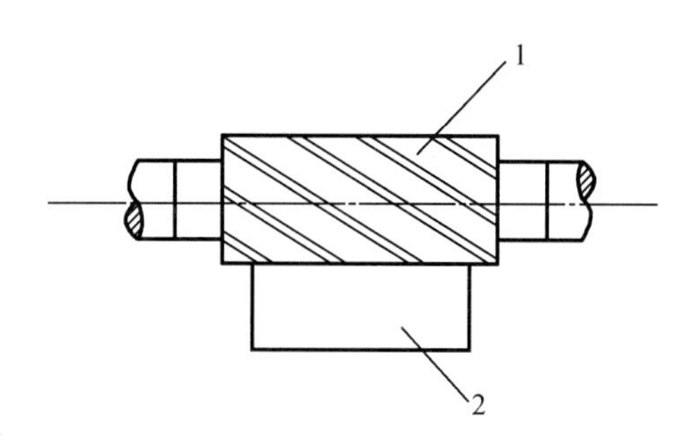


1—圆柱铣刀;2—工件。

图2.17　铣刀宽度应大于加工面宽度

②铣刀的安装。为了增加铣刀切削工作时的刚性,铣刀应尽量靠近床身安装,挂架尽量靠近铣刀安装。由于铣刀的前刀面形成切削,铣刀应向着前刀面的方向旋转切削工件,否则会因刀具不能正常切削而崩刀齿。

铣刀切削一般的钢材或铸铁件时,切除的工件余量或切削的表面宽度不大时,铣刀的旋转方应向与刀轴紧刀螺母的旋紧方向相反,即从挂架一端观察,使用左旋铣刀或右旋铣刀,都使铣刀按逆时针方向旋转切削工件。

铣刀切削工件时,若切除的工件余量较大,切削的表面较宽,或切削的工件材料硬度较高,应在铣刀和刀轴间安装定位键,防止铣刀切削中产生松动现象。

为了克服轴向力的影响,从挂架一端观察,使用右旋铣刀时,应使铣刀按顺时针方向旋转切削工件(图2.18(a));使用左旋铣刀时,应使铣刀按逆时针方向旋转切削工件(图2.18(b)),使轴向力指向铣床主轴,增加铣削工作的平稳性。

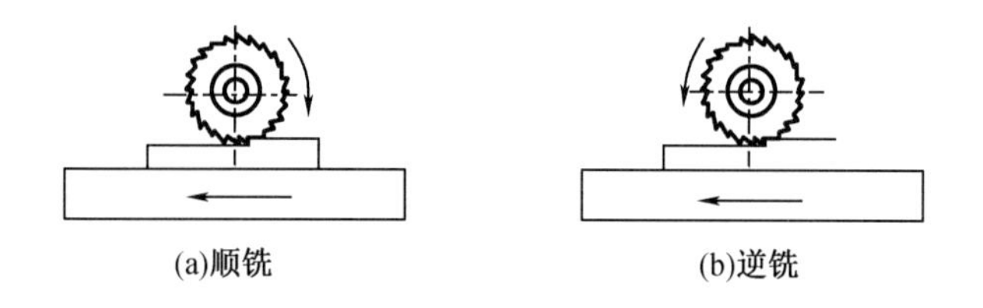

(a)顺铣　(b)逆铣

图2.18　顺铣和逆铣

(2)顺铣和逆铣

铣刀的旋转方向与工件进给方向相同时的铣削叫作顺铣(图2.18(a));铣刀的旋转方向与工件进给方向相反时的铣削叫作逆铣(图2.18(b))。顺铣时,因工作台丝杠和螺母间的传动间隙,使工作台窜动,会啃伤工件,损坏刀具,所以一般情况下都采用逆铣。使用X62W型机床工作时,由于工作台丝杠和螺母间有间隙补偿机构,精加工时可以采用顺铣。没有丝杠、螺母间隙补偿机构的机床,不允许采用顺铣。

6. 直角连接面

直角连接面顾名思义就是各个平面通过彼此成垂直或平行的关系,联系到一起的零件实体,如正方形、长方形、直角台阶等。下面我们就对与直角连接面相关联的垂直面、水平面等进行一一介绍。

(1)垂直面的铣削

若两连接平面的夹角为90°时,这两平面的关系称为垂直面。如图2.19所示,在铣床上,正确铣削加工出与基准平面相垂直的工件上平面。

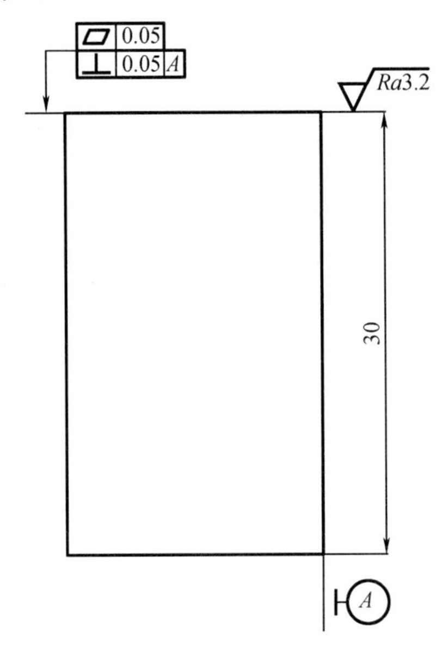


图2.19 垂直平面的铣削

铣削工件上的垂直平面,关键在于装夹时保证铣削出的平面与基准面垂直。加工垂直面时的装夹方式有很多种,例如在平口钳上装夹、利用压板夹紧工件、利用角铁装夹等。在加工生产中我们会更多地使用到平口钳装夹工件,所以在教学中也主要使用平口钳进行演示。

①工件工艺的分析以及毛坯的选择

a. 工艺分析

据图纸所示工件的精度和表面粗糙度要求,选用粗铣和精铣两道工序来完成。

b. 毛坯的选择

由图2.19所示精度尺寸可知,毛坯料的高度尺寸需要大于所示尺寸30 mm。此任务中,我们在已加工过的工件基础上进行垂直平面的铣削。

②编制加工工艺

垂直平面的加工工艺见表2.1。

表2.1　垂直平面加工工艺表

| 工序 | 加工内容 | 机床 | 刀具 | 夹具 | 量具 |
| --- | --- | --- | --- | --- | --- |
| 1 | 选择已加工的水平平面作为基准,贴紧固定钳口,夹紧工件,保证基准位置不变 | XW5032 | — | 非回转式平口钳,规格200 | — |
| 2 | 粗铣毛坯与基准面相垂直方向的待加工毛坯面,留精加工余量0.5 mm | XW5032 | $\phi$60端面铣刀 | 非回转式平口钳,规格200 | 游标卡尺 |
| 3 | 再精铣该面,卸下工件,周边去毛刺 | XW5032 | $\phi$60端面铣刀 | 非回转式平口钳,规格200 | 游标卡尺 |

③垂直平面的铣削工艺及加工步骤

铣削加工前校正平口钳的固定钳口与机床主轴轴心线的位置关系,使其能够满足工件加工时的定位基准要求。

a. 装夹工件

以已加工的水平平面1面为基准,将其贴紧在固定钳口面上,并在活动钳口处夹紧一根圆棒,这样可以使作用于工件上的夹紧力集中。

b. 对刀

- 选择合理的主轴转速。
- 开动机床,操控各工作台手柄,使工件上表面与端铣刀硬质合金刀头相接触,记下此时的升降台刻度,然后降下升降台。操作相应手柄,使工作台纵向移出工件。停止主轴转动。

c. 粗铣、精铣2面

如图2.20所示,铣削参数的选择参照水平平面的铣削环节。

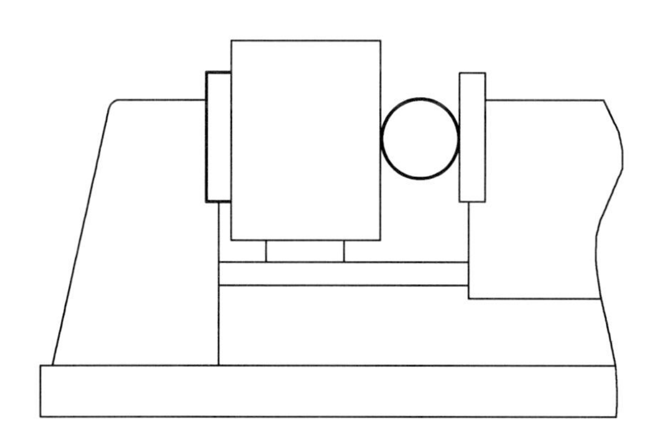

图2.20　铣削垂直面

- 启动机床,主轴转动。
- 手动上升工作台,上升高度以对刀时所记刻度位置为基准,再向上摇动2.5 mm,手动纵向移动工作台,当工件距离回转刀具一定距离时停止。
- 调整横向运动手轮,使横向工作台运动至工件位置处于不对称的逆铣状态。

- 选择合理的进给速度。
- 操纵纵向自动进给手柄,完成 2 面粗铣的加工。
- 操纵相应手柄,使升降方向、纵向均远离工件一定距离至安全位置。
- 停止主轴转动。
- 卸下工件,去除毛刺。
- 以同样的方法进行一遍精铣即可。

④垂直平面铣削的检验及质量分析

a. 用刀口尺检验此面的平面度。

b. 用宽座直角尺及塞尺检测各相邻面之间的垂直度,如图 2.21 所示。

c. 用游标卡尺检验工件的尺寸符合要求。

d. 平面度超差。

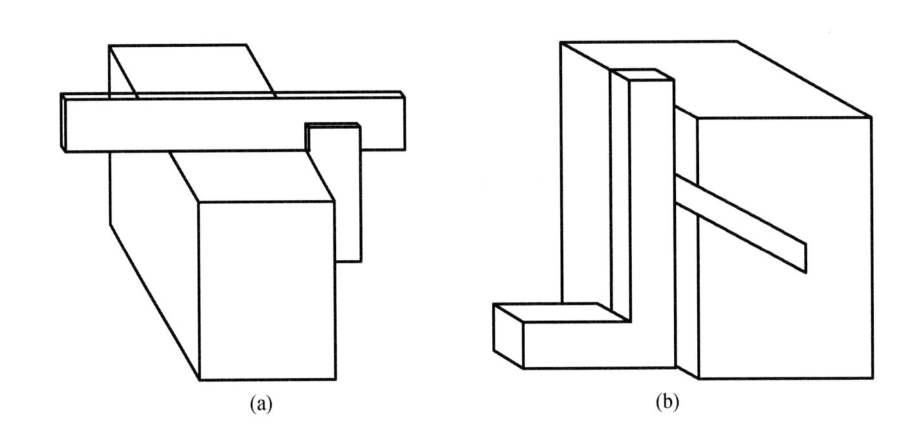


图 2.21　宽座直角尺及塞尺检测

e. 垂直度超差:

- 固定钳口与工作台面不垂直;
- 基准面与固定钳口间有杂物,使得定位基准失效;
- 夹紧力过大,使固定钳口与工作台面不垂直。

f. 表面粗糙度超差:

- 切削用量选择不合理;
- 铣刀几何参数选择不合理;
- 切削时由刀具或工件的原因而产生振动;
- 刀具磨损过大,或产生积屑瘤等。

(2)平行平面的铣削

平行平面是指与基准面平行的平面。在铣床上,按照图 2.22 所示要求,正确铣削加工出与基准面相平行的上平面,并保证形位公差符合图样要求。

铣削平行平面时,为保证所加工的平面与设计基准平面保证平行的关系,工件在装夹时必须保证设计基准面与工作台面具有一定的位置关系。通常有以下的关系:当工件基准面与工作台面平行时，在立式铣床上用端铣法或在卧式铣床上用周铣法铣出平行平面；当工件基准面与工作台面垂直并与进给方向平行时，可在立式铣床上用周铣法或在卧式铣床上用端铣法铣出平行平面。

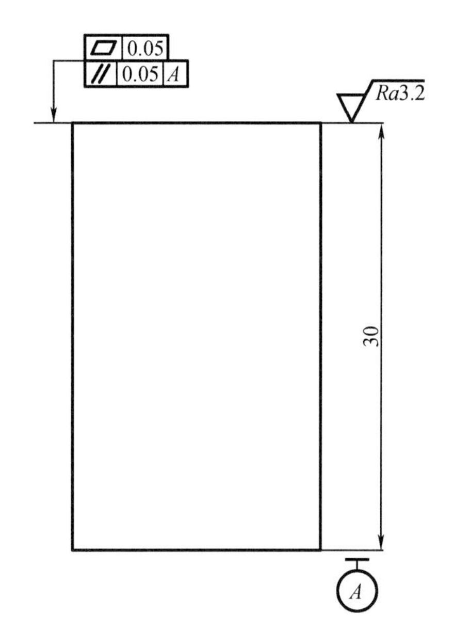


图 2.22　平行平面的铣削

根据图样要求分析该工件，确定加工选用的机床和刀具。

①该工件工艺分析以及毛坯的选择

a. 工艺分析

据图纸所示工件的精度和表面粗糙度要求，选用粗铣和精铣两道工序来完成。

b. 毛坯的选择

由图纸所示精度尺寸可知，毛坯料的高度尺寸需要大于所示尺寸 30 mm。此任务中，我们在已加工过的工件基础上进行平行平面的铣削。

(2)编制加工工艺

平行平面的加工工艺见表 2.2。

表 2.2　平行平面加工工艺表

| 工序 | 加工内容 | 机床 | 刀具 | 夹具 | 量具 |
|---|---|---|---|---|---|
| 1 | 选择已加工的第一个平面作为基准，贴紧固定钳口 | XW5032 | — | 非回转式平口钳，规格 200 | — |
| 2 | 选择已加工的第二个平面，即基准 *A* 面作为基准，与平口钳平行导轨上的平行垫铁贴紧，然后夹紧工件，保证基准位置不变 | XW5032 | — | 非回转式平口虎钳，规格 200 | — |

表 2.2(续)

| 工序 | 加工内容 | 机床 | 刀具 | 夹具 | 量具 |
|---|---|---|---|---|---|
| 3 | 粗铣与基准 $A$ 面平行的毛坯面,留精加工余量 0.5 mm | XW5032 | $\phi$60 端面铣刀 | 非回转式平口钳,规格 200 | 游标卡尺 |
| 4 | 精铣该平行面,卸下工件,周边去毛刺 | XW5032 | $\phi$60 端面铣刀 | 非回转式平口钳,规格 200 | 游标卡尺 |

③平行平面的铣削工艺及加工步骤

a. 工件的装夹

我们在立式升降台铣床上用平口钳装夹工件,使得待加工表面铣削后与基准面平行。选择已加工的第一个平面作为基准,贴紧固定钳口,选择已加工的第二个平面,即基准 $A$ 面作为基准,与平口钳平行导轨上的平行垫铁贴紧,然后夹紧工件,保证基准位置不变。

b. 对刀

选择合理的主轴转速,开动机床,操控各工作台手柄,使工件上表面与端铣刀硬质合金刀头相接触,记下此时的升降台刻度,然后降下升降台。操作相应手柄,使工作台纵向移出工件。停止主轴转动。

c. 粗铣、精铣 3 面

铣削参数的选择参照水平平面的铣削环节。

• 启动机床,主轴转动。

• 手动上升工作台,上升高度以对刀时所记刻度位置为基准,再向上摇动 2.5 mm,手动纵向移动工作台,当工件距离回转刀具一定距离时停止。

• 调整横向运动手轮,使横向工作台运动至工件位置处于不对称的逆铣状态。

• 选择合理的进给速度。

• 操纵纵向自动进给手柄,完成 3 面粗铣的加工。

• 操纵相应手柄,使升降方向、纵向均远离工件一定距离至安全位置。

• 停止主轴转动。

• 卸下工件,去除毛刺。

• 以同样的方法进行一遍精铣即可。

④平行平面铣削的检验及质量分析

a. 用刀口尺检验此面的平面度。

b. 平行度可以用相应规格的外径千分尺进行检测。通常平行平面与基准平面之间的尺寸偏差小于图样上的平行度偏差要求即视为合格。

c. 用游标卡尺检验工件的尺寸。

d. 平面度超差(原因同水平平面的铣削)。

e. 平行度超差:

• 工件下基准面与平口钳导轨不平行;

• 平行垫铁不符合要求;

● 平口钳平行导轨面与工作台台面不平行。

f. 表面粗糙度超差：

● 切削用量选择不合理；

● 铣刀几何参数选择不合理；

● 切削时由于刀具或工件的原因而产生振动；

● 刀具磨损过大，或产生积屑瘤等。

（3）台阶的铣削

在铣床上，正确铣削加工出如图2.23所示台阶工件。

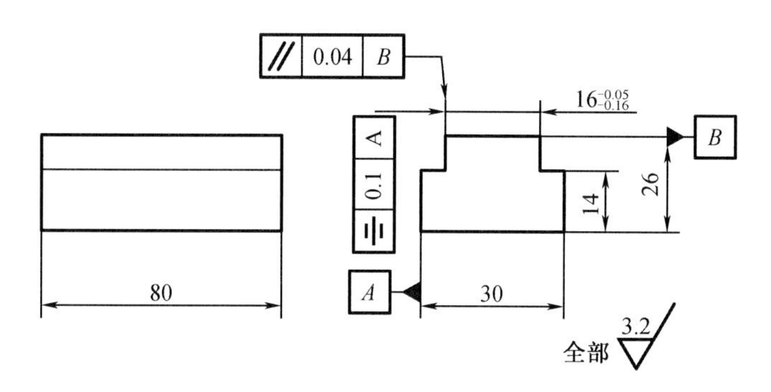


图2.23　台阶的铣削

铣削台阶时，要保证其具有较好的平面度和较小的表面粗糙度，同时还应满足较高的尺寸精度要求和形位公差要求。

根据图样要求分析该工件，确定加工选用的机床和刀具。

①该工件工艺分析以及毛坯的选择

a. 工艺分析

据图纸所示工件的精度和表面粗糙度要求，选用粗铣和精铣两道工序来完成。

b. 毛坯的选择

由图2.23所示精度尺寸可知，毛坯料可选择45钢，经加工至80 mm×30 mm×26 mm的矩形工件。

②斜面的铣削工艺及加工步骤

a. 装夹工件

根据工件的形状采用平口钳装夹该工件。装夹工件时，应将工件上平面伸出距钳口14 mm的高度，以保证铣刀在加工台阶时与平口钳不发生干涉。工件的下平面与平口钳导轨之间垫上平行垫铁。

b. 对刀

将三面刃铣刀安装在卧式铣床上相应的长刀杆的中间并锁紧。在对刀时，先对一侧台阶。

● 侧面横向对刀。在工件的侧面贴上相对较薄的一条纸，摇动铣床横向手柄，使三面刃铣刀的侧面恰好擦到工件的侧面，这样做的目的是使对刀的位置及尺寸相对准确，然后记下横向手轮刻度盘上的尺寸。

• 在工件的上平面对刀。用同样的方法在工件的上平面对刀,记下升降台手柄处的刻度盘数值后纵向退出工件。

c. 粗铣、精铣刚对刀一侧的台阶

铣削时调整横向、升降工作台,对工件进行粗铣和精铣,保证这一侧台阶符合图样要求。

d. 粗铣、精铣另一侧台阶

在准备铣削另一个台阶之前,应先将工作台相对于刀具沿横向移动一定的距离,该距离为工件凸台的宽度 $A$ 与刀具宽度 $L$ 的尺寸之和。

③台阶面铣削的质量分析

a. 尺寸不正确

尺寸不正确一般是由对刀不准确、精加工前测量失误或工作台调整数值错误造成的。

b. 平行度超差

平行度超差一般是由铣刀在工作时产生了“让刀”现象,即工作时铣刀向不受力的一侧产生了偏让引起的。

c. 对称度超差

对称度超差可能是由工件侧面与工作台纵向不平行、工作台调整数据计算错误等引起。

### 2.2.5 操作示例分析

示例:使用卧式铣床铣削台阶平面。

(1)打开钥匙开关。

(2)开启电源。

(3)将待切削材料装夹在平口钳上。

(4)$Z$ 方向对刀,横向退刀,$Z$ 方向进刀。

(5)横向对刀,横向刻度盘调零,纵向退刀。

(6)横向进刀 $L$,纵向退刀。

(7)分度头转 20 圈,即 180°,纵向启动、切削。

(8)纵向退刀,停车,测量。依据测量结果,即余量,调整横向手柄,直至所需尺寸。

(9)分度头转 60°,即 60°/9°圈,直至六面全部加工完。

(10)卸件,去毛刺,测量,检验。

(11)关闭钥匙开关,关闭电源。

### 思考题

1. 简述顺铣和逆铣的区别,并说明分别在什么时候使用这两种方法。
2. 试述铣削平面的方法和步骤。
3. 装夹和测量时,为什么铣刀必须停止旋转?
4. 机床变速时,为什么一定要停机变速?

# 第3章 数控车床实训

## 3.1 实训目的

1. 了解数控车床的工作原理、加工范围及其应用。

2. 掌握数控车床的编程方法。

3. 熟悉数控加工的安全操作规程，掌握数控车床的操作方法，并能完成典型零件的加工。

## 3.2 实训要求

1. 学生必须穿好工作服，长发者需戴工作帽并将发髻挽入帽内，严禁戴围巾、手套等进行操作，以免被机床卷入发生事故。

2. 工作时，头不得与工件靠得太近，以防铁屑飞入眼睛，加工时应关上防护罩。

3. 操作机床时，应独立操作，不可两人或多人同时操作一台机床。

4. 工件和车刀须装夹牢靠，不准用手按住转动着的卡盘来进行刹车。

5. 一旦发生事故，应立即按下急停开关并关闭机床，采取相应措施防止事故扩大，保护现场并报告实训指导教师。

## 3.3 实训设备

### 3.3.1 设备的型号

实训设备为 CAK3665 型数控卧式车床，如图 3.1 所示。

C：车床的汉语拼音首字母；

A：改进型；

K：数控的汉语拼音首字母；

36：机床的最大回转直径是 360 mm；

65：机床最大加工长度的 1/10，即该机床最大加工长度为 650 mm。

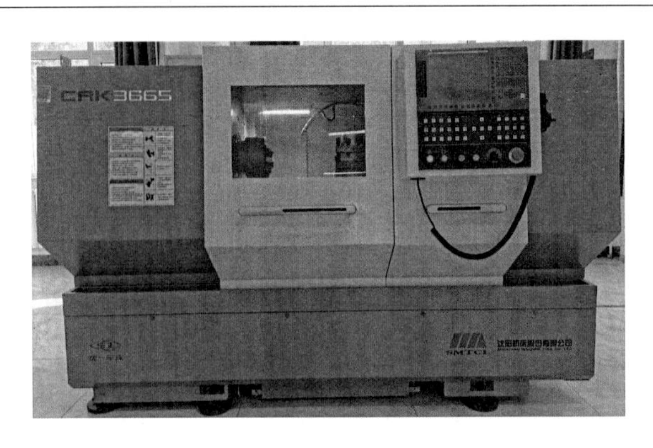


图 3.1　CAK3665 型数控车床

### 3.3.2　设备特点

CAK3665 型数控卧式车床属于普及型数控车床系列，具有高转速、高精度和高刚性的特点，适用于各种轴类、盘类零件的半精加工和精加工，可以车削各种螺纹、圆弧、圆锥及回转体的内外曲面，可以进行镗孔和铰孔，能够满足黑色金属、有色金属的高速切削需求，特别适合用于汽车、摩托车、轴承、电子、航天、军工等机械加工行业对回转体类零件进行高效、大批量、高精度的加工。

该系列机床为机电一体化结构，整体布局紧凑合理，便于机床的保养和维修。设计过程中，对床身等主要铸件进行了有限元分析，合理布置了筋板，同时对主轴、尾台等部件的刚度进行了合理匹配，大大提高了整机的刚性，确保了加工过程中的稳定性，外圆加工可达到 IT6 级。该机床重新设计了防护，采用更合理的防护结构，能够更好地符合人机工程学的原理，宜人性好，便于操作。

## 3.4　实训内容

### 3.4.1　数控车床的概念

数控是数字控制技术的简称，是用数字化代码实现自动控制技术的总称。数控车床是采用数字化代码程序控制、能完成自动化加工的通用车床，主要加工轴类、盘类及复杂曲面回转类零件，是国内数量最多，应用最广泛的机床。

### 3.4.2　数控车床的分类

1. 按主轴的配置形式分

数控车床按主轴的配置形式分为卧式数控车床和立式数控车床。

(1)卧式数控车床，车床主轴水平配置，主轴上装有卡盘，用于装夹工件；在水平导轨上配置有四方位刀架，用来装夹刀具；还有一个尾座，它的锥孔中可以装钻头用来钻孔，或装顶尖用来定位和支撑较长的轴类零件。

(2)立式数控车床,车床主轴垂直配置,其上装有一个较大的卡盘,用于装夹工件。车床的横梁和立柱上配置有垂直刀架和侧刀架。

2. 按加工零件的基本类型分

数控车床按加工零件的基本类型分为卡盘式数控车床和顶尖式数控车床。

(1)卡盘式数控车床,车床没有尾座,适合车削盘类、短轴类零件。其夹紧方式多为电动或液动控制。

(2)顶尖式数控车床,配有普通尾座或数控尾座,适合车削较长的零件及直径不太大的盘类零件。

3. 按伺服系统分为

数控车床按伺服系统分为以下几类。

(1)开环伺服系统;

(2)半闭环伺服系统;

(3)闭环伺服系统。

### 3.4.3　数控车床的加工特点及应用

1. 数控车床的加工特点

(1)加工对象的适应性强;

(2)加工精度高、加工质量稳定;

(3)可减轻劳动强度,改善劳动条件;

(4)具有较高的生产效率和较低的加工成本,经济效益良好;

(5)有利于现代化生产与管理。

2. 数控车床的应用

(1)多品种、小批量生产的零件;

(2)形状结构比较复杂的零件;

(3)需要频繁改型的零件;

(4)价值昂贵、不允许报废的关键零件;

(5)设计制造周期短的急需零件;

(6)批量较大、精度要求较高的零件。

### 3.4.4　数控车床加工原理、组成及结构特点

1. 加工原理

车床是将编制好的加工程序输入数控系统中,由数控系统通过控制车床 $X$、$Z$ 坐标轴的伺服电机去控制车床进给运动部件的运作顺序、移动量和进给速度,再配以主轴的转速和转向,便能加工出各种不同形状的轴类和盘类回转体零件。

2. 结构组成

高刚性的整体平式床身,高转速、高刚性、高精度的床头箱(主轴箱),进给系统,四工位刀架,手动尾座,双开门全防护,手动卡盘 K11200,润滑系统,冷却及排屑系统。

3. 结构特点

(1)由于数控车床刀架的两个方向运动分别由两台伺服电机驱动，所以它的传动链短。

(2)多功能数控车床是采用直流或交流主轴控制单元来驱动主轴，按控制指令做无级变速，主轴之间不必用多级齿轮副来进行变速。

(3)轻拖动。刀架移动一般采用滚珠丝杠。

(4)为了轻便，大部分采用油雾自动润滑。

(5)数控车床的润滑导轨要求耐磨性好。

(6)数控车床加工冷却充分、防护较严密。

(7)数控车床一般配有自动排屑装置。

### 3.4.5 数控车床的组成

数控车床的组成，如图 3.2 所示。

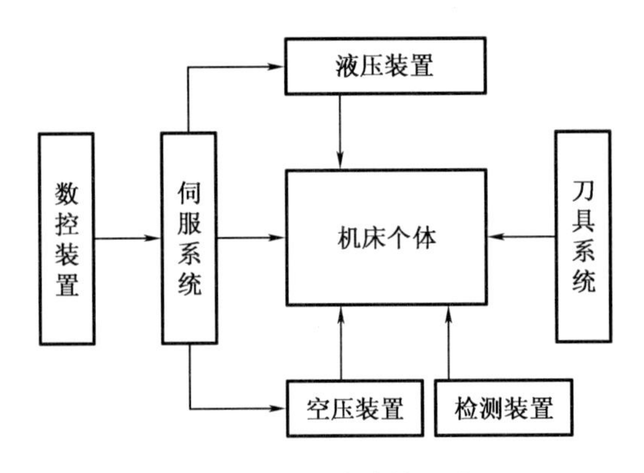


图 3.2 数控车床的组成

### 3.4.6 数控车床操作面板

1. FANUC 系统面板操作单元的组成

FANUC 0i 车床数控系统操作面板由两部分组成，其左侧为显示屏，右侧是编程面板（MDI 编辑面板）。如图 3.3 所示。

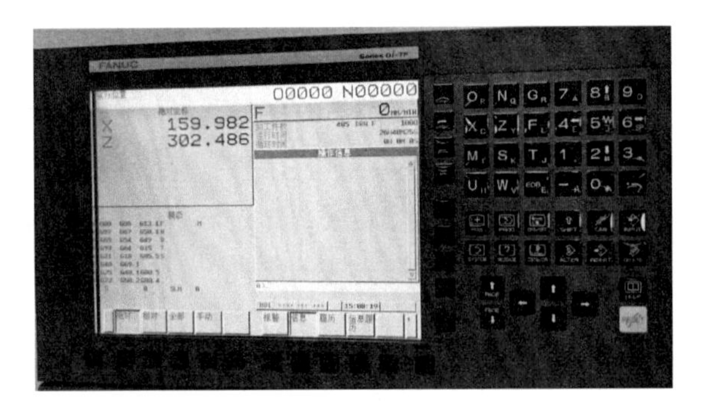


图 3.3 FANUC 0i 车床数控系统操作面板

MDI 编辑面板简介如下。

(1)字母/数字键

字母/数字键如图 3.4 所示。

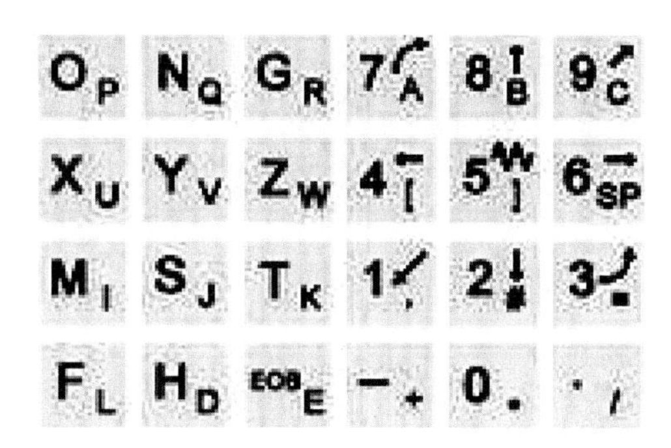

图 3.4 字母/数字键

数字/字母键用于输入数据到输入区域,系统自动判别取字母还是取数字。字母和数字键通过 SHIFT 键切换输入,如:O—P,7—A。

(2)编辑键

ALTER 替换键:用输入的数据替换光标所在的数据。

DELTE 删除键:删除光标所在的数据。删除一个程序或者删除全部程序。

INSERT 插入键:把输入区中的数据插入当前光标之后的位置。

CAN 取消键:消除输入区内的数据。

EOB E 回车换行键:结束一行程序的输入并且换行。

SHIFT 上档键:按下此键再按“数字/字母键”时,输入的是“数字/字母键”右下角的字母或符号。如 X U 直接按下输入的为“X”,按下 SHIFT 键后,再按,输入的为“U”。

(3)功能键(页面切换键)

PROG 在 EDIT 方式下,编辑、显示存储器里的程序。

POS 位置显示页面,显示现在机床的位置。位置显示有三种方式,用 PAGE 按钮选择。

OFSET SET 参数输入页面。用于设定工件坐标系、显示补偿值和宏程序量。

SYSTM 系统参数页面。

MESGE 信息页面,如“报警”。

CUSTM GRAPH 图形参数设置页面。

HELP 系统帮助页面。

RESET 复位键:当机床自动运行时,按下此键,则机床的所有操作都停止。此状态下若恢复自动运行,程序将从头开始执行。

(4)翻页按钮(PAGE)

PAGE 向上翻页。

PAGE↓ 向下翻页。

(5)光标移动(CURSOR)

↑ 向上移动光标。

← 向左移动光标。

↓ 向下移动光标。

→ 向右移动光标。

(6)输入键

INPUT 输入键:把输入区内的数据输入参数页面。

2. FANUC 系统机床控制面板的组成

FANUC 0i 车床操作面板如图 3.5 所示,主要用于控制机床运行状态,由操作模式开关、主轴转速倍率调整旋钮、进给速度调节旋钮、各种辅助功能选择开关、手轮、各种指示灯等组成,每一部分的详细说明如下。

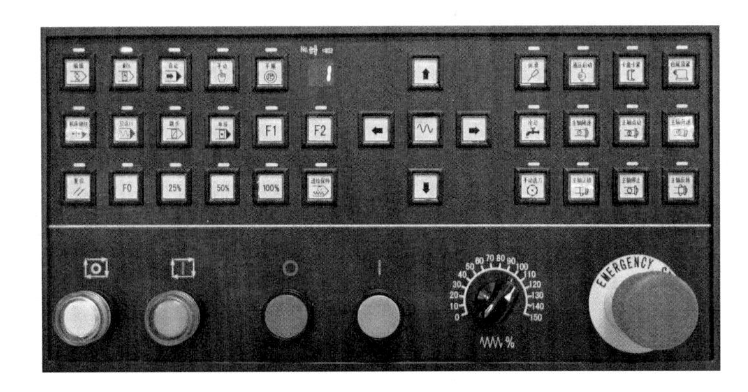


图 3.5 FANUC 0i 车床操作面板

(1)操作模式开关

AUTO:自动加工模式。

EDIT:编辑模式。

MDI:手动数据输入。

INC: 增量进给。

HND:手轮模式移动机床。

JOG:手动模式,手动连续移动机床。

DNC:用 232 电缆连接 PC 机和数控机床 ,选择程序传输加工。

REF:回参考点。

(2)程序运行控制开关

程序运行开始。模式选择旋钮在“AUTO”和“MDI”位置时按下有效,其余时间按下无效。

程序运行停止。在程序运行中,按下此按钮,程序停止运行。

（3）机床主轴手动控制开关

手动主轴正转。

手动主轴反转。

手动停止主轴。

（4）手动移动机床各轴按钮

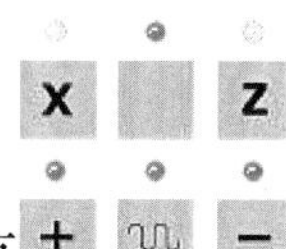


手动移动机床各轴按钮有

（5）增量进给倍率选择按钮

增量进给倍率选择按钮有 X 1　X 10　X 100　X1000

选择移动机床轴时，每一步的距离：×1 为 0.001 mm，×10 为 0.01 mm，×100 为 0.1 mm，×1 000 为 1 mm。

（6）进给率（*F*）调节旋钮（图 3.6）

调节程序运行中的进给速度，调节范围 0～120%　。

（7）主轴转速倍率调节旋钮（图 3.7）

调节主轴转速，调节范围 0～120%。

（8）手摇脉冲发生器（图 3.8）

手轮顺时针转，相应轴往正方向移动；手轮逆时针转，相应轴往负方向移动。

图 3.6　进给率（*F*）调节旋钮

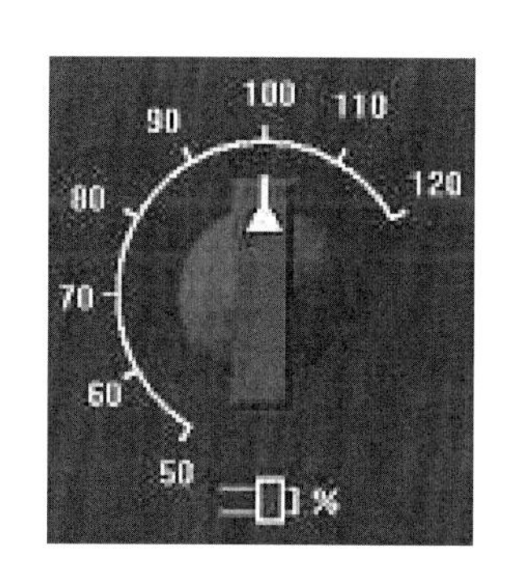


图 3.7　主轴转速倍率调节旋钮

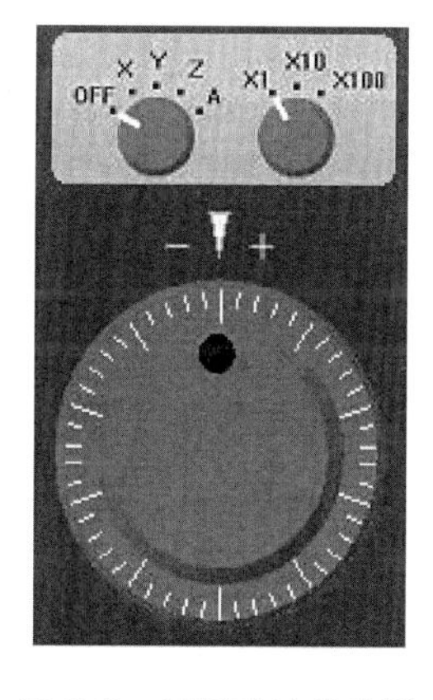


图 3.8　手摇脉冲发生器

（9）单步执行开关

每按一次程序启动执行一条程序指令。

（10）程序段跳读

自动方式按下此键，跳过程序段开头带有“/”程序。

（11）程序停

自动方式下，遇有 M00 程序停止。

(12)机床空运行

该功能用于工件从工作台上卸下,按下此键,各轴以固定的速度运动,以检查机床的运动。

(13)手动示教

(14)冷却液开关

按下此键,冷却液开;再按一下,冷却液关。

(15)在刀库中选刀

按下此键,在刀库中选刀。

(16)程序编辑锁定开关

置于" "位置时程序保护锁处于关闭状态,不能进行程序的编辑与修改;置于" "位置时,程序保护锁处于开启状态,可编辑或修改程序。

(17)程序重新启动

由于刀具破损等原因自动停止后,程序可以从指定的程序段重新启动。

(18)机床锁定开关

按下此键,机床各轴被锁住,只能运行程序。

(19)M00 程序停止

程序运行中,按下此键,M00 程序停止。

(20)紧急停止旋钮

按下此按钮,机床各运动部件立即停止运动。

### 3.4.7 数控车床加工工艺

1.零件的加工步骤

(1)拟定数控加工工艺制订及进给路线

制订工艺的合理与否,对程序编制、数控车床的加工效率和零件的加工精度都有重要影响。其主要内容有:零件图工艺分析、工序和装夹方式的确定、加工顺序的确定和刀具的进给路线以及切削用量。

(2)零件图工艺分析

①结构分析。根据数控车削特点,认真审视零件结构的合理性。

②几何要素分析。图样上给定的尺寸要完整,且不能自相矛盾,所确定的加工零件轮廓是唯一的。

③精度及技术要求分析。分析内容:分析精度及各项技术要求是否齐全、是否合理;分析本工序的数控车削加工精度能否达到图样要求,若达不到,需采取其他措施(如磨削)弥补时,则应该给后续工序留有一定余量。

(3)工序和装夹方式的确定

根据结构形状不同,通常选择外圆、端面或内孔、端面装夹。

①按零件加工表面划分工序。

②按粗、精加工划分工序。

③按所用的刀具种类划分工序。

(4)加工顺序的确定。

①先粗后精的原则。

②先近后远的原则。

③内外交叉的原则,应先进行内外表面粗加工,后进行内外表面精加工。

(5)进给路线的确定

进给路线是指刀具从对刀点开始运动起,直至返回该点并结束加工程序所经过的路径,包括切削加工的路径及刀具切入、切出等非切削空行程。精加工切削过程的进给路线基本上都是沿其零件轮廓顺序进行的。因此,确定进给路线的工作重点是确定粗加工及空行程的进给路线。主要确定以下路线:

①最短的空行程路线。

②最短的切削进给路线。

③大余量毛坯的阶梯切削进给路线。

④完整轮廓的连续切削进给路线。

⑤特殊的进给路线。

(6)切削用量的选择

该数控车床默认切削用量单位为mm/r,粗车为0.2~0.4 mm/r,精车为0.008~0.15 mm/r。

2. 数控加工工艺技术文件的编写

数控加工工艺文件既是数控加工、产品验收的依据,又是操作者应遵守、执行的规程,还为重复使用做必要的工艺资料积累。该文件主要包括数控加工工序卡、数控刀具卡、零件加工程序单等。

(1)数控加工工序卡

数控加工工序卡是编制加工程序的主要依据和操作人员进行数控加工的指导性文件。数控加工工序卡包括:工步顺序、工步内容、各工步使用的刀具和切削用量,如表3.1所示。

表3.1　数控加工工序卡片

<table>
<tr><td rowspan="2">单位名称</td><td colspan="3" rowspan="2"></td><td colspan="2">产品名称或代号</td><td colspan="2">零件名称</td><td colspan="2">零件图号</td></tr>
<tr><td colspan="2"></td><td colspan="2"></td><td colspan="2"></td></tr>
<tr><td>工序号</td><td colspan="3">程序编号</td><td colspan="2">夹具名称</td><td colspan="2">使用设备</td><td colspan="2">车间</td></tr>
<tr><td>001</td><td colspan="3"></td><td colspan="2"></td><td colspan="2"></td><td colspan="2"></td></tr>
<tr><td>工步号</td><td colspan="3">工步内容</td><td>刀具号</td><td>刀具规格<br>$R$/mm</td><td>主轴转速<br>$n$/(r/min)</td><td>进给量<br>$f$/(mm/r)</td><td>背吃刀量<br>$a_p$/mm</td><td>备注</td></tr>
<tr><td></td><td colspan="3"></td><td></td><td></td><td></td><td></td><td></td><td></td></tr>
<tr><td>编制</td><td></td><td>审核</td><td></td><td>批准</td><td></td><td>日 期</td><td></td><td>共1页</td><td>第1页</td></tr>
</table>

(2)刀具卡

数控加工对刀具的要求十分严格,一般要在机外对刀仪上调整好刀具位置和长度。刀具卡主要反映刀具编号、刀具名称、刀具数量、刀具规格等内容,如表3.2所示。

表3.2 数控加工刀具卡片

| 产品名称或代号 | | | 零件名称 | | 零件图号 | | |
|---|---|---|---|---|---|---|---|
| 序号 | 刀具号 | 刀具名称 | 数量 | 加工表面 | 刀尖半径 $R$/mm | 刀尖方位 $T$ | 备注 |
| | | | | | | | |
| | | | | | | | |
| 编制 | | 审核 | 批准 | | 共1页 | 第1页 | |

### 3.4.8 坐标系

1. 数控车床坐标系建立原则

根据卧式数控车床的结构,机床运动部件有主轴的旋转运动和刀架沿水平导轨的纵向和横向移动。因此,数控车床的坐标系是由一个回转坐标和两个直线坐标组成的。

(1)$Z$ 轴

车床的主轴是传递切削功率的,所以将主轴的轴线命名为 $Z$ 坐标轴。

(2)$X$ 轴

将刀架平行于工件装夹面的水平横向移动轴线命名为 $X$ 坐标轴。它们的方向是以沿着工件径向并远离工件方向为正方向。

2. 数控车床坐标系中的各原点

数控车床坐标原点的位置如图3.9所示。

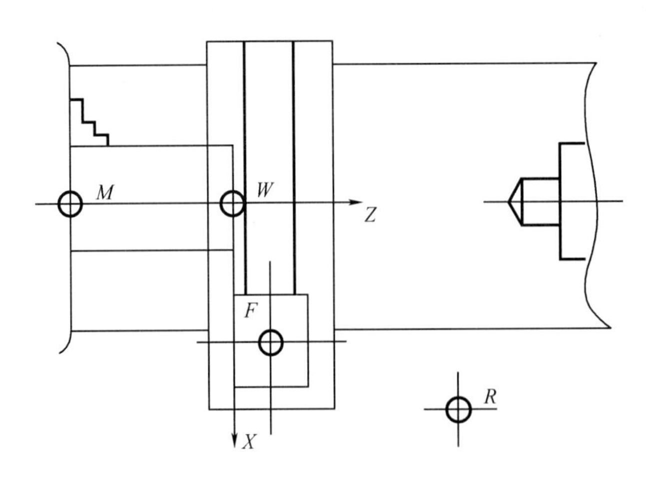


图3.9 数控车床各原点位置

(1)机床原点 $M$

机床原点也称为机床零点,也就是机床坐标系的原点。它的位置是由机床制造厂确定的,通常设置在主轴的轴心线与装配卡盘的法兰端面的交点。

(2)机床参考点 $R$

机床参考点又称为机床固定原点或机械原点。机床设在 $X$ 轴和 $Z$ 轴距机床坐标系原点最大的位置处。

(3)刀架基准点 $F$

数控机床上无论是四方位刀架还是转轮刀架,其上都有基准点 $F$,它是安装在刀架上的刀具刀尖相对 $F$ 点补偿值的测量基准,也是机床控制系统计算刀尖在程序加工所在位置坐标尺寸的基准点。

(4)工件编程原点 $W$

在数控车床上对零件进行程序加工时,首先要在被加工的工件上建立工件坐标系,该坐标系的原点就是工件编程原点,也称为编程零点。零件的加工程序中各刀位点的坐标值计算和正负符号都是以工件零点来决定的。

### 3.4.9 程序的编写

1. 数控编程的内容及步骤

(1)数控编程的内容

数控编程的主要内容有:分析零件图纸、确定加工工艺过程、数值计算、编写零件加工程序单、程序输入、程序校验及首件试切。

(2)数控编程的步骤

数控编程的步骤一般如图3.10所示。

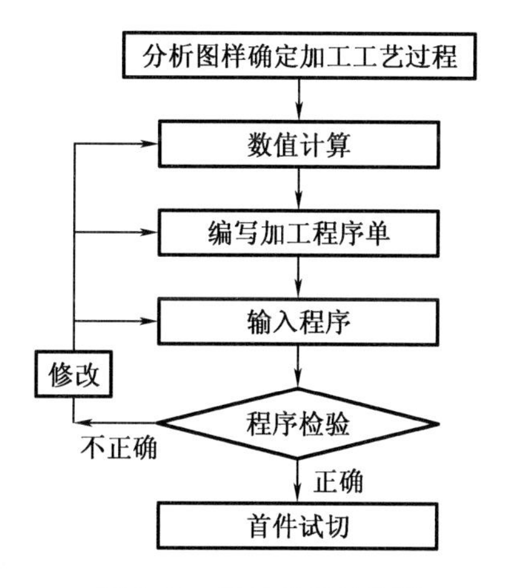


图3.10 数控编程的步骤

①分析图样,确定加工工艺过程

在确定加工工艺过程时,编程人员要根据图纸对工件的形状、尺寸、技术要求进行分析,然后选择加工方案,确定加工顺序、加工路线、装卡方式、刀具及切削参数,同时还要考虑所用数控机床的指令功能，充分发挥机床的效能，加工路线要短，要正确选择对刀点、换刀点，减少换刀次数。

②数值计算

根据零件图的几何尺寸、确定的工艺路线及设定的坐标系，计算零件粗、精加工各运动轨迹，得到刀位数据。对于形状比较简单的零件（如直线和圆弧组成的零件）的轮廓加工，需要计算出几何元素的起点、终点、圆弧的圆心、两几何元素的交点或切点的坐标值，有的还要计算刀具中心的运动轨迹坐标值。对于形状比较复杂的零件（如非圆曲线、曲面组成的零件），需要用直线段或圆弧段逼近，根据要求的精度计算出其节点坐标值，这种情况一般要用计算机来完成数值计算的工作。

③编写零件加工程序单

加工路线、工艺参数及刀位数据确定以后，编程人员可以根据数控系统规定的功能指令代码及程序段格式，逐段编写加工程序单。此外，还应填写有关的工艺文件，如数控加工工序卡片、数控刀具卡片、数控刀具明细表、工件安装和零点设定卡片、数控加工程序单等。

④输入程序

通过手动数据输入或通过计算机传送至机床数控系统。

⑤程序校验与首件试切

零件加工程序必须经过校验和试切才能正式使用。校验的方法是直接将控制介质上的内容输入数控装置中，让机床空运转，即以笔代刀，以坐标纸代替工件，画出加工路线，以检查机床的运动轨迹是否正确。在有 CRT 图形显示屏的数控机床上，用模拟刀具与工件切削过程的方法进行检验更为方便，但这些方法只能检验出运动是否正确，不能查出被加工零件的加工精度。因此有必要进行零件的首件试切。当发现有加工误差时，应分析误差产生的原因，找出问题所在，加以修正。

2. 数控编程的方法

(1) 手工编程

对于加工形状简单的零件，手工编程比较简单，程序不复杂，而且经济、快捷。因此，在点定位加工及由直线与圆弧组成的轮廓加工中，手工编程仍广泛应用。

(2) 自动编程

自动编程就是用计算机及相应 CAD/CAM 软件编制数控加工程序的过程。常见软件有 MasterCAM、UG、Pro/E、CAXA 制造工程师等。

(3) 编程方式的选择

①绝对坐标方式与增量（相对）坐标方式

a. 绝对坐标系，所有坐标点的坐标值均从编程原点计算的坐标系，称为绝对坐标系。

b. 增量坐标系，坐标系中的坐标值是相对刀具前一位置（或起点）来计算的，称为增量（相对）坐标。增量坐标常用 $U$、$W$ 表示，与 $X$、$Z$ 轴平行且同向。

**【例 3.1】** 在图 3.11 中，$O$ 为坐标原点，$A$ 点绝对坐标为 $(D_3, -L_2)$，$A$ 点相对 $B$ 点的增量坐标为 $(U, W)$，其中 $U = D_3 - D_2$；$W = -(L_2 - L_1)$。

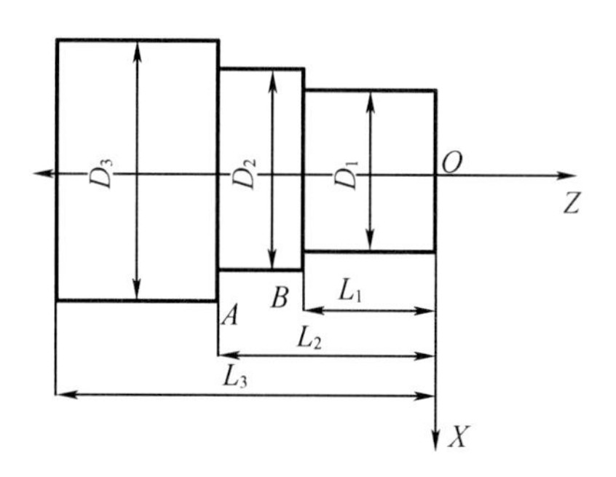


图3.11 绝对坐标系示意图

编程中可根据图样尺寸的标注方式及加工精度要求选用,在一个程序段中可采用绝对坐标方式或相对坐标方式编程,也可采用两者混合编程。

②直径编程与半径编程

在数控车削编程中,$X$坐标值有两种表示方法,即直径编程和半径编程。

a.直径编程。在绝对坐标方式编程中,$X$值为零件的直径值;在增量坐标方式编程中,$X$为刀具径向实际位移量的两倍。由于零件在图样上的标注及测量多用直径表示,所以大多数数控车削系统采用直径编程。常见FANUC系统是采用直径编程。

b.半径编程。采用半径编程,即$X$值为零件半径值或刀具实际位移量。

3.程序的结构与格式

每种数控系统,根据系统本身的特点及编程的需要,都有一定的程序格式。对于不同的机床,其程序的格式也不同。因此编程人员必须严格按照机床说明书的规定格式进行编程。

(1)程序的结构

一个完整的程序由程序号、程序的内容和程序结束三部分组成。

例如:O 0001　　程序号

```
N01  G54 X40 Y30;
N02  G90 G00 X28 . T01 S800 M03;
N03  G01 X -8. Y8. F200;          程序内容
N04  X0. Y0. ;
N05  X28. Y30. ;
N06  G00 X40. ;
N07  M02;                         程序结束
```

①程序号。程序号即为程序的开始部分,为了区别存储器中的程序,每个程序都要有程序编号,在编号前采用程序编号地址码。如在FANUC系统中,一般采用英文字母O作为程序编号地址。

②程序内容。程序内容部分是整个程序的核心,它由许多程序段组成,每个程序段由一个或多个指令构成,它表示数控机床要完成的全部动作。

③程序结束。程序结束是以程序结束指令M02或M30作为整个程序结束的符号,来结束整个程序。

(2)程序段格式

零件的加工程序是由程序段组成的,每个程序段由若干个数据字组成,而数据字由表示地址的英文字母、特殊文字和数字集合而成。

程序段格式是指一个程序段中字、字符、数据的书写规则。通常用字—地址程序段格式。

字—地址程序段格式是由语句号字、数据字和程序段结束组成。各字前有地址,各字的排列顺序要求不严格,数据的位数可多可少,不需要的字以及与上一程序段相同的续效字可以不写。该格式的优点是程序简短、直观以及容易检验、修改,故该格式在目前广泛使用。

字—地址程序段格式如下:

N—语句号字

G—准备功能字

X—尺寸字

Y—尺寸字

Z—尺寸字

F—进给功能字

S—主轴转速功能字

T—刀具功能字

M—辅助功能字

;—程序段结束

例如:N20　G01　X25.0　Z－36.0 F100 ;

程序段内各字的说明:

a.语句号字。

语句号字用以识别程序段的编号。用地址码 N 和后面的若干位数字来表示。例如:N20 表示该语句的语句号字为 20。

b.准备功能字(G 功能字)。

G 功能是使数控机床做好某种操作准备的指令,用地址 G 和两位数字来表示,从 G00 ~ G99 共 100 种。

c.尺寸字。

尺寸字由地址码、+ 、- 符号及绝对值(或增量)的数值构成。

尺寸字的地址码有 K、Y、Z、U、V、W、P、Q、R、A、B、C J、K、D、H 等。

例如:X 20. Y －40.

尺寸字的“ + ”可省略。

表示地址码的英文字母的含义如表 3.3 所示。

表3.3 地址码中英文字母的含义

| 地址码 | 意义 |
|---|---|
| O、P | 程序号、子程序号 |
| N | 程序段号 |
| X、Y、Z | *X*、*Y*、*Z* 坐标方向的主运动 |
| U、V、W | 平行于 *X*、*Y*、*Z* 坐标的第二坐标 |
| P、Q、R | 平行于 *X*、*Y*、*Z* 坐标的第三坐标 |
| A、B、C | 绕 *X*、*Y*、*Z* 坐标的旋转坐标 |
| I、J、K | 圆弧中心坐标 |
| D、H | 补偿号指定 |

d. 进给功能字。

它表示刀具中心运动时的进给速度。它由地址码 F 和后面若干位数字构成。这个数字的单位取决于每个数控系统所采用的进给速度的指定方法。通常有两种形式：一种是每分钟进给量，单位是 mm/min；另一种是每转进给量，单位是 mm/r。

注：若无特殊要求，本书实例单位均采用每转进给量。

e. 主轴转速功能字。

它由地址码 S 和在其后面的若干位数字组成，单位为转速单位为 r/min。

例如：S800 表示主轴转速为 800 r/min。

f. 刀具功能字。

它由地址码 T 和若干位数字组成。刀具功能字的数字是指定的刀号。数字的位数由所用系统决定。FANUC 系统中由 T 和四位数字组成，前两位表示刀具号，后两位表示刀具补偿号。如 T0101，第一个 01 表示 1 号刀具，后一个 01 表示 1 号刀具补偿号。如 T0100，则 00 表示取消 1 号刀具补偿。

g. 辅助功能字（M 功能）。

辅助功能表示一些机床辅助动作的指令。用地址码 M 和后面两位数字表示。从M00 ~ M99 共 100 种。

h. 程序段结束。

写在每一程序段之后，表示程序结束。当用 EIA 标准代码时，结束符为“CR”，用 ISO 标准代码时为“NL”或“LF”。有的用符号“；”或“*”表示。FANUC 系统中程序段结束用符号“；”表示。

4. FANUC 0i Mate - TF 系统的指令代码

（1）准备功能（G 代码）

准备功能又称 G 代码，用来规定刀具与零件、相对运动轨迹（即插补功能）、机床坐标系、刀具补偿和固定循环等多种操作。

G 代码分为模态代码和非模态代码。模态代码表示该 G 代码在一个程序段中的功能一直保持到被取消或被同组的另一个 G 代码所代替。非模态代码只在有该代码的程序段中有效。

G 代码按其功能进行了分组,同一功能组的代码可互相代替,但不允许写在同一程序段中。数控车床常用的 G 功能如表 3.4 所示。

表 3.4 准备功能 G 代码

| 指令代码 | 功能 | 组别 | 模态 |
|---|---|---|---|
| G00 | 快速移动 | 01 | * |
| G01 | 直线插补 | 01 | * |
| G02 | 顺时针圆弧插补 | 01 | * |
| G03 | 逆时针圆弧插补 | 01 | * |
| G04 | 进给暂停 | 00 | |
| G20 | 英制输入 | 06 | * |
| G21 | 公制输入 | 06 | * |
| G22 | 内部行程限位有效 | 04 | * |
| G23 | 内行程限位无效 | 04 | * |
| G27 | 检查参考点返回 | 00 | |
| G28 | 自动返回参考点 | 00 | |
| G29 | 从参考点返回 | 00 | |
| G30 | 返回第二参考点 | 00 | |
| G32 | 切螺纹 | 01 | |
| G40 | 刀尖半径补偿方式取消 | 07 | * |
| G41 | 调用刀尖半径左补偿 | 07 | * |
| G42 | 调用刀尖半径右补偿 | 07 | * |
| G50 | 设定零件坐标系 | 00 | |
| G70 | 精加工循环 | 00 | |
| G71 | 外径、内径粗加工循环 | 00 | |
| G72 | 端面粗加工循环 | 00 | |
| G73 | 闭合车削循环 | 00 | |
| G74 | $Z$ 向步进钻孔 | 00 | |
| G75 | $X$ 向切槽 | 00 | |
| G76 | 螺纹车削复合循环 | 00 | |
| G80 | 取消固定循环 | 10 | |
| G83 | 钻孔循环 | 10 | * |
| G84 | 攻螺纹循环 | 10 | * |
| G85 | 正面镗孔循环 | 10 | * |
| G87 | 侧面钻孔循环 | 10 | * |

表3.4(续)

| 指令代码 | 功能 | 组别 | 模态 |
| --- | --- | --- | --- |
| G88 | 侧面攻螺纹循环 | 10 | * |
| G89 | 侧面镗孔循环 | 10 | * |
| G90 | 单一固定循环 | 01 | * |
| G92 | 螺纹切削循环 | 01 | * |
| G94 | 端面切削循环 | 01 | * |
| G96 | 主轴转速恒转速控制 | 12 | * |
| G97 | 取消主轴转速恒转速控制 | 12 | * |
| G98 | 每分钟进给(mm/min) | 05 | * |
| G99 | 每转进给(mm/r) | 05 | * |

注:*表示模态代码。

(2)辅助功能(M代码)

辅助功能又称M代码,由字母M及其后两位数字组成,这类指令加工时与机床操作的需要有关。如表示主轴的旋转方向、启动、停止,切削液的开关等功能。

数控车床中常用的M功能如下:

①M00——程序停止。系统执行该指令时,主轴的转动、进给、切削液都停止,可进行某一手动操作。如换刀、零件调头、测量零件尺寸等。系统保持这种状态,直到重新启动机床,继续执行M00程序段后面的程序。

②M01——程序有条件停止。其作用完全与M00相同。系统执行该指令时,只有从控制面板上按下“选择停止”键,M01才有效,否则跳过M01指令,继续执行后面的程序。该指令一般用于抽查关键尺寸时使用。

③M02——程序结束。该指令表示执行完程序内所有指令后,主轴停止,进给停止,冷却液关闭,机床处于复位状态。

④M30——返回程序起点。使用M30时,除表示M02的内容外,刀具还要返回到程序的起始状态,准备下一个零件的加工。

⑤M03——主轴正转。

⑥M04——主轴反转。

⑦M05——主轴停止转动。

⑧M07、M08——打开1号、2号冷却液。

⑨M09——关闭冷却液。

数控车床常用的M功能见表3.5。

表 3.5 辅助功能 M 代码

| 代码 | 功能 | 代码 | 功能 |
|---|---|---|---|
| M00 | 程序停止 | M09 | 切削液关 |
| M01 | 程序有条件停止 | M30 | 程序结束并返回起点 |
| M02 | 程序结束 | M41 | 低挡 |
| M03 | 主轴正转 | M42 | 中挡 |
| M04 | 主轴反转 | M43 | 高挡 |
| M05 | 主轴停止 | M98 | 子程序调用 |
| M06 | 更换刀具 | M99 | 子程序结束 |
| M08 | 切削液开 | | |

编制图 3.12 的程序。

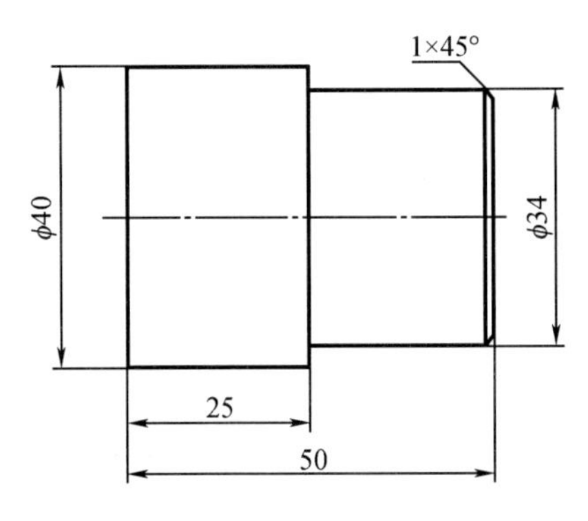


图 3.12 阶梯轴

程序:外圆车削

O1234

N10 T01 01; 换 1 号刀,1 号刀具补偿并建立工件坐标系

N20 S800 M03; 主轴转速 800 r/min,主轴正转

N30 G00 X45.0 Z5.0; 绝对尺寸编程,1 号刀快速移动到(X45.0 Z5.0)

N40 G00 X0.0 Z5.0; 快速移动到(X0.0 Z5.0)

N50 G01 X0.0 Z0.0 F0.2; 直线插补到(0,0)进给率 0.2 mm/r

N60 G01 X32.0 Z0.0; 直线插补到(32.0,0)

N70 G01 X34.0 Z-1.0; 直线插补到(34.0,-1.0)

N80 G01 X34.0 Z-25.0; 直线插补到(34.0,-25.0)

N90 G01X40.0 Z-25.0; 直线插补到(40.0,-25.0)

N100 G01X40.0 Z-50.0; 直线插补到(40.0,-50.0)

N110 G01X45.0 Z-50.0; 直线插补到(45.0,-50.0)

N120 G00X100.0 Z200.0; 快速移动到(100.0,200.0)

N130　M05；　　　　　　　　　　主轴停止

N140　M30；　　　　　　　　　　程序结束

5.多重循环指令

(1)外圆粗车循环指令(G71)

G71指令适用于粗车圆柱棒料，以切除较多的加工余量。若给出图3.13所示形状的加工路线 $A \to A' \to B$ 及每次切削深度，刀具就会从循环起点 $A$ 开始，快速退刀至 $C$ 点，然后沿图示3.13路线进行平行于 $Z$ 轴的多次切削，粗车完成后，再进行平行于精加工表面的半精车，并沿精加工表面分别留出 $\Delta u$ 和 $\Delta w$ 的加工余量；半精车完成后，快速退回循环起点 $A$，结束粗车循环所有动作。

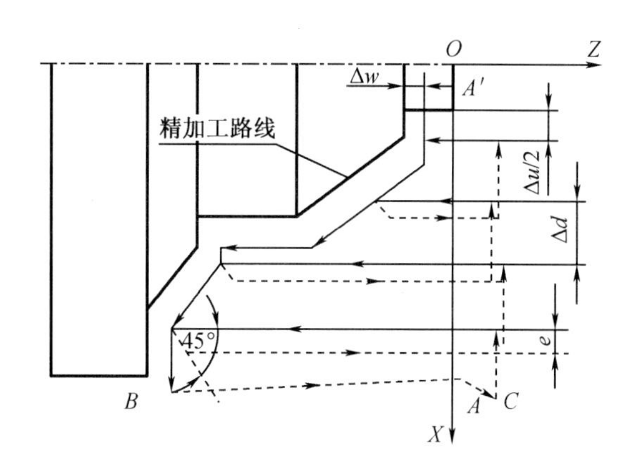


图3.13　外圆加工循环

①指令格式

G71 U(Δd) R(e)；

G71 P(ns) Q(nf) U(Δu) W(Δw) F(f) S(s) T(t)；

指令中　Δd——粗加工每次车削深度(半径量)；

e——粗加工每次车削循环的 $X$ 向退刀量；

ns——精加工轮廓程序段中第一个程序段的顺序号；

nf——精加工轮廓程序段中最后一个程序段的顺序号；

Δu——$X$ 向精加工余量(直径量)；

Δw——$Z$ 向精加工余量；

f、s、t——分别为粗加工循环中的进给速度、主轴转速和刀具功能。

②特点

a.在进行粗加工循环时，只有含在G71程序段或以前指令的F、S、T功能有效，而包含在ns→nf程序段中的F、S、T功能在精加工循环时才有效。

b.在顺序号ns的程序段中指定 $A \to A'$ 之间的刀具轨迹。可以用G00或G01指令，但不能指定 $Z$ 轴的运动。

c.A′→B之间的零件形状在 $X$ 轴和 $Z$ 轴方向都必须是单调增大或减小的图形。

d.在顺序号ns到nf的程序段中不能调用子程序。

e. 当顺序号 ns 的程序段用 G00 方式移动时，在指令 $A$ 点时，必须保证刀具在 $Z$ 轴方向上位于零件之外。

(2)端面粗车循环指令(G72)

G72 指令适用于圆柱棒料毛坯端面方向粗车。与 G71 指令均为粗加工循环指令，其区别仅在于 G71 指令是沿着平行于 $Z$ 轴进行切削循环加工的，而 G72 指令的切削方向平行于 $X$ 轴，从外径方向往轴心方向切削端面，如图 3.14 所示。该循环方式适用于对长径比较小的盘类工件端面粗车。

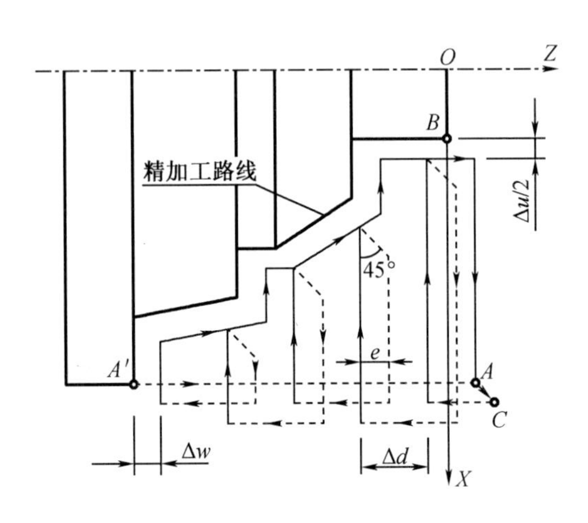


图 3.14　端面加工循环

①指令格式

G72 W(Δd) R(e);

G72 P(ns) Q(nf) U(Δu) W(Δw) F(f) S(s) T(t);

其中参数含义与 G71 相同。

②特点

a. G72 与 G71 切深量 $\Delta d$ 切入方向不同，G71 沿 $X$ 轴进给切深，而 G72 沿 $Z$ 轴进给切深。

b. G72 循环所加工的轮廓形状，必须采用单调递增或单调递减的形式。

c. 在 G72 循环指令中，顺序号 ns 所指程序段必须沿 $Z$ 向进刀，且不能出现 $X$ 轴的运动指令。

(3)仿形循环指令(G73)

指令 G73 适用于毛坯轮廓形状与零件轮廓形状基本接近时的粗车，如一些铸、锻件毛坯的粗车，对零件轮廓的单调性则没有要求。

①指令格式

G73 U(Δi) W(Δk) R(d);

G73 P(ns) Q(nf) U(Δu) W(Δw) F(f) S(s) T(t);

指令中　Δi——粗切时径向切除的总余量(半径值);

　　　　Δk——粗切时轴向切除的总余量;

Δd——循环次数；

其他参数含义与 G71 中相同。

②特点

a. G73 程序段中，ns 所指程序段可以向 $X$ 轴或 $Z$ 轴的任意方向进刀。

b. G73 循环加工的轮廓形状，没有单调递增或单调递减形式的限制。

其进给路线如图 3.15 所示。执行 G73 功能时，每一刀的切削路线的轨迹形状是相同的，只是位置不同。每走完一刀，就把切削轨迹向工件移动一个位置，因此对于经铸造、锻造等粗加工已初步成型的毛坯，可高效加工。

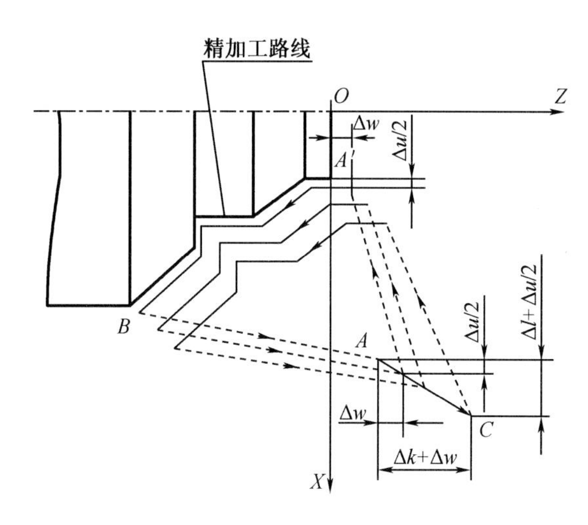


图 3.15 仿形加工循环

(4)精加工循环指令(G70)

采用 G71、G72、G73 指令完成粗加工循环后，用 G70 指令可实现精加工。

①指令格式

G70 P(ns) Q(nf)；

其中，参数含义与 G71 相同。

②特点

a. 在 G70 指令状态下，ns 至 nf 程序中指定的 F、S、T 有效；如果 ns 至 nf 程序中不指定 F、S、T，则粗车循环中指定的 F、S、T 有效。

b. G70 指令结束后，刀具会快速返回起始点位置，并开始执行 G70 指令的下一个程序段。要特别注意快退路线，防止刀具与工件发生干涉。

6. 螺纹加工程序的编制

(1)螺纹术语

①螺纹大径

a. 外螺纹大径 $d$ 即外螺纹的顶径，它是螺纹的公称直径。

b. 内螺纹大径 $D$ 即内螺纹的底径。

②螺纹小径

a. 外螺纹小径 $d_1$ 即外螺纹的底径。

b. 内螺纹小径 $D_1$ 即内螺纹的孔径。

③螺纹中径($D_2$、$d_2$)

中径是螺纹的重要尺寸,螺纹配合时就是靠在中径线上内、外螺纹中径接触来实现传递动力或紧固作用。螺纹中径是一个假想圆柱的直径,该圆柱的母线通过螺纹的牙宽和槽宽正好相等时,这个假想圆柱的直径就是螺纹的中径。外螺纹和内螺纹的中径相等,即 $D_2 = d_2$。

④螺纹直径

螺纹直径是指代表螺纹尺寸的直径,即公称直径。

⑤螺距($P$)

相邻两牙在中径线上对应两点间的轴向距离。

⑥导程($L$)

在同一螺旋线上,相邻两牙在中径线上对应两点间的轴向距离称为导程。

多线螺纹导程和螺距的关系是

$$L = nP \tag{3.1}$$

式中 $L$——螺纹的导程;

$n$——多线螺纹的线数;

$P$——螺距。

⑦原始三角形高度($H$)

在过螺纹轴线的截面内,牙侧两边交点在垂直于螺纹轴线方向的距离。螺纹中径正好通过原始三角形高度的中点,把 $H$ 分成两等份。普通三角螺纹原始三角形高度与螺距的关系是

$$H = 0.866P$$

式中 $H$——原始三角形高度;

$P$——螺距。

⑧螺纹牙型高度($h$)

螺纹牙型高度是指在螺纹牙型上,牙顶到牙底之间垂直于螺纹轴线的距离,它是螺纹车刀总切入深度,即螺纹总切削深度。

⑨牙形角($\alpha$)

在过螺纹轴线的截面内,相邻两牙侧之间的夹角称为牙形角。

(2)螺纹的编程参数

螺纹工件在编制程序时,必须把螺纹的底径值、螺纹 $Z$ 向终点位置、牙深及第一次背吃刀量等切削参数输入程序。三角形螺纹是应用最广的一种连接螺纹,下面以三角形螺纹为例来说明这些参数的确定。

①螺纹的编程大径($D_b$、$d_b$)的确定

编程大径的确定取决于螺纹大径。例如要加工 M30×2－6g 外螺纹,查 GB/T 197—2018《普通螺纹 公差》得:螺纹大径的基本偏差(上偏差)为 $e_s = -0.038$ mm;公差为 $T_d = 0.$

28 mm，则螺纹大径的下偏差 $e_i = e_s - T_d = -0.318$ mm。所以编程大径应在此范围内选取（一般取中间值），并在加工螺纹前，由外圆车削来保证。

在高速车削螺纹时，由于车刀对工件的挤压力很大，容易使工件胀大，所以车削螺纹前工件的外径应比螺纹的大径尺寸小，当车削螺距为 1.5 ~3.5 mm 的工件时，工件外径尺寸可减小 $0.1P$，即

$$d_b = d - 0.1P \tag{3.2}$$

②螺纹的编程牙型高度（$h_b$）的确定。

因为编程时的终点坐标是螺纹底径终点坐标，而工程图纸上标出的是螺纹的公称直径（大径），因此必须计算螺纹的牙深。螺纹的原始三角形高度 $H = 0.866P$，但是理论值是无法实现的；当它的牙顶和牙底分别规定应削平$\frac{H}{8}$及$\frac{H}{4}$后，余下$\frac{5}{8}H$ 即称为牙型高度。

$$h = \frac{5}{8}H = 0.5413P \tag{3.3}$$

如果按工作高度做，螺母和螺杆啮合因为没有间隙和圆角半径又无法拧进去，因此需要有一些间隙，螺纹啮合的间隙大小是由螺纹公差决定的，可以查表。精度高，公差小一些；精度低，公差就大一些。一般螺纹按经验计算公式计算螺纹牙型高度，即

$$h_b = 0.6495P \tag{3.4}$$

③螺纹编程小径（$D_{1b}$、$d_{1b}$）的确定

编程小径的确定取决于螺纹小径。GB/T 197—2018《普通螺纹 公差》标准规定，对于外螺纹，大径和中径是螺纹加工主要应控制的尺寸，而螺纹小径是通过控制螺纹中径尺寸间接得到的。在卧式车床上，加工螺纹是用试切法来保证螺纹的中径尺寸的，对于螺纹小径尺寸一般无须精确计算。在数控车床上加工螺纹时，就必须给出编程小径，因为在螺纹加工的指令中，包含了螺纹小径的编程数据。

在外螺纹加工中，螺纹小径尺寸不仅受螺纹中径公差带位置的影响，还与螺纹牙底形状有关。因此编程小径的确定既要考虑满足螺纹中径的公差要求，也要考虑加工时螺纹车刀实际刃磨尺寸。当螺纹车刀的切削刃形状与标准形状（基本牙型）间的误差不大时，也可由以下经验公式进行调整或确定其编程小径（$d_{1b}$、$D_{1b}$）。

$$d_{1b} = d - 2h = d - 1.3P \tag{3.5}$$

$$D_{1b} = D - P \text{（车削塑性金属）} \tag{3.6}$$

$$D_{1b} = D - 1.05P \text{（车削脆性金属）} \tag{3.7}$$

在以上经验公式中，$d$、$D$ 直径均指其基本尺寸。在各编程小径的经验公式中，已考虑到了部分直径公差的要求。

注：其他类型的螺纹各参数可查手册或按有关公式计算。

④螺纹空刀导入量和空刀导出量的确定

由于数控车床的伺服系统在车螺纹起始时有一个加速过程，结束前有一个减速过程，在加速或减速过程中，螺距不可能保持均匀，因此车螺纹时，两端必须设置足够的空刀导入量（切入量）$\delta_1$ 和空刀导出量（切出量）$\delta_2$，如图 3.16 所示。$\delta_1$、$\delta_2$ 的数值与数控车床伺服系统的动态特性有关，与螺纹的螺距、螺纹的精度有关，一般 $\delta_1$ 可取 2 ~5 mm，对大螺距和高精度的螺纹取大值，$\delta_2$ 一般取 $0.5\delta_1$（mm）。若螺纹退尾处没有退刀槽时，$\delta_2 = 0$，一般按 45°退刀收尾。

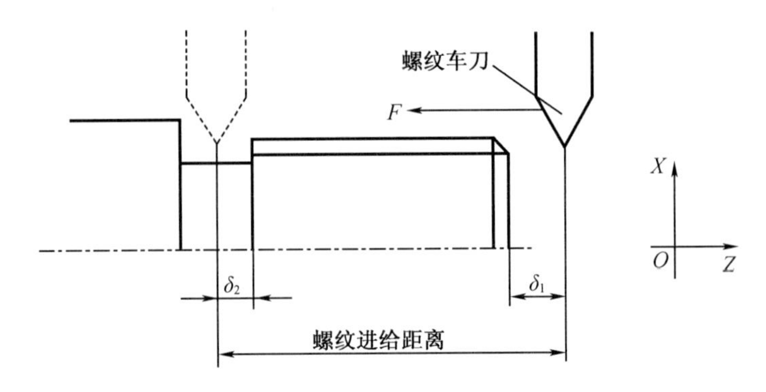


图 3.16 螺纹切削的切入、切出量

⑤分层背吃刀量

如果螺纹牙型较深或螺距较大,可分多次进给。每次进给的背吃刀量用实际牙型高度减精加工背吃刀量后所得的差,并按递减规律分配。对于连接螺纹,一般可按表3.6 所推荐的数值确定其总切深量,或追加适当的修正量,以便确定其编程底径。但是,当其车刀为符合基本牙型要求的“标准螺纹车刀”时,一定要慎用表中的推荐值,特别是对公差要求较高的配合螺纹。宜通过总切深量($H_b$)的计算式正确计算并确定该螺纹的编程底径,以保证其公差要求。其总切深量的计算公式如下:

$$H_b = h_b + \frac{T(中径)}{2}$$

表 3.6 常用螺纹切削的进给次数与背吃刀量 单位:mm

| 米制螺纹 | | | | | | | | |
|---|---|---|---|---|---|---|---|---|
| 螺距 | | 1.0 | 1.5 | 2.0 | 2.5 | 3.0 | 3.5 | 4.0 |
| 牙深 | | 0.649 | 0.974 | 1.299 | 1.624 | 1.949 | 2.273 | 2.598 |
| 背吃刀量及切削次数 | 1 次 | 0.7 | 0.8 | 0.9 | 1.0 | 1.2 | 1.5 | 1.5 |
| | 2 次 | 0.4 | 0.6 | 0.6 | 0.7 | 0.7 | 0.7 | 0.8 |
| | 3 次 | 0.2 | 0.4 | 0.6 | 0.6 | 0.6 | 0.6 | 0.6 |
| | 4 次 | — | 0.16 | 0.4 | 0.4 | 0.4 | 0.6 | 0.6 |
| | 5 次 | — | — | 0.1 | 0.4 | 0.4 | 0.4 | 0.4 |
| | 6 次 | — | — | — | 0.15 | 0.4 | 0.4 | 0.4 |
| | 7 次 | — | — | — | — | 0.2 | 0.2 | 0.4 |
| | 8 次 | — | — | — | — | — | 0.15 | 0.3 |
| | 9 次 | — | — | — | — | — | — | 0.2 |

表 3.6(续)

| 英制螺纹 | | | | | | | | |
|---|---|---|---|---|---|---|---|---|
| 牙/in | | 24 | 18 | 16 | 14 | 12 | 10 | 8 |
| 牙深 | | 0.678 | 0.904 | 1.016 | 1.162 | 1.355 | 1.626 | 2.033 |
| 背吃刀量及切削次数 | 1次 | 0.8 | 0.8 | 0.8 | 0.8 | 0.9 | 1.0 | 1.2 |
| | 2次 | 0.4 | 0.6 | 0.6 | 0.6 | 0.6 | 0.7 | 0.7 |
| | 3次 | 0.16 | 0.3 | 0.5 | 0.5 | 0.6 | 0.6 | 0.6 |
| | 4次 | — | 0.11 | 0.14 | 0.3 | 0.4 | 0.4 | 0.5 |
| | 5次 | — | — | — | 0.13 | 0.21 | 0.4 | 0.5 |
| | 6次 | — | — | — | — | — | 0.16 | 0.4 |
| | 7次 | — | — | — | — | — | — | 0.17 |

(3)G32、G92 和 G76 指令介绍

在数控车床上用切削的方法可加工圆柱螺纹、圆锥螺纹、整数导程螺纹、非整数导程螺纹和可变导程螺纹。螺纹的切削方法分单行程螺纹切削、简单螺纹切削循环和螺纹切削复合循环。下面分别介绍螺纹切削指令。

①单行程螺纹切削(G32)

G32 指令能够切削圆柱螺纹、圆锥螺纹、端面螺纹等。车刀进给运动严格根据输入的螺纹导程进行。但是,车刀的切入、切出、返回均需编入程序。

格式:G32 X(U)__Z(W)__F__;

说明:

a. $X(U)$、$Z(W)$是螺纹底径终点坐标,其中 $X$、$Z$ 是绝对值编程,$U$、$W$ 是增量值编程;$X$ 省略时为圆柱螺纹切削,$Z$ 省略时为端面螺纹切削;$X$、$Z$ 均不省略时为锥螺纹切削。

b. $F$ 是螺纹导程,圆锥螺纹在 $X$ 方向或 $Z$ 方向各有不同的导程,程序中导程 $F$ 的取值以两者较大值为准。端面螺纹加工时,其进给速度 $F$ 的单位采用旋转进给率,即 mm/r。

**【例 3.2】** 试编写图 3.17 所示螺纹的加工程序。已知直螺纹切削参数:螺纹导程 $L=4$ mm,切入量 $\delta_1=3$ mm,切出量 $\delta_2=1.5$ mm,分 2 次切削,切深为 1 mm。

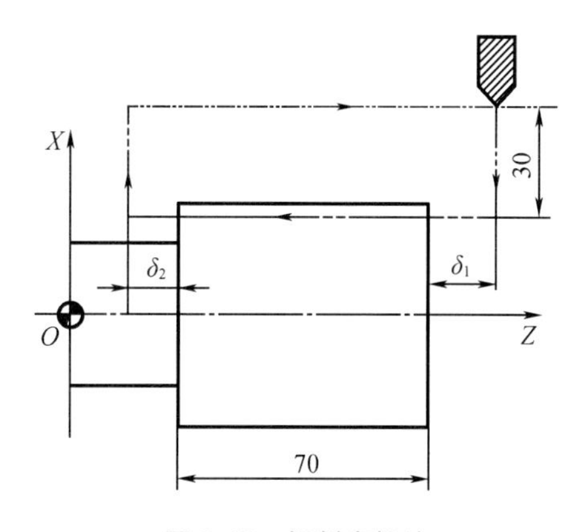


图 3.17　切削直螺纹

**【编写程序】** 程序如下：

```
O3001;
…
N100 G00 U－62.0;            螺纹刀快速运动到螺纹循环车削起点
N110 G32 W－74.5 F4.0        螺纹第 1 刀切削
N120 G00 U62.0;              沿 X 向退刀
N130 W74.5;                  沿 Z 向退刀
N140 U－64.0;                沿 X 向运动到第二次螺纹车削起点
N150 G32 W－74.5             螺纹第 2 刀切削
N160 G00 U64.0;              沿 X 向退刀
N170 W74.5;                  沿 Z 向退刀
…
```

**【例 3.3】** 试用 G32 指令编写图 3.18 所示圆锥螺纹(导程 $L=2$ mm)加工程序。

**【分析】** 加工圆锥螺纹时,要特别注意受切入量、切出量的影响,螺纹切削起点与终点坐标的变化。如图 3.18 所示,经计算,圆锥螺纹的牙顶在 $B$ 点处的坐标为(18.0,5.0),在 $C$ 点处的坐标为(30.8,－27)。

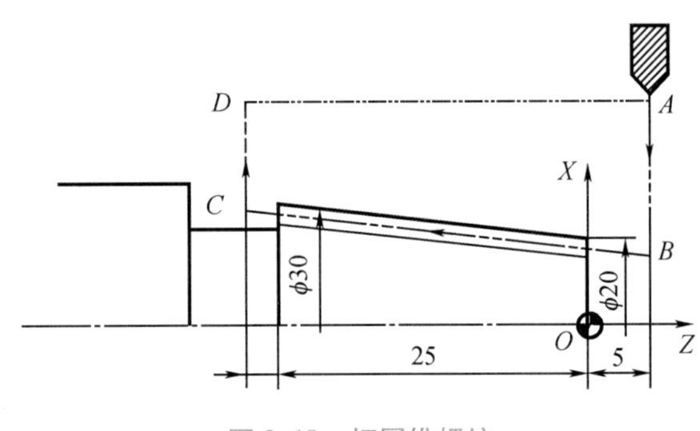


图 3.18　切圆锥螺纹

**【编写程序】** 程序如下：

```
O3002;
…
G00 X17.1 Z5.0;          螺纹刀快速运动到螺纹循环车削起点
G32 X29.9 Z－27 F2;      螺纹第 1 刀切削
G00 U20.0;               沿 X 向退刀
W32;                     沿 Z 向退刀
G00 X16.5 Z5.0;          螺纹刀快速运动到第二次螺纹车削起点
G32 X29.3 Z－27 F2;      螺纹第 2 刀切削
…
```

注意事项：

a. 螺纹切削时,进给速度倍率开关无效,固定为 100%,进给量 $F$ 指令后面的数值必须等于被加工螺纹的导程,单位 mm/r。

b. 在螺纹切削过程中,进给暂停功能无效。若在螺纹切削时按下暂停按钮,当执行完螺纹切削之后才停止。

c. 在螺纹切削过程中,主轴速度倍率功能失效,固定在 100%。

d. 数控机床上车螺纹时，沿螺距方向的 $Z$ 进给应和机床主轴的旋转保持严格的速比关系，因此螺纹切削时不能使用表面恒切削速度方式。

②螺纹切削循环指令（G92）

G92 指令用于切削锥螺纹和圆柱螺纹，刀具从循环起点开始快进到切螺纹起点，按导程车削螺纹至螺纹终点，X 方向快速退出后，最后又回到循环起点，使切螺纹程序简化。如图 3.19、图 3.20 所示，图中刀具路径中 $R$ 为快速移动；$F$ 为工作进给运动。

指令格式：

G92 X(U)__Z(W)__R__F__;

指令说明：

①$X$、$Z$ 为螺纹终点坐标值；$U$、$W$ 为螺纹终点相对循环起点的增量值。

②$F$ 为螺纹导程，如果是单线螺纹，则为螺距的大小。

③$R$ 为锥螺纹始点与终点的半径差（单位为 mm），当 $X$ 向切削起始点坐标小于切削终点坐标时，$R$ 为负，反之为正。加工圆柱螺纹时，$R=0$。

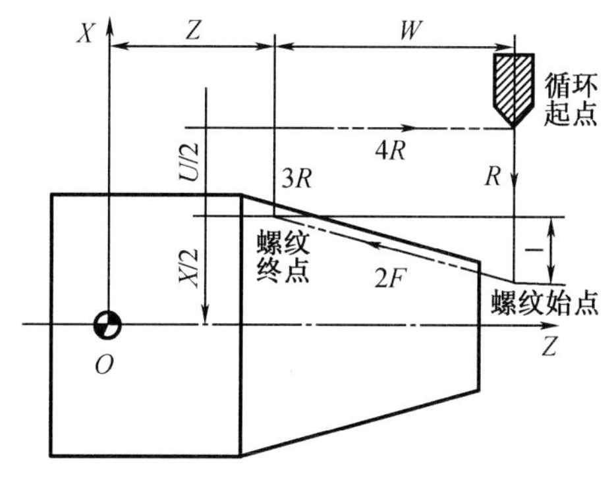


图 3.19　锥螺纹切削循环

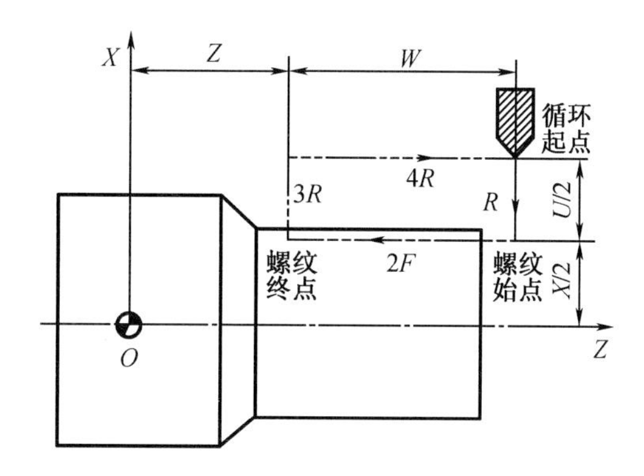


图 3.20　圆柱螺纹切削循环

**【例 3.4】**　试用 G92 指令编写图 3.21 所示 M24×1.5 螺纹的加工程序。

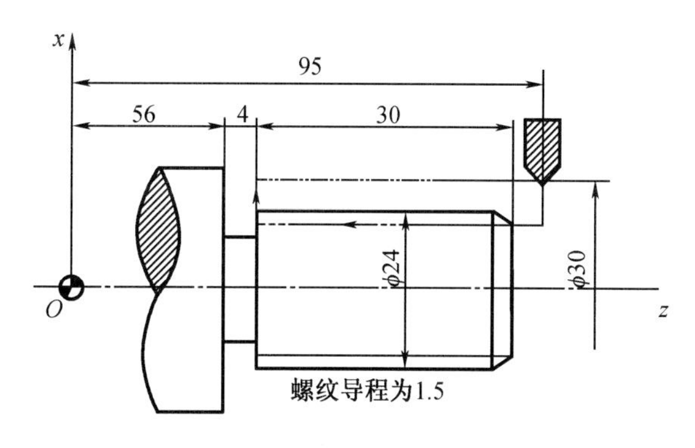


图 3.21　圆柱螺纹切削循环

**【编写程序】**　程序如下：

```
O3003;
…
G00 X30 Z95;                 螺纹刀快速运动到螺纹循环车削起点
```

```
G92 X23.2 Z58 F1.5;      第 1 次螺纹车削循环
X22.6;                   第 2 次螺纹车削循环
X22.2;                   第 3 次螺纹车削循环
X22.04;                  第 4 次螺纹车削循环
G00 X100 Z100;           退刀
…
```

显然,用 G92 指令编写程序要比用 G32 指令编写程序简捷一些,所以在实际编程中,对于圆柱螺纹一般很少使用 G32 指令,但车削端面螺纹时却只能用 G32 指令编写程序。

注意事项:

a. 在螺纹切削过程中,按下循环暂停键时,刀具立即按斜线回退,然后先回到 X 轴的起点,再回到 Z 轴的起点。在回退期间,不能进行另外的暂停。

b. 如果在单段方式下执行 G92 循环,则每执行一次循环必须按 4 次循环启动按钮。

c. G92 指令是模态指令,当 $Z$ 轴移动量没有变化时,只需对 $X$ 轴指定其移动指令即可重复执行固定循环动作。

d. 执行 G92 循环时,在螺纹切削的退尾处,刀具沿接近 45°的方向斜向退刀,$Z$ 向退刀距离 $r=0.1L \sim 12.7L$(导程),该值由系统参数设定。

e. 在 G92 指令执行过程中,进给速度倍率和主轴速度倍率均无效。

3. 复合螺纹切削循环指令(G76)

G76 指令用于多次自动循环车削螺纹,程序中只需给出螺纹的底径值、螺纹 $Z$ 向终点位置、牙深及第一次背吃刀量等加工参数,数控车床即可自动计算每次的背吃刀量进行循环切削,直到加工完为止。G76 指令的运动轨迹与进刀轨迹如图 3.22(a)(b)所示。

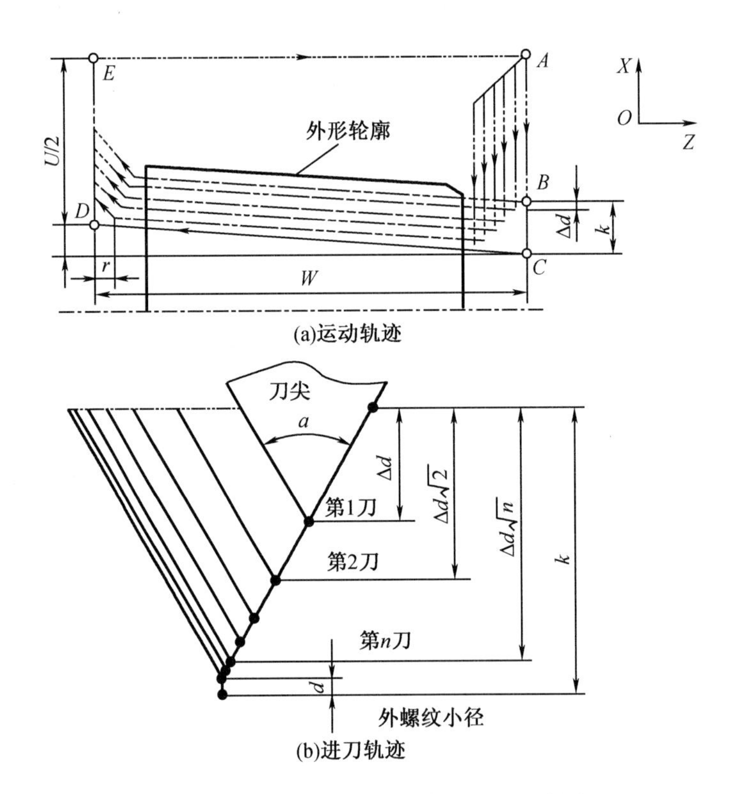


图 3.22　G76 指令的运动轨迹和进刀轨迹

指令格式：

G76 P(m)(r)(a)Q($\Delta d_{min}$)R(d)；

G76 X(U)__ Z(W)__R(i)P(k)Q($\Delta$d)F__；

指令说明：

$m$：精加工重复次数，从01～99，该参数为模态量，一旦指定，直到指定另一个值之前保持不变。

$r$：螺纹尾端退刀长度，当导程(螺距)由$L$表示时，可以从0.1$L$～9.9$L$设定，系数为0.1的整数倍，用00～99之间的两位整数来表示，该参数为模态量。如取系数为1.1，则$r=1.1L$，但程序中写为11。

$a$：刀尖角度(螺纹牙型角)。可以选择80°、60°、55°、30°、29°和0°共6种中的任意一种。该值由2位数规定，该参数为模态量。

$m$、$r$和$a$用地址P同时指定，例如：$m=2$，$r=1.2L$，$a=60°$，表示为P021260。

$\Delta d_{min}$：最小车削深度，该值用不带小数点的半径量表示。单位为μm，当车削过程中由程序计算的背吃刀量数值小于$\Delta d_{min}$时，则背吃刀量锁定为Admin值，该参数为模态量。

$d$：精加工余量，该值用带小数点的半径量表示，单位为μm，该参数为模态量。

$X(U)Z(W)$：螺纹切削终点处的坐标。

$i$：螺纹大小端半径差。如果$i=0$为圆柱螺纹，单位为mm。

$k$：螺纹的牙型高度($X$方向半径值，按$h_b=0.6495P$计算)，通常为正，单位为μm。

$\Delta d$：第1刀切削深度，半径值，单位为μm。

$F$：螺纹导程，如果是单线螺纹，则该值为螺距，单位为mm。

**【例3.5】**　在前置刀架式数控车床上，试用G76指令编写图3.23所示外螺纹的加工程序(未考虑各直径的尺寸公差)。

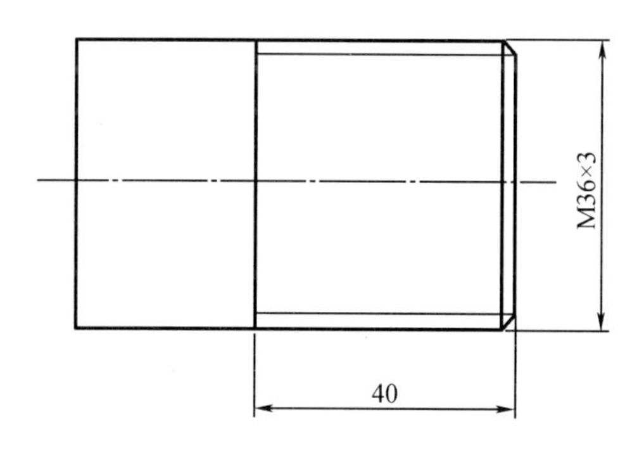


图3.23　外螺纹加工的示例件

**【编写程序】**　程序如下：

```
O3004;
…
T0202;                          调用2号螺纹刀
M03 S600;                       主轴正转,转速为300 r/min
```

```
G00 X38.0 Z6.0;                      螺纹切削循环起点
G76 P021060 Q50 R100;                精加工两次,精加工余量为 0.1 mm,倒角量等于螺 P,牙
                                     型角为 60°,最小切深为 0.05 mm
G76 X32.1 Z-40.0 P1949 Q500 F3.0;    设定牙型高为 1.3mm,第一刀切深为 0.5 mm
G00 X100.0 Z100.0;                   退刀
…
```

应用 G92、G76 等循环指令编制外螺纹的加工程序时,应注意循环起点的直径应比内螺纹大径略大一些,相反,在加工内螺纹时,循环起点的直径应比内螺纹小径略小一些。内螺纹的程序编制见例 3.5。

**【例 3.6】**在前置刀架式数控车床上,试用 G76 指令编写图 3.24 所示内螺纹的加工程序(未考虑各直径的尺寸公差)。

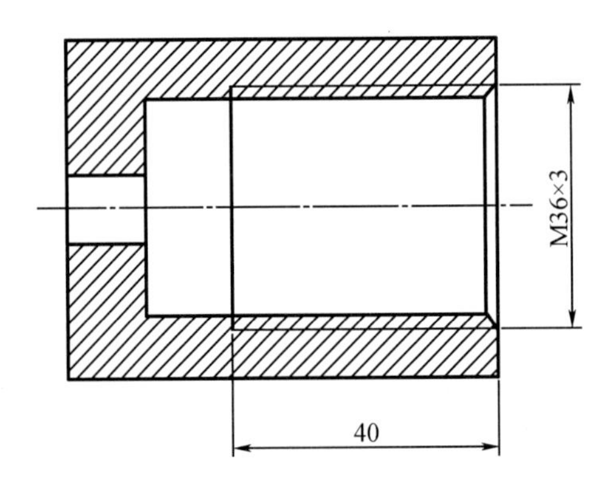


图 3.24 内螺纹加工的示例件

**【编写程序】** 程序如下:

```
O3005;
…
T0202;                               调用 2 号螺纹刀
M03 S300;                            主轴正转,转速为 300 r/min
G00 X34.0 Z6.0;                      螺纹切削循环起点
G76 P021060 Q50 R80;                 精加工两次,精加工余量为 0.08 mm,倒角量等于螺 P 牙
                                     型角为 60°,最小切深为 0.05 mm
G76 X36.0 Z-40.0 P1949 Q300 F3.0;    设定牙型高为 1.3 mm,第一刀切深为 0.3 mm
G00 X100.0 Z100.0;                   退刀
…
```

注意事项:

a. G76 可以在 MDI 方式下使用。

b. 在执行 G76 指令时,如按下循环暂停键,则刀具在螺纹切削后的程序段暂停。

c. G76 指令为非模态指令,所以必须每次指定。

d. 在执行 G76 指令时,如要进行手动操作,刀具应返回到循环操作停止的位置。如果

没有返回到循环停止位置就重新启动循环操作,手动操作的位移将叠加在该条程序段停止时的位置上,刀具轨迹就多移动了一个手动操作的位移量。

### 3.4.10 数控车床的操作过程

1. FANUC 0i 车床的基本操作

(1)开、关机

(2)回参考点

①置模式旋钮在位置。

②选择各轴 X Y Z ,按住按钮,即回参考点。

(3)移动机床轴

手动移动机床轴的方法有三种:

方法一:快速移动,这种方法用于较长距离的工作台移动。

①置"JOG"模式位置。

②选择各轴,点击方向键 + - ,机床各轴移动,松开后停止移动。

③按键,各轴快速移动。

方法二:增量移动,这种方法用于微量调整,如用在对基准操作中。

①置模式在位置:选择 X 1 X 10 X 100 X1000 步进量。

②选择各轴,每按一次,机床各轴移动一步。

方法三:操纵"手脉",这种方法用于微量调整。在实际生产中,使用手脉可以让操作者容易控制和观察机床移动。

(4)开、关主轴

①置模式旋钮在"JOG"位置。

②按机床主轴正反转,按主轴停转。

(5)启动程序加工零件

①置模式旋钮在"AUTO"位置。

②选择一个程序(参照下面介绍选择程序方法)。

③按程序启动按钮。

(6)试运行程序

试运行程序时,机床和刀具不切削零件,仅运行程序。

①置在模式。

②选择一个程序如 O0001 后按 ↓ 调出程序。

③按程序启动按钮。

(7)单步运行

①置单步开关于"ON"位置。

②程序运行过程中,每按一次 [⊡] 执行一条指令。

(8)输入零件原点参数

①按 OFFSET SET 键进入参数设定页面,按“坐标系”。如图 3.25 所示。

②用 PAGE↓ PAGE↑ 或 ↓ ↑ 选择坐标系。

输入地址字(X/Y/Z)和数值到输入域。方法参考“输入数据”操作。

③按 INPUT 键,把输入域中间的内容输入指定的位置。

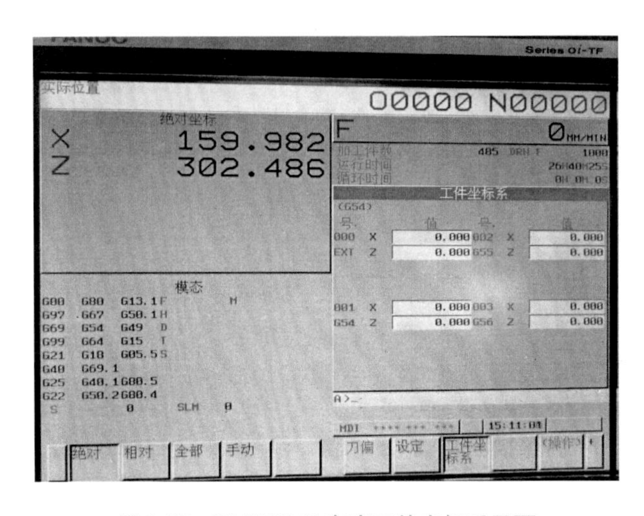


图 3.25 FANUC 0i 车床工件坐标系平面

(9)输入刀具补偿参数

①按 OFFSET SET 键进入参数设定页面,按“[ 补正 ]”。

②用 PAGE↓ 和 PAGE↑ 键选择长度补偿、半径补偿。

③用 CURSOR: ↓ 和 ↑ 键选择补偿参数编号。

④输入补偿值到长度补偿 $H$ 或半径补偿 $D$。

⑤按 INPUT 键,把输入的补偿值输入指定的位置。如图 3.26 所示。

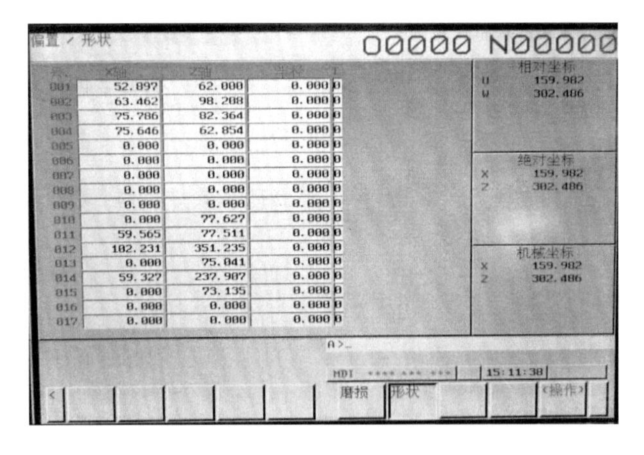


图 3.26 FANUC 0i 车床刀具补偿页面

(10)MDI 手动数据输入

①按[MDI]键,切换到“MDI”模式。

②按[PROG]键,再按[ MDI ]→[EOB] 分程序段号“N10”,输入程序如:G0X50。

③按[INSERT]“N10G0X50” 程序被输入。

④按[启动]程序启动按钮。

(11)位置显示

按[POS]键切换到位置显示页面。用[PAGE↓]和[PAGE↑]键或者软键切换。

①绝对坐标系,显示机床在当前坐标系中的位置。

②相对坐标系,显示机床坐标相对于前一位置的坐标。

③综合显示,同时显示机床在以下坐标系中的位置:绝对坐标系中的位置、相对坐标系中的位置、机床坐标系中的位置、当前运动指令的剩余移动量。如图 3.27 所示。

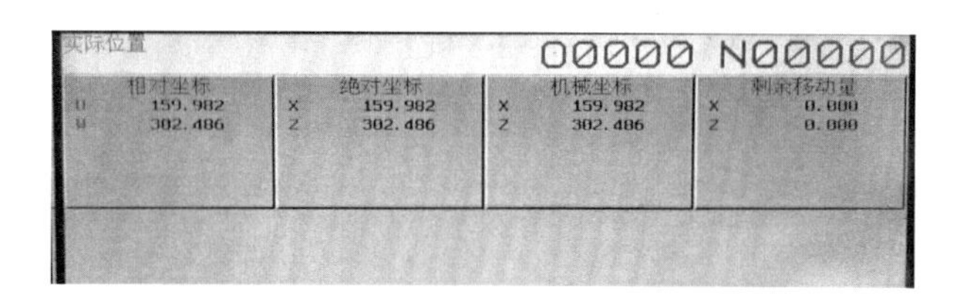


图 3.27 FANUC 0i 车床工件坐标系平面

2. 编辑程序的操作方法

(1)选择一个程序

方法一:按程序号搜索。

①选择模式放在“EDIT”。

②按[PROG]键输入字母“O”。

③按[7]键输入数字“7”,输入搜索的号码:“O7”。

④按 CURSOR:↓ 开始搜索;找到后,“O7”显示在屏幕右上角程序号位置,“O7”NC 程序显示在屏幕上。

方法二:选择模式 AUTO [自动]位置。

①按[PROG]键入字母“O”。

②按[7]键入数字“7”,键入搜索的号码:“O7”。

③按 [ 操作 ] → 

[ O检索 ],“O7”显示在屏幕上。

④可输入程序段号“N30”,按[ N检索 ]搜索程序段。

(2)删除一个程序

①选择模式在“EDIT”

②按[PROG]键输入字母“O”。

③按 7A 键输入数字“7”,输入要删除的程序的号码:“O7”。

④按 DELTE “O7”NC 程序被删除。

(3)删除全部程序

①选择模式在“EDIT”。

②按 PROG 键输入字母“O”。

③输入“ -9999”。

④按 DELTE 全部程序被删除。

(4)搜索一个指定的代码

一个指定的代码可以是:一个字母或一个完整的代码。例如:“N0010”“M”“F”“G03”等。搜索应在当前程序内进行。操作步骤如下:

①在“AUTO” 或“EDIT” 模式。

②按 PROG。

③选择一个 NC 程序。

④输入需要搜索的字母或代码,如:“M”“F”“G03”。

⑤按 [BG-EDT][O检索][检索↓][检索↑][REWIND]检索[检索↓],开始在当前程序中搜索。

(5)编辑 NC 程序(删除、插入、替换操作)

①模式置于“EDIT”。

②选择 PROG。

③输入被编辑的 NC 程序名如“O7”,按 INSERT 即可编辑。

④移动光标。

方法一:按 PAGE: PAGE↑ 或 PAGE↓ 翻页,按 CURSOR:↓ 或 ↑ 移动光标。

方法二:用搜索一个指定代码的方法移动光标。

⑤输入数据:用鼠标点击数字/字母键,数据被输入输入域。CAN 键用于删除输入区内光标前的第一个数字或字母。

⑥删除、插入、替代:按 DELTE 键,删除光标所在的代码;按 INSERT 键,把输入区的内容插入光标所在代码后面;按 ALTER 键,把输入区的内容替代光标所在的代码。

⑦自动生成程序段号输入:按 OFFSET SET→[SETING],如图 3.28 所示,在参数页面顺序号中输入“1”,所编程序自动生成程序段号(如:N10…N20…)。

(6)通过操作面板手工输入 NC 程序

①置模式开关在“EDIT”。

②按 PROG 键,再按 [DIR] 进入程序页面。

③按 7A 输入“O7” 程序名(输入的程序名不可以与已有程序名重复)。

④按 EOB E→ INSERT 键,开始程序输入。

⑤按 EOB E→ INSERT 键换行后再继续输入。

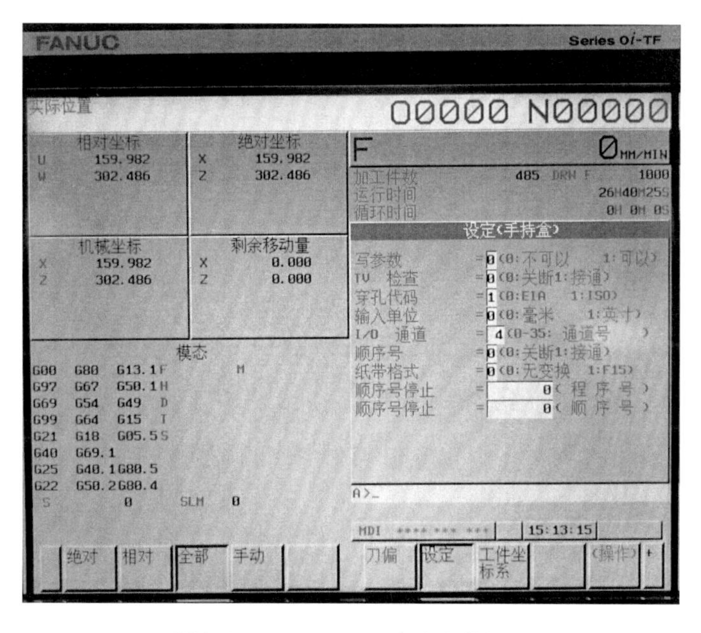


图 3.28　FANUC 0 i 车床参数页面

### 3.4.11　车刀安装要求

短——车刀伸出的长度要短，与普通车床一样，刀杆伸出长度不宜超出刀杆厚度的 1.5 倍；

平——刀杆底面平整以确保夹装牢固，如果有需要，车刀垫片安装也要平整；

中——车刀刀尖安装要对准工件中心，刀尖相对主轴中心 ±0.2 mm（如果是细小工件，应绝对中心，特形面和锥面更应注意）；

直——车刀车杆安装要垂直于工件轴线；

紧——车刀要压紧。

### 3.4.12　对刀

1. 对刀的基本概念

对刀是数控加工中较为复杂的工艺准备工作之一，对刀的好与差将直接影响到加工程序的编制及零件的尺寸精度。通过对刀或刀具预调，还可同时测定其各号刀的刀位偏差，有利于设定刀具补偿量。

(1)刀位点。刀位点是指在加工程序编制中，用以表示刀具特征的点，也是对刀和加工的基准点。

(2)对刀。对刀是数控加工中的主要操作。结合机床操作说明掌握有关对刀方法和技巧，具有十分重要的意义。在加工程序执行前，调整每把刀的刀位点，使其尽量重合于某一理想基准点，这一过程称为对刀。理想基准点可以设定在刀具上，如基准刀的刀尖上；也可以设定在刀具外，如光学对刀镜内的十字刻线交点上。

2. 对刀的基本方法

目前绝大多数的数控车床采用手动对刀，其基本方法有以下几种：

(1)定位对刀法。定位对刀法的实质是按接触式设定基准重合原理而进行的一种粗定位对刀方法,其定位基准由预设的对刀基准点来体现。对刀时,只要将各号刀的刀位点调整至与对刀基准点重合即可。该方法简便易行,因而得到较广泛的应用,但其对刀精度受到操作者技术熟练程度的影响,一般情况下其精度都不高,还须在加工或试切中修正。

(2)光学对刀法。这是一种按非接触式设定基准重合原理而进行的对刀方法,其定位基准通常由光学显微镜(或投影放大镜)上的十字基准刻线交点来体现。这种对刀方法比定位对刀法的对刀精度高,并且不会损坏刀尖,是一种推广采用的方法。

(3)试切对刀法。在以上各种手动对刀方法中,均因可能受到手动和目测等多种误差的影响以至其对刀精度十分有限,往往需要通过试切对刀,以得到更加准确和可靠的结果。

3. 试切对刀的方法步聚

直接用刀具试切对刀

(1)用外圆车刀先试切一外圆,确保 X 轴不动。停机测量外圆直径后,按 OFSET SET → 【补正】→【形状】输入"外圆直径值",按【测量】键,刀具"X"补偿值即自动输入几何形状里。

(2)用外圆车刀再试切外圆端面,确保 Z 轴不动。按 OFSET SET →【补正】→【形状】输入"Z 0",按【测量】键,刀具"Z"补偿值即自动输入几何形状里。

## 3.5 操作示例分析

### 3.5.1 粗车

粗车的目的是尽快地从工件上切去大部分加工余量,使工件接近最后的形状和尺寸。粗车要给精车留有合适的加工余量,精度和表面粗糙度等技术要求都较低。实践证明,加大切深不仅使生产率提高,而且车刀的耐用度影响不大。因此,粗车时要优先选用较大的切深,然后适当加大进给量,最后选用中等偏低的切削速度。粗车一般给精车留的余量为 0.5 ~2 mm。

### 3.5.2 精车

精车的目的是要保证零件的尺寸精度和表面粗糙度等技术要求,精加工的尺寸精度可达 IT9 - IT7,表面粗糙度数值达 $Ra1.6 \sim Ra0.8$ μm。精车的尺寸精度主要是依靠准确地度量、准确地进刻度并以试切来保证的。因此,操作时要细心认真。

精车时,满足表面粗糙度要求的主要措施是:合理选择切削用量,当选用高的切削速度、较小的切深以及较小的进给量时,都有利于减少残留面积减少,从而提高表面质量。

# 初级综合训练
## 训练项目一

### 一、图样及评分表

已知毛坯为 $\phi$42 mm×70 mm 的铝材(或尼龙棒)。工时定额:60 min。图样如图 3.29 所示,评分表见表 3.7。

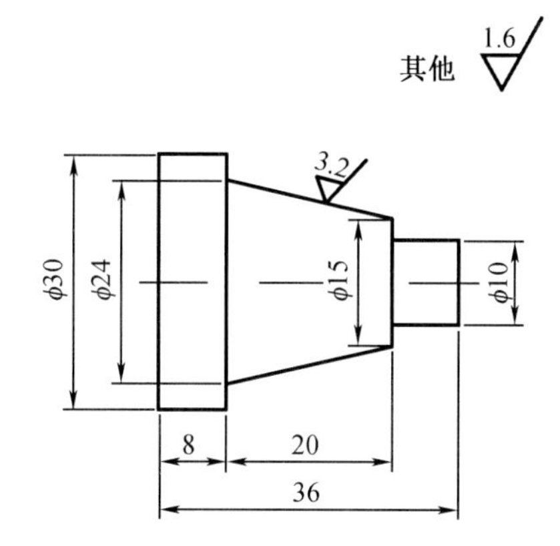


注:图中 $\phi$30,$\phi$15,$\phi$10 上偏差为 0,下偏差为 0.09。长度 20,8,36 公差为 ±0.1。

图 3.29　初级训练一图样

表 3.7　初级训练一评分表

| 序号 | 鉴定项目及标准 | | | 配分 | 自检 | 检验结果 | 得分 | 备注 |
|---|---|---|---|---|---|---|---|---|
| 1 | 工艺准备(35 分) | 工艺编制 | | 8 | | | | |
| | | 程序编制及输入 | | 15 | | | | |
| | | 工件装夹 | | 3 | | | | |
| | | 刀具选择 | | 5 | | | | |
| | | 切削用量选择 | | 4 | | | | |
| 2 | 工件加工(60 分) | 用试切法对刀 | | 5 | | | | |
| | | 工件质量(55 分) | $\phi$30 | 9 | | | | |
| | | | $\phi$15 | 9 | | | | |
| | | | $\phi$10 | 9 | | | | |
| | | | 20 | 6 | | | | |
| | | | 8 | 6 | | | | |
| | | | 36 | 6 | | | | |
| | | | 粗糙度 3.2 | 4 | | | | |
| | | | 粗糙度 1.6(其余) | 6 | | | | |

表 3.7(续)

| 序号 | 鉴定项目及标准 | | 配分 | 自检 | 检验结果 | 得分 | 备注 |
|---|---|---|---|---|---|---|---|
| 3 | 精度检验及误差分析 | | 5 | | | | |
| 4 | 时间扣分 | 每超时 3 min 扣 1 分 | | | | | |
| 合计 | | | 100 | | | | |

## 二、根据图样要求先主后次的加工原则,确定工艺路线及步骤

1. 毛坯装夹,伸出卡盘至少 60 mm。
2. 对工件外圆轮廓加工(从右到左)。
3. 最后用切槽刀手动将工件切下。

## 三、选择刀具

1 号刀:90°外圆刀。

2 号刀:切槽刀(4 mm)。

## 四、相关计算(略)

## 五、参考程序(参照 FANUC 系统)

```
O0302
N10 M03 S600;
N20 T0101;                      (90°外圆刀)
N30 G00 X45 Z5;
N40 G71 U1 R2;
N50 G71 P60 Q120  U0.5 W0 F0.2;
N60 G00 X10;
N70 G01 Z0 F0.1 S1000;          (精加工进给、转速)
N80 Z-8;
N90 X15;
N100 X24 Z-28;
N110 X30;
N120 Z-36;
N130 G70 P60 Q120;
N140 G00 X100 Z100;
N150 T0100;
N160 M30;
```

# 训练项目二

## 一、图样及评分表

已知毛坯为$\phi$32 mm×80 mm 的铝材(或尼龙棒)。工时定额:80 min。图样如图 3.30 所示,评分表见表 3.8。

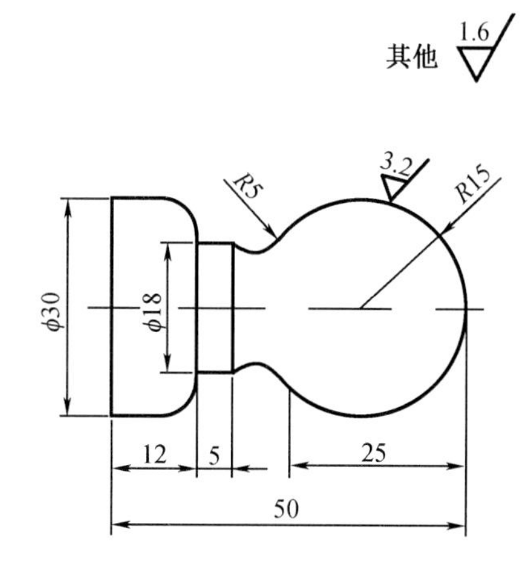


注:图中$\phi$30,$\phi$18 上偏差为 0,下偏差为 0.09。长度 12,5,20,50 公差为 ±0.1。

图 3.30　初级训练二图样

表 3.8　初级训练二评分表

| 序号 | 鉴定项目及标准 | | | 配分 | 自检 | 检验结果 | 得分 | 备注 |
|---|---|---|---|---|---|---|---|---|
| 1 | 工艺准备(35 分) | 工艺编制 | | 8 | | | | |
| | | 程序编制及输入 | | 15 | | | | |
| | | 工件装夹 | | 3 | | | | |
| | | 刀具选择 | | 5 | | | | |
| | | 切削用量选择 | | 4 | | | | |
| 2 | 工件加工(60 分) | 用试切法对刀 | | 5 | | | | |
| | | 工件质量(55 分) | $\phi$30 | 10 | | | | |
| | | | $\phi$18 | 10 | | | | |
| | | | 12 | 7 | | | | |
| | | | 5 | 6 | | | | |
| | | | 50 | 7 | | | | |
| | | | 粗糙度 3.2 | 5 | | | | |
| | | | 粗糙度 1.6(其余) | 5 | | | | |

表 3.8(续)

| 序号 | 鉴定项目及标准 | | 配分 | 自检 | 检验结果 | 得分 | 备注 |
| --- | --- | --- | --- | --- | --- | --- | --- |
| 3 | 精度检验及误差分析 | | 5 | | | | |
| 4 | 时间扣分 | 每超时 3 min 扣 1 分 | | | | | |
| 合计 | | | 100 | | | | |

## 二、根据图样要求先主后次的加工原则,确定工艺路线及步骤

1. 毛坯装夹,伸出卡盘至少 80 mm。
2. 对工件外圆轮廓加工(从右到左)。
3. 最后用切槽刀手动将工件切下。

## 三、选择刀具

1 号刀:90°外圆刀。

2 号刀:切槽刀(4 mm)。

## 四、相关计算(略)

## 五、参考程序(参照 FANUC 系统)

```
O0303
N10 M03 S600;
N20 T0101;                        (90°外圆刀)
N30 G00 X35 Z5;
N40 G73 U10 W0 R10;
N50 G73 P60 Q115 U0.5 W0 F0.2;
N60 G00 X0;
N70 G01 Z0 F0.1 S1000;            (精加工进给、转速)
N80 G03 X22.361Z-25R15;
N90 G2 X18Z-33R5;
N100 G1Z-38;
N110 G3X30Z-44R6;
N115 G1Z-50;
N120 G70 P60 Q115;
N130 G00 X100 Z100 M05;
N140 T0100;
N150 M30;
```

# 训练项目三

## 一、图样及评分表

已知毛坯为 $\phi42$ mm×75 mm 的铝材(或尼龙棒)。工时定额:90 min。图样如图3.31所示,评分表见表3.9。

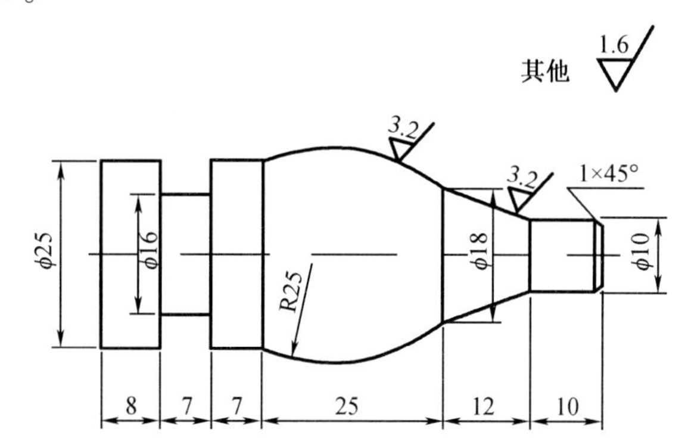


注:图中 $\phi25$,$\phi16$,$\phi10$ 上偏差为0,下偏差为0.09。长度8,10(槽宽),7,69公差为±0.1。

图3.31　初级训练三图样

表3.9　初级训练三评分表

| 序号 | 鉴定项目及标准 | | | 配分 | 自检 | 检验结果 | 得分 | 备注 |
|---|---|---|---|---|---|---|---|---|
| 1 | 工艺准备(35分) | 工艺编制 | | 8 | | | | |
| | | 程序编制及输入 | | 15 | | | | |
| | | 工件装夹 | | 3 | | | | |
| | | 刀具选择 | | 5 | | | | |
| | | 切削用量选择 | | 4 | | | | |
| 2 | 工件加工(60分) | 用试切法对刀 | | 5 | | | | |
| | | 工件质量(55分) | $\phi25$ | 7 | | | | |
| | | | $\phi16$ | 8 | | | | |
| | | | $\phi10$ | 7 | | | | |
| | | | 8 | 6 | | | | |
| | | | 7(槽宽) | 6 | | | | |
| | | | 10 | 6 | | | | |
| | | | 69(总长) | 6 | | | | |
| | | | 1×45° | 3 | | | | |
| | | | 粗糙度1.6(其余) | 3 | | | | |
| | | | 粗糙度3.2(2处) | 3 | | | | |

表 3.9(续)

| 序号 | 鉴定项目及标准 | | 配分 | 自检 | 检验结果 | 得分 | 备注 |
|---|---|---|---|---|---|---|---|
| 3 | 精度检验及误差分析 | | 5 | | | | |
| 4 | 时间扣分 | 每超时 3 min 扣 1 分 | | | | | |
| 合计 | | | 100 | | | | |

## 二、根据图样要求先主后次的加工原则,确定工艺路线及步骤

1. 毛坯装夹,伸出卡盘至少 50 mm。
2. 对工件外圆轮廓加工(加工左端直径 $\phi25$,长度 22 mm)。
3. 切槽($\phi16$)。
4. 掉头装夹,加工右端外圆轮廓。

## 三、选择刀具

1 号刀:93°尖头外圆车刀;

2 号刀:切槽刀(刀宽 4 mm)。

## 四、相关计算(略)

## 五、参考程序(参照 FANUC 系统)

```
O0304                              (加工左端)
N10 M03 S600;
N20 T0101;                         (90°外圆刀)
N30 G00 X32 Z5;
N40 G71 U1 R2;
N50 G71 P60 Q80  U0.5 W0 F0.2;
N60 G00 X25;
N70 G01 Z0 F0.1 S1000;             (精加工进给、转速)
N80 Z-22;
N90 G70 P60 Q80;
N100 G00 X100 Z100;
N110 T0100;
N120 T0202 S300;                   (4 mm 切槽刀)
N130 G00 X27 Z-15;
N140 G01 X16 F0.05;
N150 X27 F0.5;
N160 Z-12;
```

```
N170 X16 F0.05;
N180 X27 F0.5;
N190 G00 X100 Z100 M05;
N200 T0200;
N210 M30;

O0305                              (加工右端)
N10 M03 S600;
N20 T0101;                         (90°外圆刀)
N30 G00 X32 Z5;
N40 G71 U1 R2;
N50 G71 P60 Q110  U0.5 W0 F0.2;
N60 G00 X8;
N70 G01 Z0 F0.1 S1000;             (精加工进给、转速)
N80 X10 Z-1;
N90 Z-10;
N100 X18 Z-22;
N110 G03 X25 Z-47 R25;
N120 G70 P60 Q110;
N130 G00 X100 Z100 M05;
N140 T0100;
N150 M30;
```

## 训练项目四

### 一、图样及评分表

已知毛坯为 $\phi$35 mm×70 mm 的铝材(或尼龙棒)。工时定额:90 min。图样如图 3.32 所示,评分表见表 3.10。

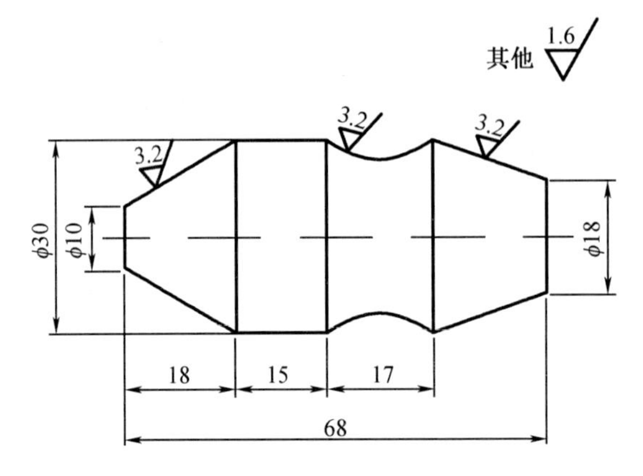


注:图中 φ30,φ18,φ10 上偏差为 0,下偏差为 0.09。长度 18,15,68 公差为 ±0.1。

图 3.32　初级训练四图样

表 3.10　初级训练四评分表

| 序号 | 鉴定项目及标准 | | | 配分 | 自检 | 检验结果 | 得分 | 备注 |
|---|---|---|---|---|---|---|---|---|
| 1 | 工艺准备（35 分） | 工艺编制 | | 8 | | | | |
| | | 程序编制及输入 | | 15 | | | | |
| | | 工件装夹 | | 3 | | | | |
| | | 刀具选择 | | 5 | | | | |
| | | 切削用量选择 | | 4 | | | | |
| 2 | 工件加工（60 分） | 用试切法对刀 | | 5 | | | | |
| | | 工件质量（55 分） | φ30 | 8 | | | | |
| | | | φ10 | 8 | | | | |
| | | | φ18 | 8 | | | | |
| | | | 18 | 7 | | | | |
| | | | 15 | 7 | | | | |
| | | | 68 | 7 | | | | |
| | | | 粗糙度 1.6(其余) | 4 | | | | |
| | | | 粗糙度 3.2(3 处) | 6 | | | | |
| 3 | 精度检验及误差分析 | | | 5 | | | | |
| 4 | 时间扣分 | 每超时 3 min 扣 1 分 | | | | | | |
| 合计 | | | | 100 | | | | |

## 二、根据图样要求先主后次的加工原则,确定工艺路线及步骤

1. 毛坯装夹,伸出卡盘至少 50 mm。
2. 对工件外圆轮廓加工(加工左端锥面和 φ30 的外圆)。
3. 掉头装夹,加工右端外圆轮廓。

## 三、选择刀具

1号刀:90°外圆刀。

## 四、相关计算(略)

## 五、参考程序(参照FANUC系统)

```
O0306                              (加工左端)
N10 M03 S600;
N20 T0101;                         (90°外圆刀)
N30 G00 X37 Z5;
N40 G71 U1 R2;
N50 G71 P60 Q90  U0.5 W0 F0.2;
N60 G00 X10;
N70 G01 Z0 F0.1 S1000;             (精加工进给、转速)
N80 X30 Z-18;
N90 Z-33;
N100 G70 P60 Q90;
N110 G00 X100 Z100 M05;
N120 T0100;
```

```
O0307                              (加工右端)
N10 M03 S600;
N20 T0101;                         (90°外圆刀)
N30 G00 X37 Z5;
N40 G73 U10 W0 R10;
N50 G73 P60 Q90  U0.5 W0 F0.2;
N60 G00 X18;
N70 G01 Z0 F0.1 S1000;             (精加工进给、转速)
N80 X18 Z-18;
N90 G02 X30 Z-35 R15;
N100 G70 P60 Q90;
N110 G00 X100 Z100 M05;
N120 T0100;
N130 M30;
```

# 训练项目五

## 一、图样及评分表

已知毛坯为 $\phi 32$ mm×70 mm 的铝材(或尼龙棒)。工时定额:90 min。图样如图 3.33 所示,评分表见表 3.11。

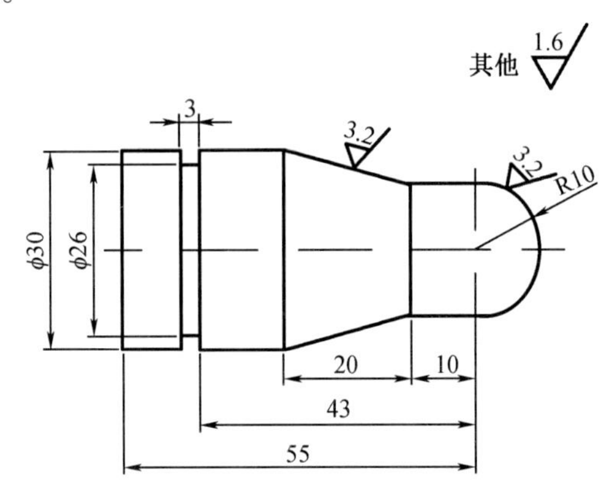


注:图中 $\phi 30$,$\phi 26$,$\phi 10$ 上偏差为 0,下偏差为 0.09。长度 10,43,20,55 公差为 ±0.1。

图 3.33 初级训练五图样

表 3.11 初级训练五评分表

<table>
<tr><th>序号</th><th colspan="3">鉴定项目及标准</th><th>配分</th><th>自检</th><th>检验结果</th><th>得分</th><th>备注</th></tr>
<tr><td rowspan="5">1</td><td rowspan="5">工艺准备<br>(35 分)</td><td colspan="2">工艺编制</td><td>8</td><td></td><td></td><td></td><td></td></tr>
<tr><td colspan="2">程序编制及输入</td><td>15</td><td></td><td></td><td></td><td></td></tr>
<tr><td colspan="2">工件装夹</td><td>3</td><td></td><td></td><td></td><td></td></tr>
<tr><td colspan="2">刀具选择</td><td>5</td><td></td><td></td><td></td><td></td></tr>
<tr><td colspan="2">切削用量选择</td><td>4</td><td></td><td></td><td></td><td></td></tr>
<tr><td rowspan="10">2</td><td rowspan="10">工件加工<br>(60 分)</td><td colspan="2">用试切法对刀</td><td>5</td><td></td><td></td><td></td><td></td></tr>
<tr><td rowspan="9">工件质量<br>(55 分)</td><td>$\phi 30$</td><td>8</td><td></td><td></td><td></td><td></td></tr>
<tr><td>$\phi 26$</td><td>8</td><td></td><td></td><td></td><td></td></tr>
<tr><td>$\phi 10$</td><td>8</td><td></td><td></td><td></td><td></td></tr>
<tr><td>10</td><td>6</td><td></td><td></td><td></td><td></td></tr>
<tr><td>20</td><td>6</td><td></td><td></td><td></td><td></td></tr>
<tr><td>43</td><td>6</td><td></td><td></td><td></td><td></td></tr>
<tr><td>55</td><td>6</td><td></td><td></td><td></td><td></td></tr>
<tr><td>粗糙度 1.6(其余)</td><td>4</td><td></td><td></td><td></td><td></td></tr>
<tr><td>粗糙度 3.2(2 处)</td><td>3</td><td></td><td></td><td></td><td></td></tr>
</table>

表3.11(续)

| 序号 | 鉴定项目及标准 | | 配分 | 自检 | 检验结果 | 得分 | 备注 |
|---|---|---|---|---|---|---|---|
| 3 | 精度检验及误差分析 | | 5 | | | | |
| 4 | 时间扣分 | 每超时3 min扣1分 | | | | | |
| 合计 | | | 100 | | | | |

## 二、根据图样要求先主后次的加工原则,确定工艺路线及步骤

1. 毛坯装夹,伸出卡盘至少40 mm。
2. 对工件外圆轮廓加工(加工左端直径$\phi$30长度25 mm)。
3. 切槽($\phi$26)。
4. 掉头装夹,加工右端外圆轮廓。

## 三、选择刀具

1号刀:90°外圆刀。
2号刀:切槽刀(槽宽3 mm)。

## 四、相关计算(略)

## 五、参考程序(参照FANUC系统)

```
O0308 (加工左端)
N10 M03 S600;
N20 T0101;                         (90°外圆刀)
N30 G00 X34 Z5;
N40 G71 U1 R2;
N50 G71 P60 Q80  U0.5 W0 F0.2;
N60 G00 X30;
N70 G01 Z0 F0.1 S1000;             (精加工进给、转速)
N80 Z-25;
N90 G70 P60 Q80;
N100 G00 X100 Z100;
N110 T0100;
N120 T0202  S300;                  (3 mm 切槽刀)
N130 G00 X32 Z-15;
N140 G01 X26 F0.05;
N150 X32 F0.5;
N160 G00 X100 Z100;
```

```
N170 T0200;
N180 M30;

O0309                                    (加工右端)
N10 M03 S600;
N20 T0101;                               (90°外圆刀)
N30 G00 X34 Z5;
N40 G71 U1 R2;
N50 G71 P60 Q100  U0.5 W0 F0.2;
N60 G00 X0;
N70 G01 Z0 F0.1 S1000;                   (精加工进给、转速)
N80 G03 X20 Z-10 R10;
N90 G01 Z-20;
N100 X30 Z-30;
N110 G70 P60 Q100;
N120 G00 X100 Z100 M05;
N130 T0100;
N140 M30;
```

## 训练项目六

### 一、图样及评分表

已知毛坯为 $\phi$30 mm×90 mm 的铝材(或尼龙棒)。工时定额:90 min。图样如图 3.34 所示,评分表见表 3.12。

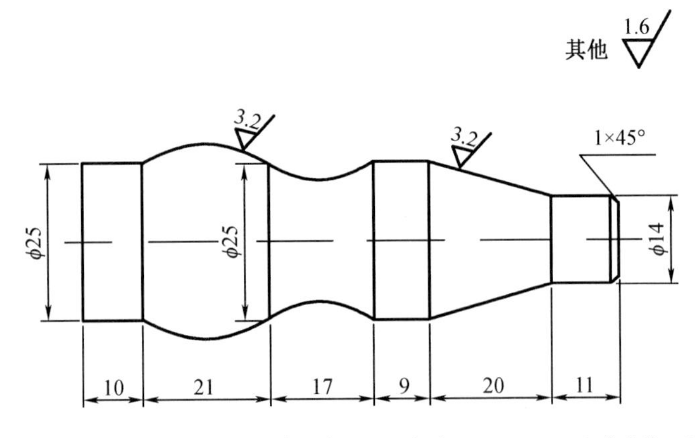


注:图中 $\phi$25,$\phi$10 上偏差为 0,下偏差为 0.09。长度 11,10,20,88,9 公差为 ±0.1。

图 3.34 初级训练六图样

表3.12　初级训练六评分表

<table>
<tr><th>序号</th><th colspan="3">鉴定项目及标准</th><th>配分</th><th>自检</th><th>检验结果</th><th>得分</th><th>备注</th></tr>
<tr><td rowspan="5">1</td><td rowspan="5">工艺准备<br>(35分)</td><td colspan="2">工艺编制</td><td>8</td><td></td><td></td><td></td><td></td></tr>
<tr><td colspan="2">程序编制及输入</td><td>15</td><td></td><td></td><td></td><td></td></tr>
<tr><td colspan="2">工件装夹</td><td>3</td><td></td><td></td><td></td><td></td></tr>
<tr><td colspan="2">刀具选择</td><td>5</td><td></td><td></td><td></td><td></td></tr>
<tr><td colspan="2">切削用量选择</td><td>4</td><td></td><td></td><td></td><td></td></tr>
<tr><td rowspan="11">2</td><td rowspan="11">工件加工<br>(60分)</td><td colspan="2">用试切法对刀</td><td>5</td><td></td><td></td><td></td><td></td></tr>
<tr><td rowspan="10">工件质量<br>(55分)</td><td>$\phi25$</td><td>8</td><td></td><td></td><td></td><td></td></tr>
<tr><td>$\phi10$</td><td>8</td><td></td><td></td><td></td><td></td></tr>
<tr><td>11</td><td>6</td><td></td><td></td><td></td><td></td></tr>
<tr><td>10</td><td>6</td><td></td><td></td><td></td><td></td></tr>
<tr><td>20</td><td>6</td><td></td><td></td><td></td><td></td></tr>
<tr><td>88(总长)</td><td>6</td><td></td><td></td><td></td><td></td></tr>
<tr><td>9</td><td>6</td><td></td><td></td><td></td><td></td></tr>
<tr><td>$1\times45°$</td><td>2</td><td></td><td></td><td></td><td></td></tr>
<tr><td>粗糙度1.6(其余)</td><td>4</td><td></td><td></td><td></td><td></td></tr>
<tr><td>粗糙度3.2(2处)</td><td>3</td><td></td><td></td><td></td><td></td></tr>
<tr><td>3</td><td colspan="3">精度检验及误差分析</td><td>5</td><td></td><td></td><td></td><td></td></tr>
<tr><td>4</td><td colspan="2">时间扣分</td><td>每超时3 min扣1分</td><td></td><td></td><td></td><td></td><td></td></tr>
<tr><td colspan="4">合计</td><td>100</td><td></td><td></td><td></td><td></td></tr>
</table>

## 二、根据图样要求先主后次的加工原则,确定工艺路线及步骤

1. 毛坯装夹,伸出卡盘至少50 mm。
2. 对工件外圆轮廓加工(加工右端锥面和$\phi14$,$\phi25$的外圆)。
3. 掉头装夹,加工右端外圆轮廓。

## 三、选择刀具

1号刀:90°外圆刀。

## 四、相关计算(略)

## 五、参考程序(参照FANUC系统)

```
O0310                          (加工右端)
N10 M03 S600;
N20 T0101;                     (90°外圆刀)
```

```
N30 G00 X32 Z5;
N40 G71 U1 R2;
N50 G71 P60 Q110   U0.5 W0 F0.2;
N60 G00 X12;
N70 G01 Z0 F0.1 S1000;              (精加工进给、转速)
N80 X14 Z-1;
N90 Z-11;
N100 X25Z-21;
N110 Z-40;
N120 G70 P60 Q110;
N130 G00 X100 Z100 M05;
N140 T0100;
N150 M30;

O0311                               (加工左端)
N10 M03 S600;
N20 T0101;                          (90°外圆刀)
N30 G00 X32 Z5;
N40 G73 U9 W0 R9;
N50 G73   P60 Q90 U0.5 W0 F0.2;
N60 G00 X25;
N70 G01 Z-10 F0.1 S1000;            (精加工进给、转速)
N80 G03 X25   Z-31 R20;
N90 G02   X25   Z-48 R15;
N100 G70 P60 Q90;
N110 G00 X100 Z100 M05;
N120 T0100;
N130 M30;
```

# 训练项目七

## 一、图样及评分表

已知毛坯为$\phi$32 mm×93 mm的铝材(或尼龙棒)。工时定额:100 min。图样如图3.35所示,评分表见表3.13。

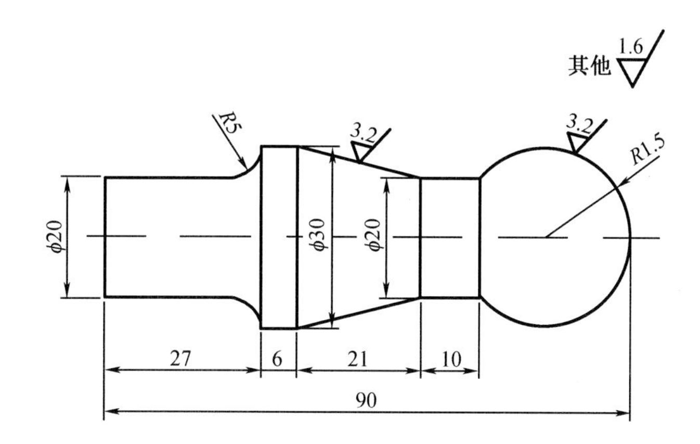


注:图中$\phi$20,$\phi$30(各2处)上偏差为0,下偏差为0.09。长度10,21,27,90公差为±0.1。

图3.35 初级训练七图样

表3.13 初级训练七评分表

| 序号 | 鉴定项目及标准 | | | 配分 | 自检 | 检验结果 | 得分 | 备注 |
|---|---|---|---|---|---|---|---|---|
| 1 | 工艺准备(35分) | 工艺编制 | | 8 | | | | |
| | | 程序编制及输入 | | 15 | | | | |
| | | 工件装夹 | | 3 | | | | |
| | | 刀具选择 | | 5 | | | | |
| | | 切削用量选择 | | 4 | | | | |
| 2 | 工件加工(60分) | 用试切法对刀 | | 5 | | | | |
| | | 工件质量(55分) | $\phi$20(2处) | 15 | | | | |
| | | | $\phi$30(2处) | 15 | | | | |
| | | | 10 | 4 | | | | |
| | | | 21 | 4 | | | | |
| | | | 27 | 4 | | | | |
| | | | 90 | 4 | | | | |
| | | | 粗糙度1.6(其余) | 5 | | | | |
| | | | 粗糙度3.2(2处) | 4 | | | | |

表 3.13(续)

| 序号 | 鉴定项目及标准 | | 配分 | 自检 | 检验结果 | 得分 | 备注 |
|---|---|---|---|---|---|---|---|
| 3 | 精度检验及误差分析 | | 5 | | | | |
| 4 | 时间扣分 | 每超时 3 min 扣 1 分 | | | | | |
| 合计 | | | 100 | | | | |

## 二、根据图样要求先主后次的加工原则,确定工艺路线及步骤

1. 毛坯装夹,伸出卡盘至少 50 mm。
2. 对工件外圆轮廓加工(加工左端 $\phi20$,$\phi30$ 的外圆和 $R5$ 的倒圆角)。
3. 掉头装夹,加工右端外圆轮廓。

## 三、选择刀具

1 号刀:90°外圆刀。

## 四、相关计算(略)

## 五、参考程序(参照 FANUC 系统)

```
O0312                              (加工左端)
N10 M03 S600;
N20 T0101;                         (90°外圆刀)
N30 G00 X35 Z5;
N40 G71 U1 R2;
N50 G71 P60 Q100  U0.5 W0 F0.2;
N60 G00 X20;
N70 G01 Z0 F0.1 S1000;             (精加工进给、转速)
N80 Z -22;
N90 G02 X30 Z -27 R5;
N100 G1 Z -33;
N110 G70 P60 Q100;
N120 G00 X100 Z100 M05;
N130 T0100;
N140 M30;

O0313                              (加工右端)
N10 M03 S600;
N20 T0101;                         (90°外圆刀)
```

```
N30 G00 X35 Z5;
N40 G73 U8 W0 R8;
N50 G73 P60 Q100  U0.5 W0 F0.2;
N60 G00 X0;
N70 G01 Z0 F0.1 S1000;            (精加工进给、转速)
N80 G03 X20 Z-26 R15;
N90 G01 Z-36;
N100 X30 Z-57;
N110 G70 P60 Q100;
N120 G00 X100 Z100 M05;
N130 T0100;
N140 M30;
```

## 中级综合训练

## 训练项目一

### 一、图样及评分表

已知毛坯为$\phi$32 mm×100 mm的铝材(或尼龙棒)。工时定额:120 min。图样如图3.36所示,评分表见表3.14。

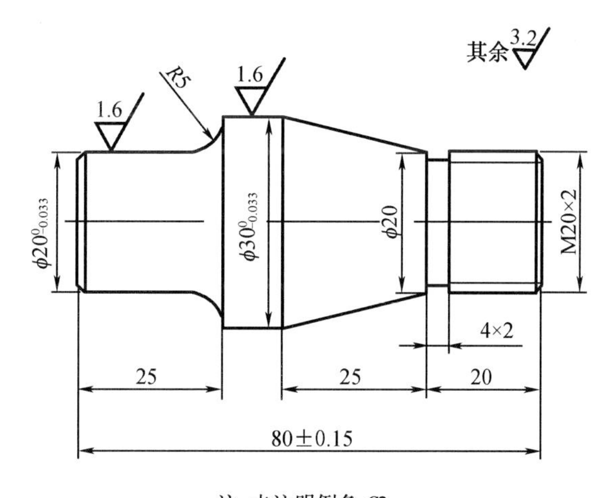


注:未注明倒角$C2$。

图3.36　中级训练一图样

表 3.14 中级训练一评分表

<table>
<tr><th>序号</th><th colspan="3">鉴定项目及标准</th><th>配分</th><th>自检</th><th>检验结果</th><th>得分</th><th>备注</th></tr>
<tr><td rowspan="5">1</td><td rowspan="5">工艺准备（35 分）</td><td colspan="2">工艺编制</td><td>8</td><td></td><td></td><td></td><td></td></tr>
<tr><td colspan="2">程序编制及输入</td><td>15</td><td></td><td></td><td></td><td></td></tr>
<tr><td colspan="2">工件装夹</td><td>3</td><td></td><td></td><td></td><td></td></tr>
<tr><td colspan="2">刀具选择</td><td>5</td><td></td><td></td><td></td><td></td></tr>
<tr><td colspan="2">切削用量选择</td><td>4</td><td></td><td></td><td></td><td></td></tr>
<tr><td rowspan="12">2</td><td rowspan="12">工件加工（60 分）</td><td colspan="2">用试切法对刀</td><td>5</td><td></td><td></td><td></td><td></td></tr>
<tr><td rowspan="11">工件质量（55 分）</td><td>$80^{+0.15}_{-0.15}$</td><td>5</td><td></td><td></td><td></td><td></td></tr>
<tr><td>$\phi20^{0}_{-0.033}$</td><td>5</td><td></td><td></td><td></td><td></td></tr>
<tr><td>M20 ×2</td><td>10</td><td></td><td></td><td></td><td></td></tr>
<tr><td>$\phi30^{0}_{-0.033}$</td><td>5</td><td></td><td></td><td></td><td></td></tr>
<tr><td>R5</td><td>3</td><td></td><td></td><td></td><td></td></tr>
<tr><td>4 ×2</td><td>5</td><td></td><td></td><td></td><td></td></tr>
<tr><td>20</td><td>3</td><td></td><td></td><td></td><td></td></tr>
<tr><td>25（2 处）</td><td>4</td><td></td><td></td><td></td><td></td></tr>
<tr><td>2 ×45°（2 处）</td><td>5</td><td></td><td></td><td></td><td></td></tr>
<tr><td>粗糙度 1.6（2 处）</td><td>5</td><td></td><td></td><td></td><td></td></tr>
<tr><td>粗糙度 3.2（其余）</td><td>5</td><td></td><td></td><td></td><td></td></tr>
<tr><td>3</td><td colspan="3">精度检验及误差分析</td><td>5</td><td></td><td></td><td></td><td></td></tr>
<tr><td>4</td><td colspan="2">时间扣分</td><td>每超时 3 min 扣 1 分</td><td></td><td></td><td></td><td></td><td></td></tr>
<tr><td colspan="4">合计</td><td></td><td>100</td><td></td><td></td><td></td></tr>
</table>

## 二、根据图样要求先主后次的加工原则，确定工艺路线及步骤

（1）夹紧毛坯并伸出卡盘 45 mm。

（2）用 90°外圆车刀对刀并输入刀补。

（3）因为材料是铝，所以不用切削液。用外径循环指令粗加工 2 ×45°，$\phi20^{0}_{-0.033}$ mm，$R5$，$\phi30^{0}_{-0.033}$ mm，并留 0.2 mm 余量。

（4）测量并校正刀补。

（5）精车外径循环。

（6）掉头用紫铜衬垫夹 $\phi20^{0}_{-0.033}$ mm 已加工面。

（7）用 90°外圆车刀、4 mm 切槽刀、普通螺纹车刀对刀，并输入刀补（注意长度尺寸切到位）。

（8）用外径循环指令粗加工 2 ×45°，$\phi19.8$ mm（M20 ×2 外径），锥度并留 0.2 mm 余量。

（9）精车外径循环。

（10）用 4 mm 切槽刀加工 $\phi16$ mm 到尺寸。

(11)粗、精车螺纹。

## 三、选择刀具

1号刀:90°外圆车刀。
2号刀:切槽刀(刀宽4 mm)。
3号刀:普通螺纹车刀。

## 四、相关计算

螺纹计算:牙型高度按 $h=0.6495P=0.6495\times 2=1.299$ mm。按五次切削,每次切削量分别为(直径值)0.9 mm,0.6 mm,0.6 mm,0.4 mm,0.1 mm。第六次精车一次,其余计算略。

## 五、参考程序(参照 FANUC 系统)

```
O0314                              (加工工件左边)
N10  G97  G42  T0101;              (90°外圆车刀)
N20  M03  S600;                    (主轴转)
N30  G00  X33  Z2;
N40  G71  U1  R1;                  (粗加工)
N50  G71  P60  Q110  U0.2  W0  F0.2;
N60  G00  X16;
N70  G01  Z0;
N80  X20  Z-2;                     (倒角C2)
N90  Z-20;
N100  G02  X30  Z-25  R5;          (走圆弧)
N110  G01  Z-37;
N120  G00  X33  Z200;              (退刀)
N130  M05;                         (主轴停)
N140  M00;                         (程序暂停,调整刀补)
N150  M03  S800;                   (精加工,提高转速)
N160  G00  X33  Z2;
N170  G70  P60  Q110  F0.1;        (精加工)
N180  G40  G00  X33  Z200;
N190  M05;
N200  M30;                         (程序结束)

O0315                              (掉头装夹,加工右边)
N10  G97  G42  T0101;              (90°外圆车刀)
```

```
N20   M03   S600;
N30   G00   X33   Z2;
N40   G71   U1   R1;                       (粗加工右端轮廓)
N50   G71   P60   Q110   U0.2   W0   F0.2;
N60   G00   X16;
N70   G01   Z0;
N80   X19.8   Z-1.9;
N90   Z-20;
N100   X30   W-25;
N110   M03   S800;
N120   G70   P60   Q110   F0.1;          (精加工右端轮廓)
N130   G00   X33   Z100   M03   S300;
N140   G40   T0202;                      (换4 mm切槽刀)
N150   G00   X22   Z-20;                 (4×2槽加工)
N160   G01   X16   F0.1;
N170   X22   F0.3;
N180   G00   X33   Z200;
N190   T0303;                            (换螺纹刀)
N200   M03   S400;                       (转低速)
N210   G00   X21   Z2;
N220   G92   X19.1   Z-18   F2;          (加工螺纹,切螺纹第一次)
N230   X18.5;                            (切螺纹第二次)
N240   X17.9;                            (切螺纹第三次)
N250   X17.5;                            (切螺纹第四次)
N260   X17.4;                            (切螺纹第五次)
N270   X17.4;                            (切螺纹第六次,精车)
N280   G00   X33   Z200;
N290   M05;
N300   M30;                              (程序结束)
```

# 训练项目二

## 一、图样及评分表

已知毛坯为$\phi$30 mm×110 mm的铝材(或尼龙棒)。工时定额:100 min。图样如图3.37所示,评分表见表3.15。

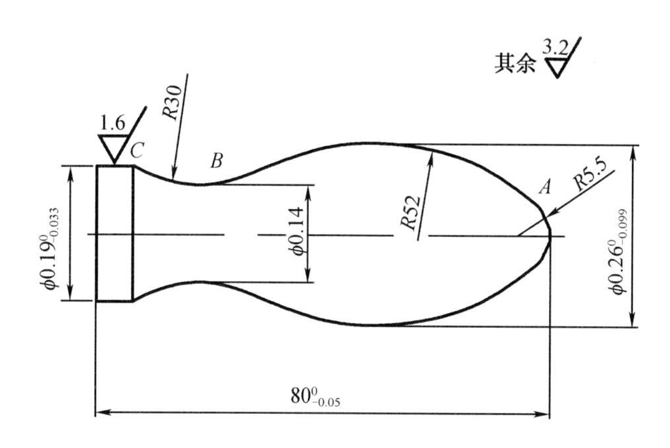


图3.37 中级训练二图样

表3.15 中级训练二评分表

| 序号 | 鉴定项目及标准 | | | 配分 | 自检 | 检验结果 | 得分 | 备注 |
|---|---|---|---|---|---|---|---|---|
| 1 | 工艺准备(35分) | 工艺编制 | | 8 | | | | |
| | | 程序编制及输入 | | 15 | | | | |
| | | 工件装夹 | | 3 | | | | |
| | | 刀具选择 | | 5 | | | | |
| | | 切削用量选择 | | 4 | | | | |
| 2 | 工件加工(60分) | 用试切法对刀 | | 5 | | | | |
| | | 工件质量(55分) | $\phi19^{0}_{-0.033}$ | 10 | | | | |
| | | | $\phi26_{0}^{+0.033}$ | 10 | | | | |
| | | | $80^{0}_{-0.05}$ | 8 | | | | |
| | | | $R30$,$R5.5$,$R52$ | 8 | | | | |
| | | | $\phi14$ | 4 | | | | |
| | | | 粗糙度1.6 | 5 | | | | |
| | | | 粗糙度3.2(其余) | 6 | | | | |
| | | | 圆弧光滑连接 | 4 | | | | |

表 3.15(续)

| 序号 | 鉴定项目及标准 | | 配分 | 自检 | 检验结果 | 得分 | 备注 |
|---|---|---|---|---|---|---|---|
| 3 | 精度检验及误差分析 | | 5 | | | | |
| 4 | 时间扣分 | 每超时 3 min 扣 1 分 | | | | | |
| 合计 | | | 100 | | | | |

## 二、根据图样要求按先主后次、先粗后精的加工原则，确定工艺路线及步骤

(1)工件伸出三爪自定心卡盘外 86 mm,找正后夹紧。

(2)手动车工件右端面。

(3)粗精车圆弧、圆柱等外轮廓。

(4)用割槽刀切断。

## 三、选择刀具

1 号刀:45°外圆刀。

2 号刀:割槽刀(刀宽 4 mm)。

## 四、相关计算

通过计算出 $R5.5$ 圆与 $R52$ 圆的切点 $A$ 坐标为(9.226, -2.505),$R52$ 圆与 $R30$ 圆的切点 $B$ 坐标为(18.39 , -50.348),$R30$ 圆与 $\phi19$ 的交点 $C$ 坐标为(19 , -73.602)。

## 五、参考程序(参照 FANUC 系统)

```
O0316
N10   G00   X100   Z100;               (X、Z 是机床坐标系中的坐标,作为起刀点)
N20   T0101   M03   S600;              (选 T0101 外圆刀,加入刀补)
N30   G00   X32   Z2;
N40   G01   Z0   F0.2;
N50   G01   X-1;                       (切端面)
N60   G00   X32   Z2;
N70   G73   U8   R6;                   (粗加工轮廓)
N80   G73   P90   Q140   U1   F0.2;
N90   G01   X0   F0.2;
N100   G01   Z0;
N110   G03   X9.226   Z-2.505   R5.5;
N120   G03   X18.39   Z-50.348   R52;
N130   G02   X19   Z-73.602   R30;
N140   G01   Z-80;
```

```
N150  G04  X200;                 (暂停、按复位按钮、停车测量,根据测量重新修
                                  改刀补)
N160  M00  M05;
N170  M03  S1000;                (重新启动,高速)
N180  G70  P90  Q14J0;           (精加工)
N190  G00  X100  Z100;           (退到换刀点)
N200  M00  M05;                  (主轴暂停)
N210  M03  S600;                 (换速)
N220  T020;                      (换02号割槽刀,切断)
N230  G00  X32  Z-84;            (假定割槽刀的宽度是4 mm)
N240  G01  X-1  F0.05;
N250  G00  X32;                  (先退X方向)
N260  G00 X100  Z100  M09;       (退到换刀点)
N270  M05;
N280  M30;
```

## 训练项目三

### 一、图样及评分表

已知毛坯为$\phi$40 mm×60 mm的铝材(或尼龙棒)。工时定额:100 min。图样如图3.38所示,评分表见表3.16。

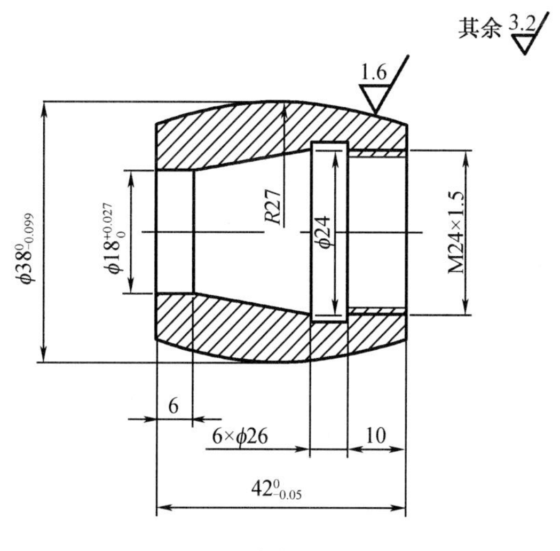


图3.38　中级训练三图样

表 3.16　中级训练二评分表

| 序号 | 鉴定项目及标准 | | | 配分 | 自检 | 检验结果 | 得分 | 备注 |
|---|---|---|---|---|---|---|---|---|
| 1 | 工艺准备（35 分） | 工艺编制 | | 8 | | | | |
| | | 程序编制及输入 | | 15 | | | | |
| | | 工件装夹 | | 3 | | | | |
| | | 刀具选择 | | 5 | | | | |
| | | 切削用量选择 | | 4 | | | | |
| 2 | 工件加工（60 分） | 用试切法对刀 | | 5 | | | | |
| | | 工件质量（55 分） | $\phi38^{0}_{-0.099}$ | 6 | | | | |
| | | | $\phi18_{0}^{+0.027}$ | 6 | | | | |
| | | | $42^{0}_{-0.05}$ | 6 | | | | |
| | | | $R70$ | 6 | | | | |
| | | | $\phi\times\varphi26$ | 6 | | | | |
| | | | 其他尺寸 | 8 | | | | |
| | | | M24×1.5 | 6 | | | | |
| | | | 粗糙度 1.6 | 5 | | | | |
| | | | 粗糙度 3.2（其余） | 6 | | | | |
| 3 | 精度检验及误差分析（5 分） | | | 5 | | | | |
| 4 | 时间扣分 | 每超时 3 min 扣 1 分 | | | | | | |
| 合计 | | | | 100 | | | | |

## 二、根据图样要求按先主后次、先粗后精的加工原则，确定工艺路线及步骤

（1）选用一把 90°的外圆刀对外圆进行粗加工。

（2）用一把内孔镗刀（又能加工内槽）加工内表面。要求是由小到大依次加工，即由最小孔径开始车削，依次往大孔径加工。

（3）用内孔镗刀加工内槽。

（4）精镗内孔。

（5）精车外圆。

（5）用 60°的螺纹刀加工内螺纹。

（6）用切槽刀切断工件。

## 三、选择刀具

1 号刀：90°的外圆刀。

2 号刀：内孔镗刀（又能加工内槽）。

3 号刀：60°外螺纹车刀。

4 号刀：切槽刀（刀宽 4 mm）。

### 四、相关计算

通过计算可得右端面外圆直径为 $\phi$31.552 mm，计算内螺纹的小径为 24 - 1.3 × 1.5 = 22.05 mm，内螺纹分四刀完成，每次切削量分别为 0.79 mm、0.5 mm、0.4 mm、0.26 mm。其余计算略。

### 五、参考程序（参照 FANUC 系统）

```
O0317
N10  G00  X100  Z100;               (X、Z是机床坐标系中的坐标，作为起刀点)
N20  T0101  M03  S600;              (选T0101外圆刀，加入刀补)
N30  G00  X42  Z2;                  (到加工起点)
N40  G01  Z0  F0.2.                 (进给0.2 mm/r)
N50  G01  X-1;                      (切端面)
N60  G00  X42  Z2;
N70  G73  U8  R6;
N80  G73  P90  Q110  U0.8  F0.2;    (粗车外轮廓)
N90  G01  X31.552  F0.2;
N100  G01  Z0;
N110  G03  X31.552  Z-42  R70;
N120  G00  X100  Z100;
N130  T0202;                        (换镗刀，粗镗内孔)
N140  G00  X16  Z2;
N150  G71  U1  R0.5;
N160  G71  P170  Q200  U-0.5  F0.2;
N170  G01  X22.05  F0.2;
N180  G01  Z-10;
N185  G01  X24  Z-16
N190  G01  X18  Z-36;               (加工锥度)
N200  G01  Z-44;
N210  G01  Z-16  F0.2;              (加工内槽)
N220  G01  X26  F0.05;
N230  G01  X15  F0.2;
N240  G01  Z2;
N250  G04  X300;                    (暂停、按复位按钮、停车测量，根据测量重新修
                                    改刀补)
N260  M00  M05;
N270  M03  S1200;                   (换高速)
N280  G70  P170  Q200;              (精镗内孔)
N290  G00  X100  Z100;              (退到换刀点)
```

```
N300  T0101;                          (换外圆刀,精车外圆)
N310  G00  X42  Z2;
N320  G70  P90  Q110;                 (精车外圆)
N330  G00  X100  Z100;
N350  T0303;                          (换螺纹刀)
N360  G00  X20  Z4;
N370  G92  X22.84  Z-14  F1.5;(车螺纹,四刀完成)
N380  X23.34;
N390  X23.74;
N400  X24;
N410  G00  X100  Z100;
N420  T0404;                          (换割槽刀)
N430  G00  X42  Z-46;                 (假定割槽刀的宽度是4 mm)
N440  G01  X15  F0.05;                (割断)
N450  G00  X42;                       (先退X方向)
N460  G00  X100  Z100  M09;           (退到换刀点)
N470  M05;
N480  M30;                            (程序结束)
```

## 训练项目四

### 一、图样及评分表

已知毛坯为 $\phi$50 mm×85 mm 的铝材(或尼龙棒)。工时定额:120 min。图样如图 3.39 所示,评分表见表 3.17。

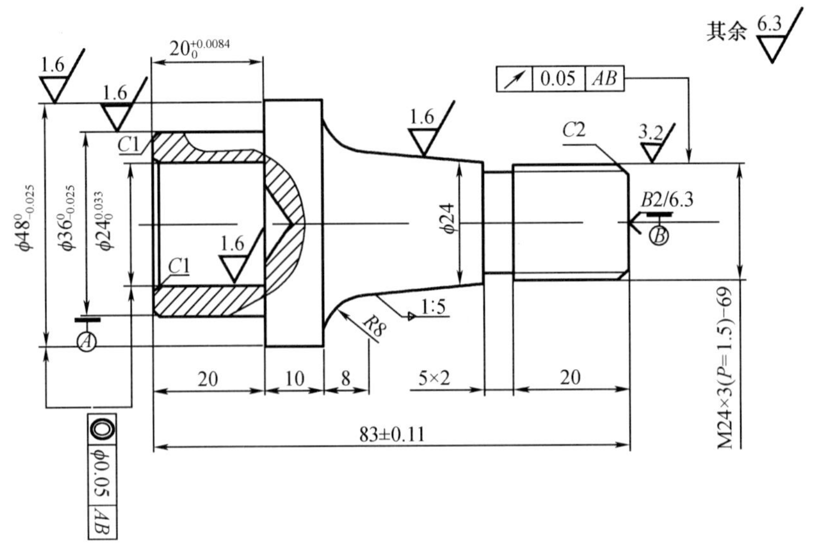


图 3.39　中级训练四图样

表3.17 中级训练四评分表

| 序号 | 鉴定项目及标准 | | | 配分 | 自检 | 检验结果 | 得分 | 备注 |
|---|---|---|---|---|---|---|---|---|
| 1 | 工艺准备（35分） | 工艺编制 | | 8 | | | | |
| | | 程序编制及输入 | | 15 | | | | |
| | | 工件装夹 | | 3 | | | | |
| | | 刀具选择 | | 5 | | | | |
| | | 切削用量选择 | | 4 | | | | |
| 2 | 工件加工（60分） | 用试切法对刀 | | 5 | | | | |
| | | 工件质量（55分） | $\phi48,\phi36^{0}_{-0.025}$ | 8 | | | | |
| | | | $20^{+0.084}_{0}$ | 4 | | | | |
| | | | $83^{+0.11}_{-0.11}$ | 4 | | | | |
| | | | $\phi24^{+0.033}_{0}$ | 4 | | | | |
| | | | 其他长度尺寸 | 3 | | | | |
| | | | 同轴度 $\phi0.05$（内外） | 3 | | | | |
| | | | 锥度1:5 | 3 | | | | |
| | | | M24×3（$P1.5$）-69 | 4 | | | | |
| | | | 圆跳动 $\phi0.05$ | 3 | | | | |
| | | | 切槽5×2 | 2 | | | | |
| | | | $R8$ | 3 | | | | |
| | | | 2×45°<br>1×45°（2处） | 3 | | | | |
| | | | 粗糙度1.6（4处） | 8 | | | | |
| | | | 粗糙度3.2 | 2 | | | | |
| | | | 粗糙度6.3 | 1 | | | | |
| 3 | 精度检验及误差分析（5分） | | | 5 | | | | |
| 4 | 时间扣分 | | 每超时3 min扣1分 | | | | | |
| 合计 | | | | 100 | | | | |

## 二、根据图样要求按先主后次、先粗后精的加工原则，确定工艺路线及步骤

（1）编程原点取在完工工件的端面与主轴轴线相交的交点上。

（2）先装夹右端，加工左端。

（3）用 $\phi22$ mm 的钻头手动钻孔，手动加工左端面。

（4）先用盲孔车刀粗精加工内孔。

（5）用外圆粗、精车刀加工左端外轮廓。

（6）调头装夹加工右端，手动加工右端面。

（7）粗、精加工右端外轮廓。

(8)用切槽刀加工槽。

(9)分线加工双线普通外螺纹。

## 三、选择刀具

1 号刀:90°外圆粗车刀。

2 号刀:90°外圆精车刀。

3 号刀:切槽刀(刀宽 2.5 mm)。

4 号刀:普通螺纹车刀。

5 号刀:盲孔车刀。

## 四、相关计算

通过计算得出图 3.39 中 *R*8 圆弧两切点(右和左)的坐标分别为(28.16, -45.8)和(44.08, -53.0)。其余略。

## 五、参考程序(参照 FANUC 系统)

```
O0318                              (工件左端轮廓的加工程序 )
N10  G98  G40  G21;                (程序初始化)
N20  T0505;                        (转内孔车刀)
N30  M03  S500;
N40  G00  X21  Z2 ;
N50  G71  U1  R0.3;                (内孔粗加工循环)
N60  G71  P70  Q110  U-0.3  W0.05  F100;
N70  G01  X26  F50  S1000;         (精加工 F=50,S=1000)
N80  Z0 ;
N90  X24  Z-1 ;
N100  Z-20 ;
N110  X21 ;
N120  G70  P70  Q110;              (内孔精加工循环)
N130  G00  X100  Z100 ;
N140  T0101;                       (换 1 号外圆粗车刀)
N150  M03  S600;
N160  G00  X52  Z2 ;               (快速点定位至循环起点)
N170  G71  U1.5  R0.3;             (粗加工循环,F=200, ap =1.5)
N180  G71  P190  Q250  U0.3  W0.05  F200;
N190  G01  X34  F80  S1200;        (精加工 F=80,ap =0.15,S=1200)
N200  Z0 ;
N210  X36  Z-1 ;
```

```
N220  Z-20.05;
N230  X48 ;
N240  Z-40 ;
N250  X52 ;
N260  G00  X100  Z100 ;
N270  T0202;                        (换2号外圆精车刀)
N280  G00  X52  Z2 ;
N290  G70  P190  Q250;              (精加工循环)
N300  G00  X100  Z100 ;
N310  M30;

O0319                               (工件右端轮廓的加工程序)
N10  G98  G40  G21;
N20  T0101;                         (换1号外圆粗车刀)
N30  G00  X100  Z100 ;
N40  M03  S600;
N50  G00  X52  Z2 ;                 (快速点定位至循环起点)
N60  G71  U1.5  R0.3;               (粗加工循环,F=200,ap=1.5)
N70  G71  P80  Q150  U0.3  W0.05  F200;
N80  G01  X19.8  F80  S1200;        (精车外圆 F=80, ap =0.15,S=1200)
N90  Z0;
N100  X23.8  Z-2 ;
N110  Z-25 ;
N120  X24 ;
N130  X28.16  Z-45.8;
N140  G02  X44.08  Z-53  R8 ;
N150  G01  X52 ;
N160  G00  X100  Z100 ;
N170  T0202;                        (换2号外圆精车刀)
N180  G00  X26  Z2 ;
N190  G70  P80  Q150;               (精车外圆)
N200  G00  X100  Z100 ;             (退刀至转刀点)
N210  T0303;                        (换槽刀,刀宽为2.5 mm,取3号刀补)
N220  M03  S600;                    (转切槽循环,S=600,F=80)
N230  G00  X25  Z-22.5;
N240  G75  R0.3;
N250  G75  X20  Z-25  P1500  Q1500  F80;
```

```
N260  G00  X100  Z100 ;
N270  T0404;                          (换 4 号外螺纹车刀)
N280  M03  S400;
N290  G00  X26  Z6 ;
N300  G76  P020560  Q50  R0.05;       (螺纹切削固定循环)
N310  G76  X22.2  Z-24  P900  Q400  F3;
N320  G01  Z7.5;                      (Z 向移动一个螺距)
N330  G76  P020560  Q50  R0.05;       (加工第 2 条螺纹)
N340  G76  X22.05  Z-22.5  P900  Q400  F3;
N350  G00  X100  Z100 M05;
N360  M30;                            (程序结束)
```

## 训练项目五

### 一、图样及评分表

已知毛坯为 $\phi$32 mm × 100 mm 的铝材(或尼龙棒)。工时定额:120 min。图样如图3.40所示,评分表见表 3.18。

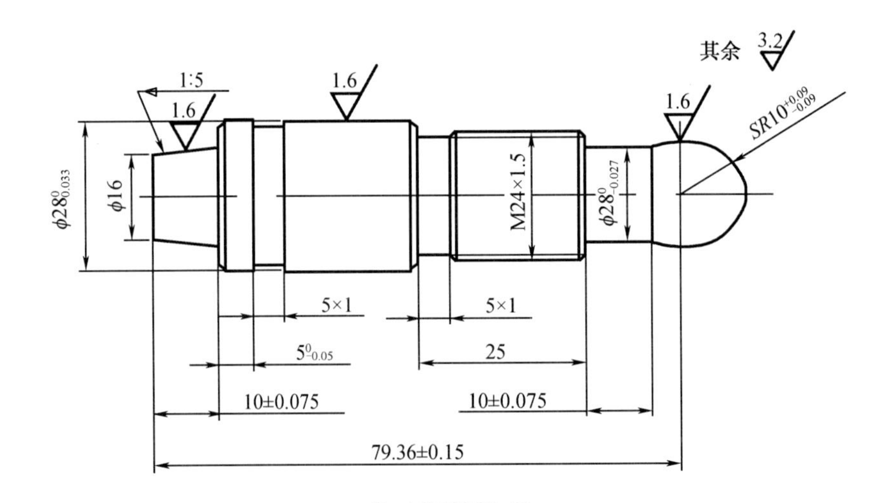


图 3.40 中级训练五图样

表3.18 中级训练五评分表

<table>
<tr><th>序号</th><th colspan="3">鉴定项目及标准</th><th>配分</th><th>自检</th><th>检验结果</th><th>得分</th><th>备注</th></tr>
<tr><td rowspan="5">1</td><td rowspan="5">工艺准备<br>(35分)</td><td colspan="2">工艺编制</td><td>8</td><td></td><td></td><td></td><td></td></tr>
<tr><td colspan="2">程序编制及输入</td><td>15</td><td></td><td></td><td></td><td></td></tr>
<tr><td colspan="2">工件装夹</td><td>3</td><td></td><td></td><td></td><td></td></tr>
<tr><td colspan="2">刀具选择</td><td>5</td><td></td><td></td><td></td><td></td></tr>
<tr><td colspan="2">切削用量选择</td><td>4</td><td></td><td></td><td></td><td></td></tr>
<tr><td rowspan="15">2</td><td rowspan="15">工件加工<br>(60分)</td><td colspan="2">用试切法对刀</td><td>5</td><td></td><td></td><td></td><td></td></tr>
<tr><td rowspan="14">工件质量<br>(55分)</td><td>$79.36^{+0.15}_{-0.15}$</td><td>4</td><td></td><td></td><td></td><td></td></tr>
<tr><td>$\phi28^{0}_{-0.033}$</td><td>4</td><td></td><td></td><td></td><td></td></tr>
<tr><td>$SR10^{+0.09}_{-0.09}$</td><td>4</td><td></td><td></td><td></td><td></td></tr>
<tr><td>M24×1.5</td><td>4</td><td></td><td></td><td></td><td></td></tr>
<tr><td>$\phi16^{0}_{-0.027}$</td><td>4</td><td></td><td></td><td></td><td></td></tr>
<tr><td>$10^{+0.075}_{-0.075}$(2处)</td><td>8</td><td></td><td></td><td></td><td></td></tr>
<tr><td>$5^{0}_{-0.05}$</td><td>4</td><td></td><td></td><td></td><td></td></tr>
<tr><td>5×1(2处)</td><td>4</td><td></td><td></td><td></td><td></td></tr>
<tr><td>锥度1:5</td><td>2</td><td></td><td></td><td></td><td></td></tr>
<tr><td>$\phi18$</td><td>2</td><td></td><td></td><td></td><td></td></tr>
<tr><td>25</td><td>2</td><td></td><td></td><td></td><td></td></tr>
<tr><td>2×45°(4处)</td><td>4</td><td></td><td></td><td></td><td></td></tr>
<tr><td>粗糙度1.6(3处)</td><td>6</td><td></td><td></td><td></td><td></td></tr>
<tr><td>粗糙度3.2(其余)</td><td>3</td><td></td><td></td><td></td><td></td></tr>
<tr><td>3</td><td colspan="3">精度检验及误差分析(5分)</td><td>5</td><td></td><td></td><td></td><td></td></tr>
<tr><td>4</td><td colspan="2">时间扣分</td><td>每超时3 min扣1分</td><td></td><td></td><td></td><td></td><td></td></tr>
<tr><td colspan="4">合计</td><td></td><td>100</td><td></td><td></td><td></td></tr>
</table>

## 二、根据图样要求先主后次的加工原则，确定工艺路线及步骤

(1)夹紧毛坯并伸出卡盘50 mm。

(2)用90°外圆车刀、4 mm切槽刀对刀，并输入刀补。

(3)因为材料是铝，所以不用切削液。用外径循环指令粗加工$\phi16$ mm，1:5锥度，1×45°，$\phi28$ mm，并留0.2 mm余量。

(4)测量并校正刀补。

(5)精车外形轮廓循环。

(6)用4 mm切槽刀粗加工5 mm×1 mm槽。

(7)调头用紫铜衬垫夹$\phi28$ mm已加工面。

(8)用93°尖头外圆车刀、4 mm切槽刀、普通螺纹车刀对刀，并输入刀补(注意长度尺寸

切到位）。

（9）用外形轮廓循环指令粗加工 $SR10$ mm，$\phi18$ mm，$\phi23 \times 8$ mm（M24×1.5 外径），1×45°倒角并留 0.2 mm 余量。

（10）测量并校正刀补。

（11）精车外形轮廓循环。

（12）用 4 mm 切槽刀加工 5 mm×1 mm 槽到尺寸。

（13）粗、精车螺纹。

## 三、选择刀具

1 号刀：90°外圆车刀。

2 号刀：4 mm 切槽刀。

3 号刀：93°外圆车刀。

4 号刀：普通螺纹刀。

## 四、相关计算（略）

## 五、参考程序（参照 FANUC 系统）

```
O0320                                   （加工左边部分）
N10   G97   G42   T0101;                （90°外圆车刀）
N20   M03   S600;
N30   G00   X33   Z2;
N40   G71   U1    R1;                   （粗加工外轮廓）
N50   G71   P60   Q110   U0.2   W0   F0.2;
N60   G01   X16;
N70   Z0;
N80   X18   Z-10;
N90   X26;
N100  X28   Z-11;
N110  Z-40;
N120  G00   X40   Z200;
N130  M05;
N140  M00;                              （暂停，调整刀补）
N150  M03   S800;
N160  G00   X33   Z2;
N170  G70   P60   Q110   F0.1;          （精加工轮廓）
N180  G00   X40   Z100   M03   S300;
N190  G40   T0202;                      （换 4 mm 切槽刀）
```

```
N200  G00  X30  Z-20;              (切槽加工)
N210  G01  X26.1  F0.1;
N220  X30  F0.3;
N230  W1;
N240  X26  F0.1;
N250  W-1;
N260  X30  F0.3;
N270  G00  X33  Z200;
N280  M05;
N290  M30;                         (程序结束)

O0321                              (掉头装夹,加工右边部分)
N10  G97  G42  T0303;              (93°外圆车刀)
N20  M03  S600;
N30  G00  X33  Z2;
N40  G73  U16  W0  R16;            (粗加工外轮廓)
N50  G73  P60  Q140  U0.2  W0  F0.2;
N60  G00  X0;
N70  G01  Z0;
N80  G03  X18  W-14.36  R10;
N90  G01  W-10;
N100  X22;
N110  X23.8  W-0.9;
N120  W-25;
N130  X26;
N140  W-1  X28;
N150  G00  X33  Z200;
N160  M05;
N170  M00;                         (暂停,调整刀补)
N180  M03  S800;                   (主轴变速)
N190  G00  X33  Z2;
N200  G70  P60  Q140  F0.1;        (精加工轮廓)
N210  G00  X33  Z100  M03  S300;
N220  G40  T0202;                  (换 4 mm 切槽刀)
N230  G00  X30  Z-47.3;            (切槽加工)
N240  G01  X22  F0.1;
N250  X25  F0.3;
```

```
N260  W1;
N270  X22  F0.1;
N280  X25  F0.3;
N290  G00  X33  Z200;
N300  T0404;                    (换螺纹刀)
N310  M03  S400;
N320  G00  X25  Z-27.3;
N330  G92  X23.2  W-23  F1.5;(加工螺纹,分五次进行)
N340  X22.7;
N350  X22.5;
N360  X22.37;
N370  X22.37;
N380  G00  X50  Z200;
N390  M05;
N400  M30;                      (程序结束)
```

## 训练项目六

### 一、图样及评分表

已知毛坯为 $\phi$85 mm×290 mm 的铝材(或尼龙棒)。工时定额:120 min。图样如图3.41所示,评分表见表 3.19。

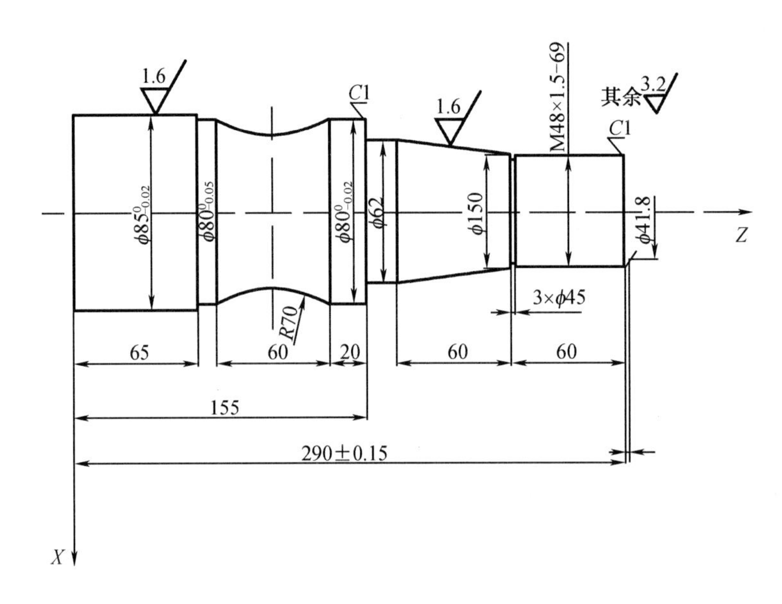


图 3.41 中级训练六图样

表3.19　中级训练六评分表

| 序号 | 鉴定项目及标准 | | | 配分 | 自检 | 检验结果 | 得分 | 备注 |
|---|---|---|---|---|---|---|---|---|
| 1 | 工艺准备（35分） | 工艺编制 | | 8 | | | | |
| | | 程序编制及输入 | | 15 | | | | |
| | | 工件装夹 | | 3 | | | | |
| | | 刀具选择 | | 5 | | | | |
| | | 切削用量选择 | | 4 | | | | |
| 2 | 工件加工（60分） | 用试切法对刀 | | 5 | | | | |
| | | 工件质量（55分） | $\phi85^{0}_{-0.02}$ | 5 | | | | |
| | | | $\phi80^{0}_{-0.02}$(2处) | 10 | | | | |
| | | | $290^{+0.15}_{-0.15}$ | | | | | |
| | | | $R70$ | 5 | | | | |
| | | | M48×1.5 | 5 | | | | |
| | | | 60(3处),65,20,155 | 5 | | | | |
| | | | $\phi60$ | 12 | | | | |
| | | | 1×45°(2处) | 3 | | | | |
| | | | 粗糙度1.6(2处) | 4 | | | | |
| | | | 粗糙度3.2(其余) | 6 | | | | |
| 3 | 精度检验及误差分析(5分) | | | 5 | | | | |
| 4 | 时间扣分 | | 每超时3 min扣1分 | | | | | |
| 合计 | | | | 100 | | | | |

## 二、根据图样要求先主后次的加工原则，确定工艺路线及步骤

(1)将毛坯左端顶在卡盘端面上并将其夹紧。

(2)用1号刀从右至左切削外轮廓面。其进给路线为倒角—车削螺纹大径圆柱面—车削圆锥面—车削$\phi62$ mm外圆柱面—倒角—车削$\phi80$ mm外圆柱面—车削$R70$圆弧—车削$\phi80$ mm外圆柱面。

(3)用2号刀车削3 mm×$\phi45$ mm的槽。

(4)用3号刀车削M48×1.5－69的圆柱螺纹。

## 三、选择刀具

1号刀：机夹式外圆车刀(硬质合金可转位刀片)，用于车削外轮廓柱面。

2号刀：硬质合金焊接式切槽刀(刀宽3 mm)，用于切槽。

3号刀：60°硬质合金三角形机夹式外螺纹车刀，用于车螺纹。

## 四、相关计算

取螺纹 $\phi48_{-0.268}^{-0.032}$的编程大径为 $\phi$47.8 mm；螺纹牙型高度为 $h=0.6495P=(0.6495\times1.5)$ mm $=0.974$ mm；选单圆弧螺纹车刀，取 $R=0.2$ mm，根据公式计算出螺纹小径 $d_1=46.015$ mm；确定该螺纹分 4 次车削，每次车削的背吃刀量（直径值）分别为 0.8 mm、0.6 mm、0.3 mm、0.085 mm（精车），各基点坐标的计算略。

## 五、参考程序（参照 FANUC 系统）

```
O0322
N10   G50   X200   Z350;                (设定坐标系)
N20   M03 S630   T0101;                 (主轴正转,调用1号刀,并导入刀补)
N30   G00   X41.8   Z292;               (刀具快速运动到外轮廓切削起刀点)
N40   G01   X47.8   Z289   F0.15;       (倒角)
N50   U0   W-59;                        (车削螺纹大径圆柱面声47.8 mm)
N60   X50   W0;
N70   X62   W-60 ;                      (车削圆锥面)
N80   U0   Z155;                        (车削62 mm外圆柱面)
N90   X78   W0;                         (径向退刀、车端面)
N100   X80   W-1 ;                      (倒角)
N110   U0   W-19 ;                      (车80 mm外圆柱面)
N120   G02   U0   W-60   I63.25   K-30; (圆弧用I、K指定R70圆心位置)
N130   G01   Z65 ;                      (车削80 mm外圆柱面)
N140   X90   W0;                        (径向退刀、车端面)
N150   G00   X200   Z350   T0100;       (取消1号刀补并返回到换刀点)
N160   M03   S315   T0202;              (主轴变速,调用2号切槽刀,导入刀补)
N170   G00   X51   Z230 ;               (到切槽起点)
N180   G01   X45   W0   F0.16;          (车削3 mm×φ45 mm的槽)
N190   G04   X5 ;                       (延时5 s)
N200   G01   X51   F0.5;                (径向退刀)
N210   G00   X200   Z350   T0200;       (取消2号刀补并返回到换刀点)
N220   M03   S200   T0303;              (主轴变速,调用3号螺纹刀,并导入刀补)
N230   X50   Z292 ;                     (到螺纹车削循环起始点)
N240   G92   X47   Z231.5   F1.5;       (第1次锥螺纹车削循环,背吃刀量0.4 mm)
N250   X46.4;                           (第2次锥螺纹车削循环,背吃刀量0.3 mm)
N260   X46.1;                           (第3次锥螺纹车削循环,背吃刀量0.15 mm)
N270   X46.015;                         (第4次锥螺纹车削循环,背吃刀量0.043 mm)
N280   G00   X200   Z350   M05   T0300; (取消3号刀补并返回到换刀点)
N290   M30;                             (程序结束)
```

# 训练项目七

## 一、图样及评分表

已知毛坯为$\phi$60 mm×170 mm的铝材(或尼龙棒)。工时定额:150 min。图样如图3.42所示,评分表见表3.20。

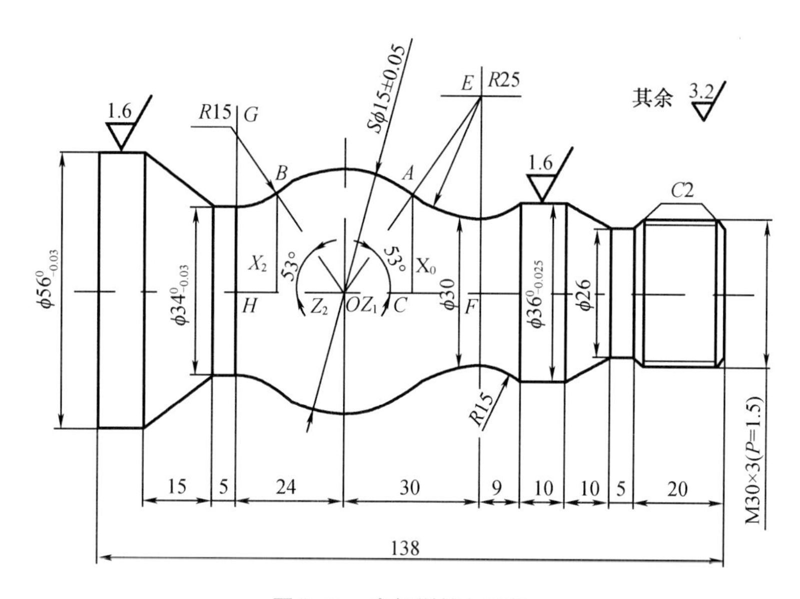


图3.42 中级训练七图样

表3.20 中级训练七评分表

| 序号 | 鉴定项目及标准 | | | 配分 | 自检 | 检验结果 | 得分 | 备注 |
|---|---|---|---|---|---|---|---|---|
| 1 | 工艺准备<br>(35分) | 工艺编制 | | 8 | | | | |
| | | 程序编制及输入 | | 15 | | | | |
| | | 工件装夹 | | 3 | | | | |
| | | 刀具选择 | | 5 | | | | |
| | | 切削用量选择 | | 4 | | | | |
| 2 | 工件加工<br>(60分) | 用试切法对刀 | | 5 | | | | |
| | | 工件质量<br>(55分) | $\phi56^{0}_{-0.03}$ | 4 | | | | |
| | | | $\phi36^{0}_{-0.025}$ | 4 | | | | |
| | | | $\phi34^{0}_{-0.03}$ | 4 | | | | |
| | | | 圆锥 | 4 | | | | |
| | | | M30×3($P$=1.5) | 5 | | | | |
| | | | $R$15(2处) | 8 | | | | |

表 3.20(续)

| 序号 | 鉴定项目及标准 | | | 配分 | 自检 | 检验结果 | 得分 | 备注 |
|---|---|---|---|---|---|---|---|---|
| 2 | 工件加工(60 分) | 工件质量(55 分) | $R25$ | 8 | | | | |
| | | | $S\phi50$ | 4 | | | | |
| | | | 10 个长度尺寸 | 5 | | | | |
| | | | $2\times45°$(2 处) | 4 | | | | |
| | | | 退刀槽 $\phi26\times5$ | 2 | | | | |
| | | | 粗糙度 1.6(3 处) | 3 | | | | |
| | | | 粗糙度 3.2(其余) | 4 | | | | |
| 3 | 精度检验及误差分析(5 分) | | | 5 | | | | |
| 4 | 时间扣分 | | 每超时 3 min 扣 1 分 | | | | | |
| 合计 | | | | 100 | | | | |

## 二、根据图样要求按先主后次、先粗后精的加工原则,确定工艺路线及步骤

(1)工件伸出三爪自定心卡盘外 145 mm,找正后夹紧。

(2)手动车工件右端面。

(3)打中心孔。

(4)用活顶尖顶住中心孔,完成一夹一顶装夹方式。

(5)用 90°外圆车刀粗车 $\phi56$ mm $\times$ 142 mm,外径留 0.5 mm 精车余量(以下各粗车直径处均留 0.5 mm 精车余量)。

(6)粗车 $\phi36$ mm $\times$ 45 mm 外圆。

(7)粗车 $\phi30$ mm $\times$ 25 mm 外圆。

(8)用切槽刀车 $\phi26$ mm $\times$ 5 mm 退刀槽,再用切槽刀倒左、右两端 $C2$ 角。

(9)用 90°外圆刀车右端圆锥。

(10)用硬质合金尖刀循环车削左端圆弧轮廓。

(11)用硬质合金尖刀精车工件所有轮廓。

(12)用螺纹车刀车 M30 $\times$ 3($P=1.5$)双头螺纹。

## 三、选择刀具

1 号刀:93°正偏刀。

2 号刀:切槽刀(刀宽 5 mm)。

3 号刀:60°硬质合金三角形外螺纹车刀。

4 号刀:硬质合金尖刀。

## 四、相关计算

(1)求右端 $R25$ mm 与 $S\phi50$ mm 处切点 $A$ 的坐标

$$\tan\alpha = EF/OF, \alpha = 53.13°$$

所以
$$AC = X_1 = OA\sin\alpha = 25\sin 53.13° = 20$$
$$OC = Z_1 = OA\cos\alpha = 25\cos 53.13° = 15$$

所以 $A$ 点坐标($X40, Z-69$)。

(2)求左端 $R15$ mm 与 $S\phi50$ mm 处切点 $B$ 的坐标

$$\tan\beta = GH/OH = 32/24, \beta = 53.13°$$

所以
$$BD = X_2 = OB\sin\beta = 25\sin 53.13° = 20$$
$$OD = Z_2 = OB\cos\beta = 25\cos 53.13° = 15$$

所以 $B$ 点坐标为 ($X40, Z-99$)。

(3)求 M30×3(P=1.5)双头螺纹的底径

$$d' = d - 2\times0.62P = 30 - 2\times0.62\times1.5 = 28.14\ \text{mm}$$

(4)确定进刀量分布:1 mm、0.5 mm、0.3 mm、0.06 mm。

## 五、参考程序(参照 FANUC 系统)

```
O0323;      主程序名
N10  G50  X100  Z100 ;          (设置工件坐标系)
N20  G98  T0101;                (采用每分钟进给,换1号外圆刀)
N30  M03  S600;                 (主轴转)
N40  G00  X56.5  Z2.0;
N50  G01  Z-143  F100;          (粗车外圆至φ56.5 mm)
N60  G00  X58.5  Z2 ;           (快速进刀至调用子程序起刀点)
N70  M98  P50716;               (调用O0016子程序5次,车出阶梯外圆)
N80  G00  X33  Z2 ;
N90  G01  Z-25  F100;           (车外圆)
N100  G00  X40  Z2 ;
N110  G00  X30.5;
N120  G01  Z-25  F100;          (车外圆)
N130  G00  X100  Z100 ;         (退回起刀点)
N140  T0202;                    (换2号切槽刀)
N150  M03  S420 ;               (主轴变速)
N160  G00  X38  Z-25 ;
N170  G01  X26  F30;            (切退刀槽)
N180  G04  X3 ;                 (延时3 s)
N190  G00  X32 ;
N200  G00  Z-22 ;               (进刀至倒角起始点)
N210  G01  U-6  W-3  F30;       (用切槽刀右刀尖倒左端C2角)
N220  G00  X40 ;
N230  G00  X32  Z-3 ;           (进刀至倒角起始点)
```

```
N240  G01  U-6  W3  F30;           (用切槽刀左刀尖倒右端 C2 角)
N250  G00  X100  Z100 ;            (退回起刀点)
N260  T0101;                       (换 1 号外圆刀)
N270  G00  X30  Z-23 ;
N280  G01  Z-25  F100;
N290  X36.5  Z-35 ;                (车圆锥)
N300  G00  Z-25 ;
N310  G01  X-26.5  F100;           (进刀至圆锥起点)
N320  X36.5  Z-35.0;               (车圆锥)
N330  G00  X100  Z100 ;            (退回起刀点,取消刀补)
N340  T0404;                       (换 4 号尖刀)
N350  G00  X54.5  Z-45 ;
N360  M98  P50717;                 (调用 O0017 号子程序 5 次,车圆弧廓)
N370  M03  S1200;                  (主轴变速)
N380  G00  X29.8  Z2 ;
N390  G01  Z-25  F50;              (精车 M30 外圆至 φ29.8 mm)
N400  X26 ;
N410  X35.9875  Z-35 ;             (精车圆锥)
N420  Z-45 ;                       (以公差中间值精车 φ36 mm 外圆)
N430  X36 ;
N440  G02  X30  Z-54  R15  F50;    (精车 R15 mm 圆弧)
N450  G02  X40  Z-69  R25 ;        (精车 R25 mm 外圆)
N460  G03  X40  Z-99  R25;         (精车 R25 mm 外圆)
N470  G02  X34  Z-108  R15 ;       (精车 R15 mm 外圆)
N480  G01  X33.985;                (进至 φ34 mm 外圆中间尺寸)
N490  G01  Z-113 ;                 (以公差中间值精车 φ34 mm 外圆)
N500  X55.985  Z-128 ;             (精车圆锥)
N510  Z-143 ;                      (精车外圆 φ56 mm 外圆)
N520  G00  X100  Z100 ;            (回起刀点)
N530  T0303;                       (换 3 号螺纹刀)
N540  M03  S600;                   (主轴正转)
N550  G00  X35  Z5 ;
N560  G92  X29  Z-23  F3 ;         (第一条螺纹切削循环 1,背吃刀量 0.8 mm)
N570  X28.5;                       (第一条螺纹切削循环 2,背吃刀量 0.5 mm)
N580  X28.2;                       (第一条螺纹切削循环 3,背吃刀量 0.3 mm)
N590  X28.14;                      (第一条螺纹切削循环 4,背吃刀量 0.06 mm)
N600  G00  X29  Z6.5;              (快速进刀,与第一条螺纹起始点错开一个螺距)
N610  G76  P10160  Q80  R0.1;      (第二条螺纹 G76 循环)
```

```
N620  G76  X28.14  Z-23   R0  P930  Q350  F3;
N630  G00  X100   Z100 ;         (退回起刀点)
N640  T0202;                     (换2号切槽刀)
N65   M030  S420;                (主轴正转)
N660  G00  X58  Z-143 ;
N670  G01  X0  F30;              (切断)
N680  G00  X100 ;                (退回起刀点)
N690  Z100 ;
N700  M05;
N710  M30;                       (主程序结束)

O0716                            (循环车φ36 mm×45 mm外圆子程序)
N900  G00  U-6 ;                 (进刀)
N910  G01  W-65  F100;           (车阶梯)
N920  U14;
N930  W-55;
N940  G00  U2  Z2 ;              (快退回起刀点)
N950  U-20;                      (消除循环增量)
N960  M99;                       (子程序结束)

O0717;                           (循环车圆弧子程序)
N1000  G01  U-6  F100;           (进刀)
N1010  G02  U-6  W-9  R15 ;      (圆弧轮廓加工)
N1020  G02  U10  W-15  R25 ;
N1030  G03  U0  W-30  R25 ;
N1040  G02  U-6  W-9  R15 ;
N1050  G01  W-5 ;
N1060  U22  W-15 ;
N1070  G00  U2  Z-45 ;           (快速退刀)
N1080  G00  U-20 ;               (消除循环增量)
N1090  M99;                      (子程序结束)
```

## 思考题

1. 什么是数控车床?
2. 简述数控车床的特点。
3. 简述CAK3665型数控车床的开机步骤。
4. 简述CAK3665型数控车床的对刀步骤。
5. 编写零件图3.43的程序。材料:尼龙棒 $\phi$42 mm×100 mm。

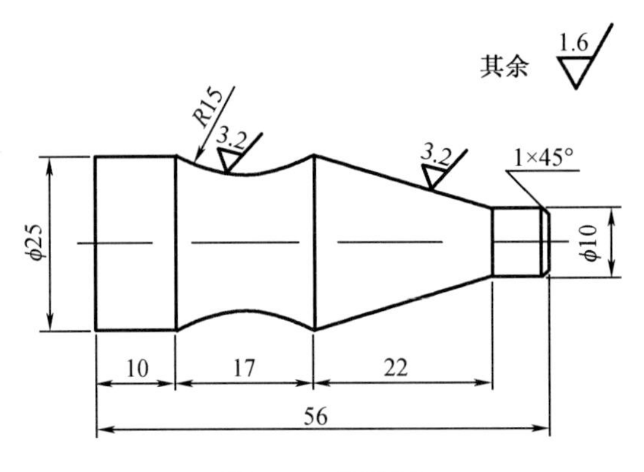


图 3.43　零件图

6. 编写小葫芦的程序,零件图如图 3.44 所示。材料:塑料棒 $\phi42\times100$ mm。

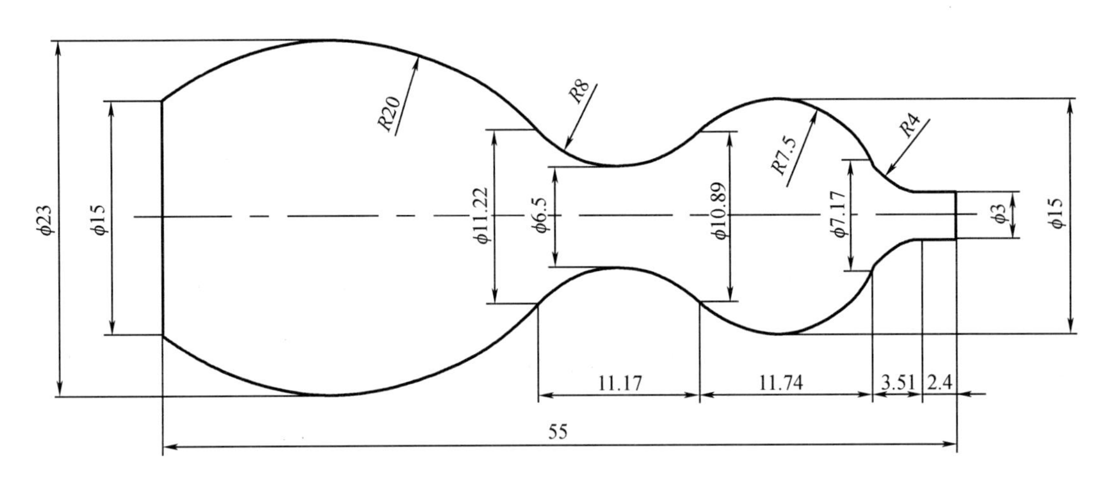


图 3.44　小葫芦零件图

# 第4章　加工中心实训

## 4.1　实训目的

1. 了解安全操作的主要内容。
2. 了解加工中心的工作方式和工业生产中的地位。
3. 熟悉加工中心的加工工艺和编程方法，并能进行典型零件的编程和加工。

## 4.2　实训要求

1. 学生必须穿好工作服，长发者需戴工作帽并将发髻挽入帽内，严禁戴围巾、手套等进行操作，以免被机床卷入发生事故。

2. 工作时，头不得与工件靠得太近，应戴上护目镜，加工工作时应关上防护罩。

3. 操作机床时，应独立操作，不可两人或多人同时操作一台机床。

4. 程序输入后，应认真核对，保证无误，其中包括对代码、指令、地址、数值、正负号及语法的检查。

5. 机床运行过程中操作者须密切注意系统状况，不得擅自离开控制台。

6. 学生手动编写程序或自动编写程序完成时必须经过指导老师的检查，开动机床之前必须经过指导老师的允许才可以开动机床。

7. 一旦发生事故，应立即按下急停开关并关闭机床，采取相应措施防止事故扩大，保护现场并报告实习指导教师。

8. 不得在实习现场嬉戏、打闹以及进行任何与实习无关的活动。

## 4.3　实训设备

### 4.3.1　设备的型号

实训设备为 VDM850E 型立式加工中心，加工范围 800 mm × 500 mm，如图 4.1 所示。

### 4.3.2　设备特点

VDM850E 型立式加工中心采用立式框架布局，立柱固定在床身上，主轴箱沿立柱上下移动($Z$ 向)、滑座沿床身纵向移动($Y$ 向)、工作台沿滑座横向移动($X$ 向)的结构。

图 4.1 VDM850E 型加工中心

床身、工作台、滑座、立柱、主轴箱等大件均采用高强度铸铁材料,造型为树脂砂工艺,两次时效处理消除应力,这些大件均采用 Pro/e 和 Ansys 优化设计,提高大件和整机的刚度及稳定性,有效抑制了切削力引起的机床变形和振动。

$X$、$Y$、$Z$ 轴导轨副采用滚动直线导轨,动静摩擦力小、灵敏度高、高速振动小、低速无爬行、定位精度高、伺服驱动性能优,可提高机床的精度和精度稳定性。

$X$、$Y$、$Z$ 轴伺服电机经弹性联轴节与高精度滚珠丝杆直连,减少中间环节,实现无间隙传动,进给灵活、定位准确、传动精度高。

$Z$ 轴伺服电机带有自动抱闸功能,在断电的情况下,能够自动抱闸将电机轴抱紧,使之不能转动,起到安全保护的作用。

主轴组由台湾专业厂家生产,具有高精度、高刚性,轴承采用 p4 级主轴专用轴承,整套主轴在恒温条件下组装完成后,均通过动平衡校正及跑合测试,提高了整套主轴的使用寿命及可靠性。

主轴在其转速范围内可实现无级调速,主轴采用电机内置编码器控制,可实现主轴定向和刚性攻丝功能。

## 4.4 实训内容

### 4.4.1 加工中心的概念

加工中心(machining center,MC),是由机械设备与数控系统组成的,用于加工复杂形状工件的高效率自动化机床。

加工中心最初是从数控铣床发展而来的。与数控铣床相同的是,加工中心同样是由计算机数控系统、伺服系统、机械本体、气动系统等各部分组成。但加工中心又不完全等同于数控铣床,加工中心与数控铣床的最大区别在于加工中心具有自动交换刀具的功能,通过在刀库上安装不同用途的刀具,可在一次装夹中通过自动换刀装置改变主轴上的加工刀具,实现铣、钻、镗、铰、攻螺纹等多种加工功能。

### 4.4.2　加工中心的组成

加工中心的基本组成包括机械部分和以数控装置为核心的控制部分,其中机械部分包括机床本体(床身、立柱、底座)、主轴系统、进给系统(工作台、刀架)及辅助系统(冷却、润滑系统)。机械部分不仅要完成数控装置所控制的各种运动,还要承受包括切削力在内的各种力。数控系统是加工中心区别于普通铣床的核心部件,使用加工中心加工工件时,由操作者将编写调试好的零件加工程序输入数控系统,经由数控系统将加工信息以电脉冲形式传输给伺服系统进行功率放大,然后驱动机床各运动部件协调动作,完成切削加工任务。机床结构如图4.2所示。

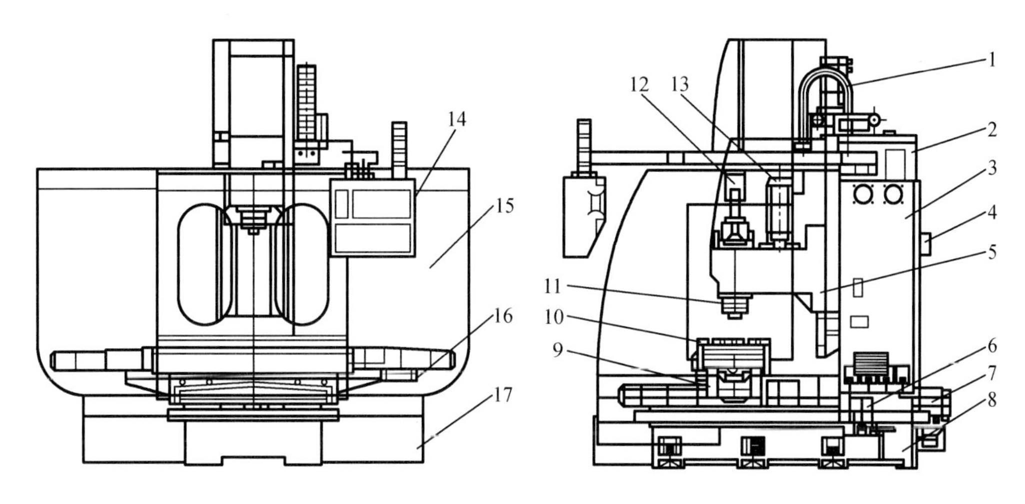


1—$Z$轴伺服电动机;2—立柱;3—电气箱;4—总电源开关;5—主轴头;6—切削液泵;7—$Y$轴伺服电动机;
8—底座;9—鞍座;10—工作台;11—主轴;12—松刀汽缸;13—主轴电动机;14—控制箱;
15—全护罩钣金;16—$X$轴伺服电动机;17—冷却箱。

图4.2　机床总体结构

加工中心由数控系统、机体、主轴、进给系统、刀库、换刀机构、操作面板、托盘自动交换系统(多工作台)和辅助系统等部分组成。刀库形式可分为回转式刀库或链式刀库等;换刀形式可分为机械手换刀和斗笠式刀库换刀。

1.主轴部分

(1)主轴

主轴通过齿形带由主轴电动机直接驱动。主轴单元最高许用转速为6 000 r/min ,主轴单元为四瓣爪式拉紧。主轴前后轴承均采用高精度组合向心推力球轴承,轴承采用油脂润滑,依靠非接触式迷宫套密封。

(2)刀具自动夹紧机构

主轴内部有刀柄自动夹紧机构,它由拉杆及头部的拉爪和碟形弹簧等组成。夹紧时,碟形弹簧使拉杆处于上端;松刀时,缸的活塞杆下移并将推拉杆下移,使头部的拉爪将刀柄放开,行程开关用于发出夹紧和松动时的位置状态信号。

2. 进给轴

一般立式加工中心共有 $X$、$Y$、$Z$ 三个进给轴。工作台沿十字滑台导轨的运动方向为 $X$ 向,其驱动轴定义为 $X$ 轴;十字滑台沿床身导轨的运动方向为 $Y$ 向,其驱动轴定义为 $Y$ 轴;主轴箱沿立柱导轨的运动方向为 $Z$ 向,其驱动轴定义为 $Z$ 轴。$X$、$Y$、$Z$ 三个进给轴的丝杠结构形式相同,均采用预拉伸的结构形式,形成高刚度的进给轴。进给电动机的驱动扭矩通过联轴节传递给丝杠,然后由螺母带动工作台、十字滑台、主轴箱沿 $X$、$Y$、$Z$ 三个方向分别移动。

3. 工作台

工作台可沿 $X$ 轴及 $Y$ 轴两个方向移动。

4. 润滑系统

$X$、$Y$、$Z$ 轴滑动导轨及滚珠丝杠的润滑方式为油润滑,由集中式润滑泵不停地把 32 号机械油打至每个润滑点。

5. 气动系统

在机床立柱侧面装有气动单元装置。一般机床气动装置的设计工作压力为 5 bar[①],因此气源的压力至少应恒定在 6 bar。主气源设备为捷豹螺杆泵式空气压缩机,如图 4.3 所示。

图 4.3　气动装置

6. 冷却系统

冷却装置采用外装式油泵,安置在油箱上,有接头将油泵出口管线引出,经过管线、阀门至主轴箱上喷油嘴。

① 1 bar = 100 kPa。

### 4.4.3　加工中心的分类

1. 卧式加工中心

卧式加工中心指主轴轴线为水平状态设置的加工中心。卧式加工中心一般具有3～5个运动坐标,常见的有3个直线运动坐标(沿 $X$、$Y$、$Z$ 轴方向)加1个回转坐标(工作台),它能够使工件在一次装夹下完成除安装面和顶面以外的其余四个面的加工,如图4.4所示。卧式加工中心较立式加工中心应用范围广,适用于复杂的箱体类零件、泵体和阀体等零件的加工。但卧式加工中心占地面积大、质量大、结构复杂、价格较高。

图4.4　卧式加工中心

2. 三轴立式加工中心

三轴立式加工中心指主轴轴心线为垂直状态设置的加工中心。立式加工中心一般具有三个直线运动坐标,工作台一般不具有分度和旋转功能,但可在工作台上安装一个水平的数控回转轴以扩展加工范围。立式加工中心多用于加工简单箱体、箱盖、板类零件和平面凸轮,如图4.5所示。立式加工中心具有结构简单、占地面积小、价格低等优点。

图4.5　立式加工中心

3. 龙门加工中心

龙门加工中心与龙门铣床类似,如图 4.6 所示,适用于大型或形状复杂的工件加工。

4. 万能加工中心

万能加工中心也称五轴加工中心。工件装夹后,能完成除安装面外的所有面的加工,具有立式和卧式加工中心的功能。常见的万能加工中心有两种形式:一种是主轴可以旋转 90°,既可像立式加工中心一样,也可像卧式加工中心一样;另一种是主轴不改变方向,而工作台带着工件旋转 90°完成对工件五个面的加工。在万能加工中心上加工工件避免了由于二次装夹带来的安装误差,所以效率和精度高,但结构复杂、造价也较高。

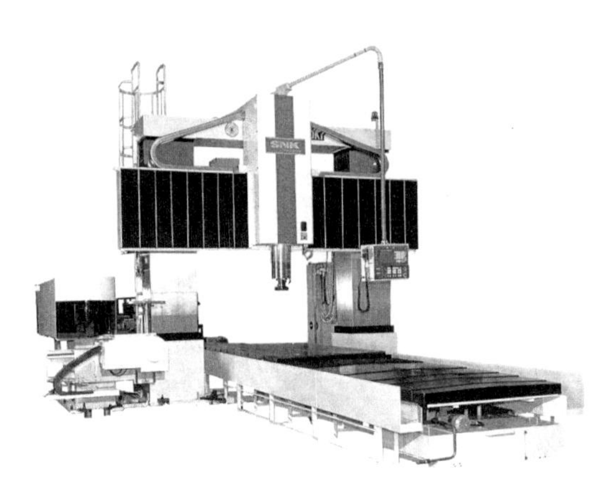


图 4.6 龙门加工中心

### 4.4.4 加工中心的刀库及换刀装置

加工中心的刀库形式很多,结构也各不相同。加工中心最常用的刀库有盘式刀库和链式刀库。盘式刀库的结构紧凑、简单,在钻削中心上应用较多,但存放刀具数目较少,如图 4.7 所示。链式刀库是在环形链条上装有许多刀座,刀座孔中装夹各种刀具,由链轮驱动。链式刀库适用于要求刀库容量较大的场合,且多为轴向取刀,如图 4.8 所示。当链条较长时,可以增加支承轮的数目,使链条折叠回绕,提高了空间利用率。

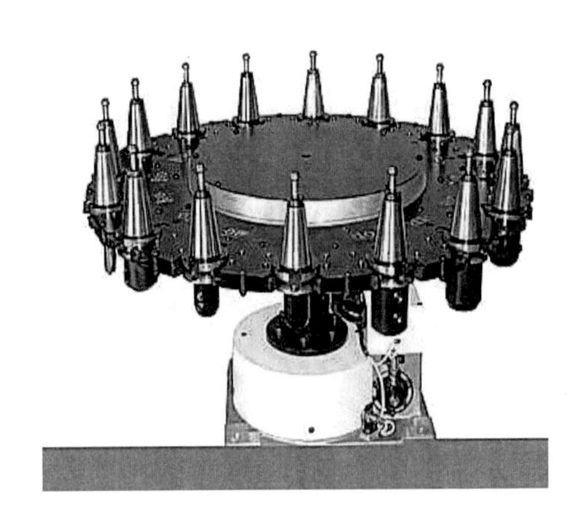

图 4.7 盘式刀库

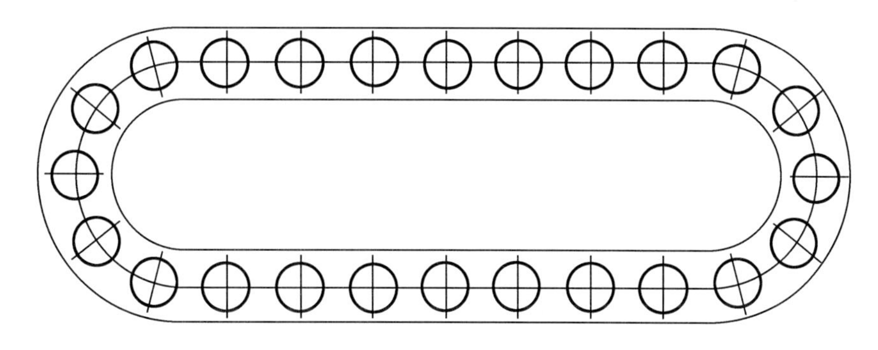

图4.8 链式刀库

### 4.4.5 加工中心的工艺特点

加工中心作为一种高效多功能的自动化机床,在现代化生产中扮演着重要角色。在加工中心上,零件的制造工艺与传统工艺以及普通数控机床加工工艺有很大不同,加工中心自动化程度的不断提高和工具系统的发展使其工艺范围不断扩展。现代加工中心更大程度地使工件一次装夹后,实现多表面、多特征、多工位的连续、高效、高精度加工。工序高度集中,但一台加工中心只有在合适的条件下才能发挥出最佳效益。加工中心可以归纳出如下工艺特点。

1. 适用于加工周期性复合投产的零件

有些产品的市场需求具有周期性和季节性,如果采用专门生产线则得不偿失,用普通设备加工效率又太低,质量不稳定,数量也难以保证。而采用加工中心首件试切完成后,程序和相关生产信息可保留下来,下次产品再生产时只要很少的准备时间就可开始生产。

2. 适用于加工高效、高精度工件

有些零件需求甚少,但属于关键部件,要求精度高且工期短。用传统工艺需用多台机床协调工作,周期长、效率低,在较长的工序流程中,受人为影响易出废品,从而造成重大经济损失。而采用加工中心进行加工,生产完全由程序自动控制,避免了较长的工艺流程,减少了硬件投资和人为干扰,具有生产效益高及质量稳定的优点。

3. 适用于具有合适批量的工件

加工中心生产的柔性不仅体现在对特殊要求的快速反应上,而且可以快速实现批量生产,拥有并提高市场竞争能力。加工中心适用于中小批量生产,特别是小批量生产,在应用加工中心时,尽量使批量大于经济批量,以达到良好的经济效果。随着加工中心及辅具的不断发展,经济批量越来越小,对一些复杂零件,5~10件就可生产,甚至单件生产时也可考虑使用加工中心。

4. 适用于加工形状复杂的零件

四轴联动、五轴联动加工中心的应用以及CAD/CAM技术的成熟发展,使加工零件的复杂程度大幅提高。DNC的使用使同一程序的加工内容足以满足各种加工要求,使复杂零件的自动加工变得非常容易。

5.其他特点

加工中心还适用于加工多工位和工序集中的工件、难测量工件。另外,装夹困难或完全由找正定位来保证加工精度的工件不适合在加工中心上生产。

### 4.4.6 机床操作面板介绍

加工中心的操作面板是编程操作的重要输入部分,它包括两个部分,分别是数控单元和机床控制面板。

FANUC 数控单元,用于向 CNC 输入数据以及导航至系统的操作区域,用于选择机床的模式:手动 - MDA - 自动,如图 4.9 所示。机床操作面板各按钮功能说明见表 4.1。

图 4.9 FANUC 数控单元

表 4.1 机床操作面板各按钮功能说明

| 按钮 | 名称 | 功能简介 |
| --- | --- | --- |
|  | 紧急停止 | 按下急停按钮,使机床移动立即停止,并且所有的输出如主轴的转动等都会关闭 |
| 手轮 | 手轮 | 在单步或手轮方式下,用于选择移动距离 |
| 手动 | 手动方式 | 手动方式,连续移动 |
| 回参考点 | 回零方式 | 机床回零。机床必须首先执行回零操作,然后才可以运行 |
| 自动 | 自动方式 | 进入自动加工模式 |

表 4.1(续1)

| 按钮 | 名称 | 功能简介 |
| --- | --- | --- |
| 单段 | 单段 | 当此按钮被按下时,运行程序时每次执行一条数控指令 |
| MDI | 手动数据输入(MDI) | 单程序段执行模式 |
| 顺时针转 | 主轴顺时针正转 | 按下此按钮,主轴开始正转 |
| 主轴停 | 主轴停止 | 按下此按钮,主轴停止转动 |
| 逆时针转 | 主轴逆时针反转 | 按下此按钮,主轴开始反转 |
| 快速移动 | 快速按钮 | 在手动方式下,按下此按钮后,再按下移动按钮则可以快速移动机床 |
| X Z 快速移动 Z X | 移动按钮 | 三个轴方向键,手动方式下配合使用 |
| 复位 | 复位 | 按下此键,复位 CNC 系统,包括取消报警、主轴故障复位、中途退出自动操作循环和输入、输出过程等 |
| 进给保持 | 进给保持 | 程序运行暂停,在程序运行过程中,按下此按钮运行暂停,按循环启动键恢复运行 |
| 循环启动 | 循环启动 | 程序运行开始 |
|  | 主轴倍率修调 | 调节主轴倍率,使主轴在 50% 和 120% 中变动 |
|  | 进给倍率修调 | 调节数控程序自动运行时的进给速度倍率,调节范围为 0~120%。 |
| 报警清除 | 报警应答键 | 清除用该符号标记的报警和提示信息 |
| 帮助 | 帮助键 |  |
| 上档 | 上档键 | 对键上的两种功能进行转换。用了上挡键,当按下字符键时,该键上行的字符(除了光标键)就被输出 |
| 空格 | 空格键 |  |
| 退格 | 退格键(删除键) | 自右向左删除字符 |

表 4.1(续 2)

| 按钮 | 名称 | 功能简介 |
| --- | --- | --- |
| DEL 删除 | 删除键 | 自左向右删除字符 |
| 输入 | 回车/输入键 | (1)接受一个编辑值;(2)打开、关闭一个文件目录;(3)打开文件 |
| 上一页 下一页 | 翻页键 | |
| M 加工操作 | 加工操作区域键 | 按此键,进入机床操作区域 |
| 程序编辑 | 程序编辑操作区域键 | |
| 程序管理 | 程序管理操作区域键 | 按此键,进入程序管理操作区域 |
| 系统 诊断 | 报警/系统操作区域键 | |
| 选择 | 选择转换键 | 一般用于单选、多选框 |

### 4.4.7 零件的加工步骤

数控编程的主要内容包括:分析零件图样,确定加工工艺过程;确定走刀轨迹,计算刀位数据;编写零件加工程序;校对程序及首件试切加工等。

1. 分析零件图样和工艺处理

这一步骤的内容包括:对零件图样进行分析以明确加工的内容及要求,选择加工方案,确定加工顺序及走刀路线,选择合适的数控机床、设计夹具,选择刀具,确定合理的切削用量等。工艺处理涉及的问题很多,编程人员需要注意以下几点。

(1)工艺方案及工艺路线

工艺方案及工艺路线的设计应考虑数控机床使用的合理性及经济性,充分发挥数控机床的功能;尽量缩短加工路线,减少空行程时间和换刀次数,以提高生产率;尽量使数值计算方便,程序段少,以减少编程工作量;合理选取起刀点、切入点和切入方式,保证切入过程平稳,没有冲击;在连续铣削平面内外轮廓时,应安排好刀具的切入、切出路线;尽量沿轮廓曲线的延长线切入、切出,以免交接处出现刀痕。

(2)零件安装与夹具选择

应尽量选择通用、组合夹具,一次安装中把零件的所有加工面都加工出来,零件的定位基准与设计基准重合,以减少定位误差;应特别注意要迅速完成工件的定位和夹紧过程,以减少辅助时间,必要时可以考虑采用专用夹具。

(3)编程原点和编程坐标系

编程坐标系是指在数控编程时,在工件上确定的基准坐标系,其原点也是数控加工的对刀点。要求所选择的编程原点及编程坐标系应使程序编制简单;编程原点应尽量选择在零件的工艺基准或设计基准上,以及加工过程中便于检查的位置;引起的加工误差小。

(4)刀具和切削用量

应根据工件材料的性能、机床的加工能力、加工工序的类型、切削用量以及其他与加工有关的因素来选择刀具。对刀具总的要求是安装调整方便、刚度好、精度高、使用寿命长等。切削用量包括主轴转速、进给速度、切削深度等。切削深度由机床、刀具、工件的刚度来决定,在刚度允许的条件下,粗加工取较大切削深度,以减少走刀次数,提高生产率;精加工取较小切削深度,以获得好的表面质量。主轴转速由机床允许的切削速度及工件直径选取。进给速度则按零件加工精度、表面粗糙度要求选取,粗加工时取较大值,精加工时取较小值。最大进给速度受机床刚度及进给系统性能的限制。

2. 数学处理

在完成工艺处理的工作以后,下一步需根据零件的几何形状、尺寸、走刀路线及设定的坐标系,计算粗、精加工各运动轨迹,得到刀位数据。一般的数控系统均具有直线插补与圆弧插补功能。对于由圆弧与直线组成的较简单的零件轮廓的加工,需要计算出零件轮廓线上各几何元素的起点、终点、圆弧的圆心坐标、两几何元素的交点或切点的坐标值;当零件图样所标尺寸的坐标系与所编程序的坐标系不一致时,需要进行相应的换算;对于形状比较复杂的非圆曲线(如渐开线、双曲线等)的加工,需要用小直线段或圆弧段逼近,按精度要求计算出其节点坐标值;自由曲线、曲面及组合曲面的数学处理更为复杂,需利用计算机进行辅助设计。

3. 编写程序单

加工顺序、工艺参数以及刀位数据确定后,就可按数控系统的指令代码和程序段格式逐段编写零件加工程序单。编程人员只有对数控机床的性能、指令功能、代码书写格式等非常熟悉,才能编写出正确的零件加工程序。对于形状复杂(如空间自由曲线、曲面)、工序很长、计算烦琐的零件,采用计算机辅助数控编程。

4. 输入数控系统

程序编写好之后,可通过键盘直接将程序输入数控系统。

5. 程序检验和首件试加工

程序送入数控机床后,还需经过试运行和试加工两步检验,才能进行正式加工。通过试运行,可以检验程序语法是否有错,加工轨迹是否正确;通过试加工,可以检验其加工工艺及有关切削参数指定是否合理、加工精度能否满足零件图样要求、加工工效如何等,以便进一步改进。带有刀具轨迹动态模拟显示功能的数控机床可进行数控模拟加工,检查刀具轨迹是否正确,如果程序存在语法或计算错误,运行中会自动显示编程出错并报警。根据报警内容,编程员可对相应出错程序段进行检查、修改。

### 4.4.8 坐标系

加工中心坐标系统包括机床坐标系和工作坐标系,不同的加工中心其坐标系统略有不同。如前所述，机床坐标系各坐标轴的关系符合右手笛卡儿坐标系准则。

1. 机床坐标系

机床坐标系是用来确定工件坐标系的基本坐标系，是机床本身所固有的坐标系，是机床生产厂家设计时自定的，其位置由机械挡块决定，不能随意改变。该坐标系的位置必须在开机后，通过手动返回参考点的操作建立。机床在手动返回参考点时，返回参考点的操作是按各轴分别进行的，各轴沿正向返回极限位置。当某一坐标轴返回参考点后，该轴的参考点指示灯亮，同时该轴的坐标值也被清零。

机床坐标系原点也称机械原点、参考点或零点。通常所说的回零、回参考点，就是指直线坐标或旋转坐标回到机床坐标系原点。机床坐标系原点是三维面的交点，不像各坐标系回零一样可以直接感觉和测量，只有通过坐标轴的零点作相应的切面，获得的这些切面的交点即为机床坐标系的原点。

2. 工作坐标系

工作坐标系亦称加工坐标系，是编程人员在编写程序和加工零件时使用的坐标系。其位置以机床坐标系为参考点，一般在一台机床中可以设定 6 个工作坐标系。工作坐标系的原点称为工作原点或程序零点，可设在工件上便于编程的某一固定点上。编程时的刀具轨迹坐标点是按工件轮廓在工件坐标系中的坐标确定的。在加工时，工件随夹具安装在工作台上，这时工件原点（程序零点）与机床原点的距离，称为工作原点偏置，将该值预存在数控系统的存储器中，加工时工作原点偏置便能自动地加到工作坐标系中，使数控系统可按机床坐标系确定加工时的绝对坐标值。

工件原点（工件零点）选择应注意以下几点：

（1）工件原点应选在零件的尺寸基准上，这样便于计算坐标值，并减少错误；

（2）工件原点尽量选在精度较高的工件表面，以提高被加工零件的加工精度；

（3）对于对称零件，工件零点设在对称中心上；

（4）对于一般零件，工件零点设在工件轮廓某一角上；

（5）$Z$ 轴方向上零点一般设在工件表面；

（6）对于卧式加工中心，最好把工件原点设在回转中心上，即设置在工作台回转中心与 $Z$ 轴连线适当位置上；

（7）编程时，将刀具起点和程序原点设在同一处，这样可以简化程序，便于计算。

### 4.4.9 程序的编辑

加工中心是按事先编制好的加工程序自动地对工件进行加工的高效率自动化机床。这就要求编程人员在编程之前应充分了解所用设备（包括加工中心的规格、性能，数控系统所具备的功能及程序的格式、编程的指令等相关信息）。在编程时首先要分析图纸（包括规定的技术要求，零件的几何形状、尺寸及工艺要求）之后确定加工路线及加工方法，再进行数学处理，获得刀具数据。然后按加工中心数控系统规定的代码和程序格式，将工件的尺寸、刀具运动中心轨迹、位移量、切削参数以及辅助功能（包括换刀、主轴正反转、冷却液开关等）编制成加工程序，输入到数控系统，由数控系统控制加工中心自动地进行加工。

每种数控系统根据系统本身的特点及编程的需要，都有一定的程序格式。对于不同的机床，其程序格式也不尽相同，因此编程人员必须严格按照机床说明书的规定格式进行编程。

1. 程序结构

一个完整的程序由程序号、程序内容和程序结束三部分组成。

(1)程序结构

在程序的开头要有程序号，以便进行程序检索。程序号就是给零件加工程序一个编号，并说明该零件加工程序的开始位置。

(2)程序内容

程序内容部分是整个程序的核心。它由许多程序段组成，每个程序段由一个或多个指令构成，表示数控机床要完成的全部动作。

(3)程序结束

程序结束是以程序结束指令 M02、M30 或 M99(子程序结束)作为程序结束的符号，用来结束零件加工。

2. 程序段格式

零件的加工程序是由许多程序段组成的，每个程序段由程序段号、若干个数据字和程序段结束字符组成，每个数据字是控制系统的具体指令，由地址符、特殊文字和数字集合而成，代表机床的一个位置或一个动作。

程序段格式是指一个程序段中字、字符和数据的书写规则。目前国内外广泛采用字－地址可变程序段格式。所谓字－地址可变程序段格式，就是在一个程序段内数据字的数目以及字的长度(位数)都是可以变化的格式。不需要的字以及与上一程序段相同的续效字可以不写。该格式的优点是程序简短、直观，容易检验、修改。

例如，"N20 G01 X25.0 Z－36.0 F100 S1000 T02 M03;"程序段内各字的说明如下。

(1)程序段序号

程序段序号是用以识别程序段的编号，用地址码 N 和后面的若干位数字来表示。例如，N20 表示该语句的语句号为 20。

(2)准备功能 G 指令

准备功能 G 指令是使数控机床做某种动作的指令，用地址 G 和两位数字组成，常用的 G 代码有快速点定位 G00、直线插补 G01、顺圆弧 G02、逆圆弧 G03。

(3)坐标字

坐标字由坐标地址符及绝对值(或增量)的数值组成，且按一定的顺序进行排列。坐标字的"＋"可省略。各坐标轴的地址符按下列顺序排列：X、Y、Z、U、V、W、P、Q、R、A、B、C、D、E。

(4)进给功能 F 指令

进给功能 F 指令由进给地址符 F 及数字组成，数字表示所选定的进给速度，单位一般为 mm/min。

(5)主轴转速功能字S指令

主轴转速功能字S指令用来指定主轴的转速,由地址码S和其后的若干位数字组成,单位为r/min。

(6)刀具功能字T指令

刀具功能字T指令主要用来指定刀具的号码,由地址符T和数字组成。

(7)辅助功能字M指令

辅助功能字M指令是表示一些机床辅助动作及状态的指令,由地址码M和后面的两位数字表示,常用指令为主轴正转M03、主轴反转M04、程序结束M30。

(8)程序段结束

程序段结束写在每个程序段之后,表示程序结束。

3. 常用的编程指令代码

(1)绝对值(G90)、增量值(G91)方式

在G90方式下,刀具运动的终点坐标一律用该点在工作坐标系下相对于坐标原点的坐标值表示;在G91方式下,刀具运动的终点坐标是执行本程序段时刀具终点相对于起点的增量值。

(2)G00快速点定位

用G00指令点定位,命令刀具以点位控制方式,从刀具所在点以最快的速度移动到目标点。

三轴联动时的程序格式:

G00 X_Y_Z_;

解释:$X$、$Y$、$Z$;为目标点的坐标值

当采用绝对值编程时,$X$、$Y$、$Z$为目标点在工件坐标系的坐标值;当用增量值编程时,$X$、$Y$、$Z$为目标点相对于起点的增量坐标值。G00中的快进速度由机床制造厂对各轴分别设定,各轴依内定的速度分别独自快速移动,定位时的刀具运动轨迹由各轴快速移动速度共同决定,不能保证各轴同时到达终点,因而各轴联动合成轨迹不一定是直线。G00中的快进速度不能用程序指令改变,但可以用控制面板上的进给修调旋钮改变。G00定位方式中,刀具在起点开始加速直到预定的速度,到达终点前减速并精确定位停止。G00只用于快速定位,不能用于切削加工。

(3)G01直线插补

刀具以直线插补的方式按照该程序段中指定的速度做进给运动,用于加工直线轨迹。

三轴联动的程序格式:

G01 X_Y　Z_F_;

解释:$X$、$Y$、$Z$为目标点坐标值,$F$为进给速度,各轴实际进给速度是$F$在该轴上的投影分量。

(4)圆弧插补指令

该指令可以自动加工圆弧曲线,G02为顺时针圆弧插补,G03为逆时针圆弧插补。

程序格式:

G02/G03 X_Y　Z_CR=　;

其中,*CR*=　表示圆弧的半径数值,此种方法适用于小于180°的圆弧,但是整圆不能直接用这种方法表示,如果需要整圆的编程需要用两次这种指令来编制。

4. 加工中心的编程方法

数控编程一般分为手工编程和自动编程。

(1)手工编程

从零件图样分析、工艺处理、数值计算、编写程序单、程序输入至程序校验等各步骤均由人工完成,称为手工编程。对于加工形状简单的零件,计算比较简单,程序不多,采用手工编程较容易完成,而且经济、及时。因此,在点定位加工及由直线与圆弧组成的轮廓加工中,手工编程仍广泛应用。但对于形状复杂的零件,特别是具有非圆曲线、列表曲线及曲面的零件,用手工编程就有一定的困难,出错的概率大,有的甚至无法编出程序,必须采用自动编程的方法编制程序。

(2)自动编程

自动编程是利用计算机专用软件编制数控加工程序的过程。它包括数控语言编程和图形交互式编程。数控语言编程时,编程人员只需根据图样的要求,使用数控语言编写出零件加工源程序,输入计算机,由计算机自动进行编译、数值计算、后置处理,然后加工程序再通过直接通信的方式输入数控机床,指挥机床工作。数控语言编程为解决多坐标数控机床加工曲面、曲线提供了有效方法。但这种编程方法直观性差,编程过程比较复杂,不易掌握,并且不便于进行阶段性检查。随着计算机技术的发展,计算机图形处理功能已有了极大的增强,"图形交互式自动编程"也应运而生。图形交互式自动编程是利用计算机辅助设计软件的图形编程功能,将零件的几何图形绘制到计算机上,形成零件的图形文件,然后再直接调用计算机内相应的数控编程模块,进行刀具轨迹处理,由计算机自动对零件加工轨迹的每一个节点进行运算和数学处理,从而生成刀位文件,再经相应的后置处理,自动生成数控加工程序,并同时在计算机上动态地显示其刀具的加工轨迹图形。图形交互式自动编程极大地提高了数控编程效率,使从设计到编程的信息流连续,可实现CAD/CAM集成,为实现计算机辅助设计(CAD)和计算机辅助制造(CAM)一体化发挥了必要的桥梁作用,因此也被称为CAD/CAM自动编程。

5. 对刀的基本方法

目前绝大多数的加工中心采用手动对刀,其基本方法有以下几种。

(1)定位对刀法

定位对刀法的实质是按接触式设定基准重合原理而进行的一种粗定位对刀方法,其定位基准由预设的对刀基准点来体现。对刀时,只要将各号刀的刀位点调整至与对刀基准点重合即可。该方法简便易行,因而得到较广泛的应用,但其对刀精度受到操作者技术熟练程度的影响,一般情况下其精度都不高,还须在加工或试切中修正。

(2)光学对刀法

这是一种按非接触式设定基准重合原理而进行的对刀方法,其定位基准通常由光学显微镜(或投影放大镜)上的十字基准刻线交点来体现。这种对刀方法比定位对刀法的对刀精度高，并且不会损坏刀尖，是一种推广采用的方法。

(3)试切对刀法

在以上各种手动对刀方法中，可能受到手动和目测等多种误差的影响以至其对刀精度十分有限，往往需要通过试切对刀，以得到更加准确和可靠的结果。

## 4.5 操作示例分析

### 4.5.1 实例一

根据图 4.10 典型零件图样要求铣削工件，材料为尼龙，50 mm × 50 mm，试编写其加工程序。

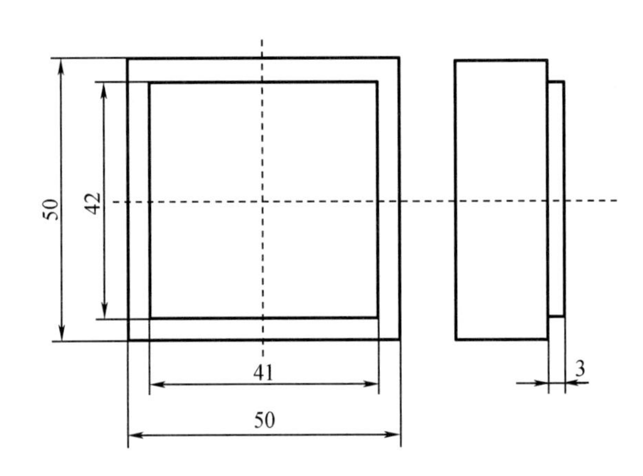


图 4.10 典型零件图样(一)

程序：

```
O0001;
N10 G90 G54 G01 X-30 Y-30 Z50 S600 M03 F100;
N20 G01 G41 X-21 Y-21;
N30 G01 Z-3;
N40 Y21;
N50 X21;
N60 Y-21;
N70 X-21;
N80 G00 Z100;
N90 G01 G40 X-30 Y-30;
N100 M30;
%
```

### 4.5.2 实例二

根据图 4.11 典型零件图样要求铣削工件，材料为尼龙，50 mm × 50 mm，试编写其加工程序。

程序：

```
O0002;
N10 G90 G54 G01 X -30 Y -30 Z50 S600 M03 F100;
N20 G01 G41 X -21 Y -23;
N30 G01 Z -3;
N40 X -23 Y -21;
N50 Y18;
N60 G02 X -18 Y23 CR =5;
N70 G01 X23;
N80 Y -18;
N90 G03 X18 Y -23 CR =5;
N110 X -21;
N120 Z100;
N130 G40 X -30 Y -30;
N140 M30;
%
```

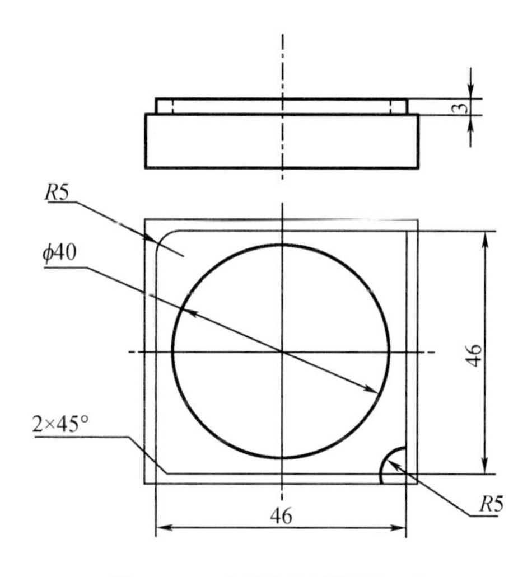


图 4.11　典型零件图样(二)

### 4.5.3　实例三

根据图 4.12 典型零件图样要求铣削工件，材料为尼龙，50 mm × 50 mm，试编写其加工程序。

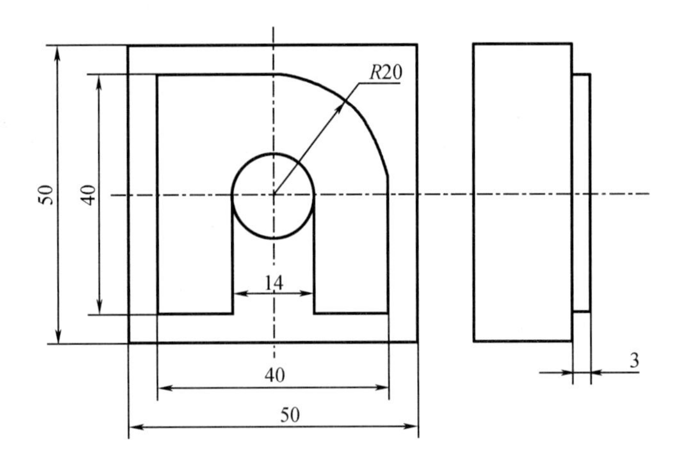


图4.12 典型零件图样(三)

程序:

```
O0003;
N10 G90 G54 G01 X-30 Y-30 Z50 S600 M03 F100;
N20 G01 G41 X-20 Y-20;
N30 Y20;
N40 X0;
N50 G02 X20 Y0 CR=20;
N60 G01 Y-20;
N70 X7;
N80 Y0;
N90 G03 X-7 Y0 CR=7;
N100 G01 Y-20;
N110 X-20;
N120 Z100;
N130 G40 X-30 Y-30;
N140 M30;
%
```

## 思考题

1. 加工中心主要的组成部分是什么?
2. 加工中心和数控铣床的区别是什么?
3. 什么是机床坐标系和工件坐标系?
4. 什么是刀具补偿,刀具补偿的作用是什么?
5. 简述加工中心的主要安全操作规程。
6. 简述加工中心的主要开机步骤。
7. 加工中心机床该如何对刀?

# 第5章 钳工实训

钳工是手持工具对工件进行金属切削加工的一种方法。钳工是复杂、细致、工艺技术要求高、实践能力强的工种。其基本操作有划线、錾削、锯削、锉削、钻孔、扩孔、铰孔攻螺纹、套螺纹、刮削、研磨及装配、拆卸、修理等。

钳工的应用范围如下：

(1)加工前的准备工作，如清理毛坯、在工件上划线等；

(2)在单件或小批生产中，制造一些一般的零件；

(3)加工精密零件，如锉样板、刮削或研磨机器和量具的配合表面等；

(4)装配、调整和修理机器等。

钳工工具简单，操作灵活，可以完成用机械加工不方便或难以完成的工作。因此，尽管钳工操作的劳动强度大、加工质量的机遇性大、生产效率低，但在机械制造业中，钳工仍是历史悠久又不可缺少的重要工种之一。

## 5.1 划线操作

### 5.1.1 实训目的

1. 知识目标

(1)看懂图样，了解零件的作用。

(2)了解零件的加工顺序和加工方法。

(3)掌握普通划线工具的型号及主要技术规格。

(4)掌握普通划线工具的组成部分及其作用。

2. 技能目标

(1)熟练掌握划线工具的使用方法。

(2)正确使用划线工具，划出的线条要准确、清晰。

### 5.1.2 实训要求

1. 了解划线基准的概念。
2. 正确使用划线常用工具、量具等。
3. 熟练掌握平面划线的方法和步骤。

### 5.1.3 实训设备

划线设备包括划线平板、划线方箱、划线 V 形铁、千斤顶、涂料、划针、划规、划针盘、游标高度尺、样冲。

机械类钳工使用的量具种类很多。根据其用途和特点可分为两种类型:一是万能量具,如钢直尺、游标尺、千分尺、百分表、万能角度尺等;二是标准量具,如量块、水平仪、塞尺等。不同种类的量具,虽然其测量值(如长度值、角度值)不同,但对其正确使用的要求是基本相同的。在实习中,可以按以下步骤来学习,保证对量具能正确使用。

1. 钢直尺

钢直尺是用不锈钢制成的一种量具。尺边平直,尺面有米制或英制刻度。如图 5.1 所示。

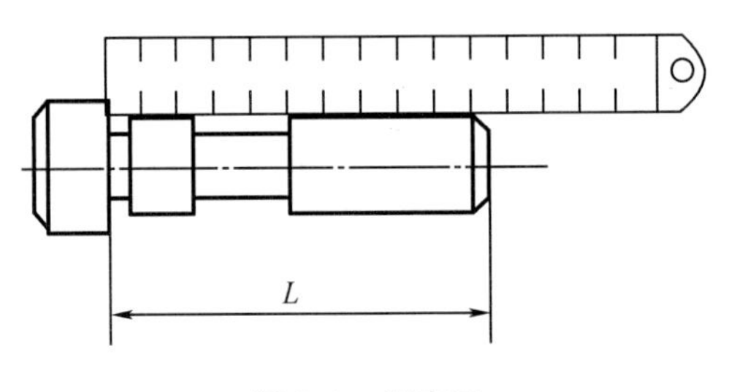


图 5.1　钢直尺

作用:测量工件的长度、宽度、高度、深度和平面度。

测量范围:150 mm、300 mm、500 mm 和 1 000 mm 等。

钢直尺是工作中使用普遍的一种长度测量工具。

2. 游标卡尺

游标卡尺用来直接测量零件的外径、内径、长度、宽度、深度、孔距等。钳工常用游标卡尺测量范围为 0 ~ 125 mm、0 ~ 200 mm、0 ~ 300 mm 等,是一种使用率较高的测量工具。如图 5.2 所示。

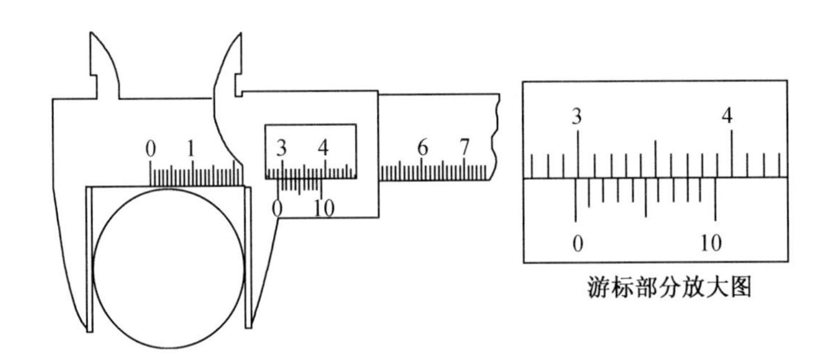


图 5.2　游标卡尺

3. 千分尺

千分尺是一种精密量具,主要种类有外径千分尺、内径千分尺、高度千分尺。其测量范围在 0 ~ 500 mm 之间,每 25 mm 为一种规格,如 0 ~ 25 mm、25 ~ 50 mm 等;测量范围在 500 ~ 1 000 mm,每 100 mm 为一种规格,如 500 ~ 600 mm、600 ~ 700 mm 等。

千分尺的外形和结构如图5.3所示。

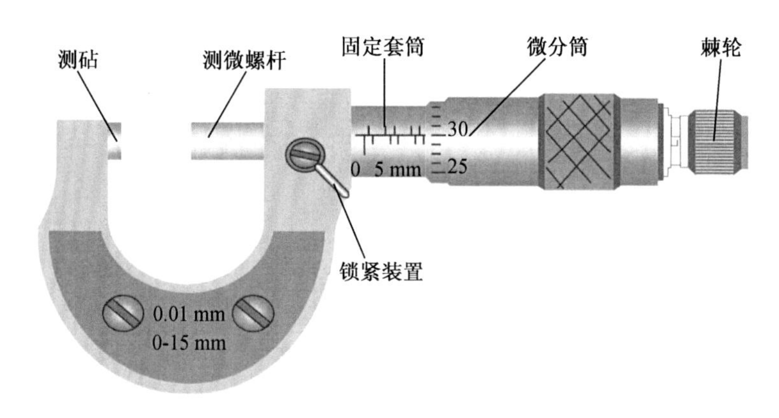


图5.3 千分尺

4. 宽座角尺

宽座角尺可精确测量工件内角、外角的垂直偏差。宽座角尺是检验和划线工作中常用的量具,用于检验工件的垂直度或检定仪器纵横向导轨的相互垂直度,通常用铸铁、钢或花岗岩制成。如图5.4所示。

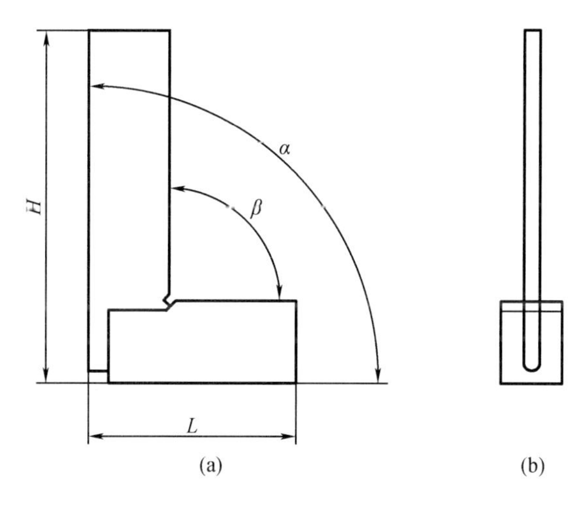


图5.4 宽座角尺示意图

5. 万能角度尺

万能角度尺又被称为角度规、游标角度尺和万能量角器,它是利用游标读数原理来直接测量工件角或进行划线的一种角度量具,适用于机械加工中的内、外角度测量,可测0°~320°外角及40°~130°内角。万能角度尺是用来测量工件内、外角度的量具,其结构如图5.5所示。

万能角度尺的读数机构是根据游标原理制成的。主尺刻线每格为1°。游标的刻线是取主尺的29°等分为30格,因此游标刻线角格为29°/30,即主尺与游标一格的差值为2′,也就是说万能角度尺读数准确度为2′。其读数方法与游标卡尺完全相同,测量时应先校准“0”位。万能角度尺的“0”位,是当角尺与直尺均装上,而角尺的底边及基尺与直尺无间隙接触,此时主尺与游标的“0”线对准。调整好“0”位后,通过改变基尺、角尺、直尺的相互位置可测试0°~320°范围内的任意角。应用万能角度尺测量工件时,要根据所测角度适当组合量尺。

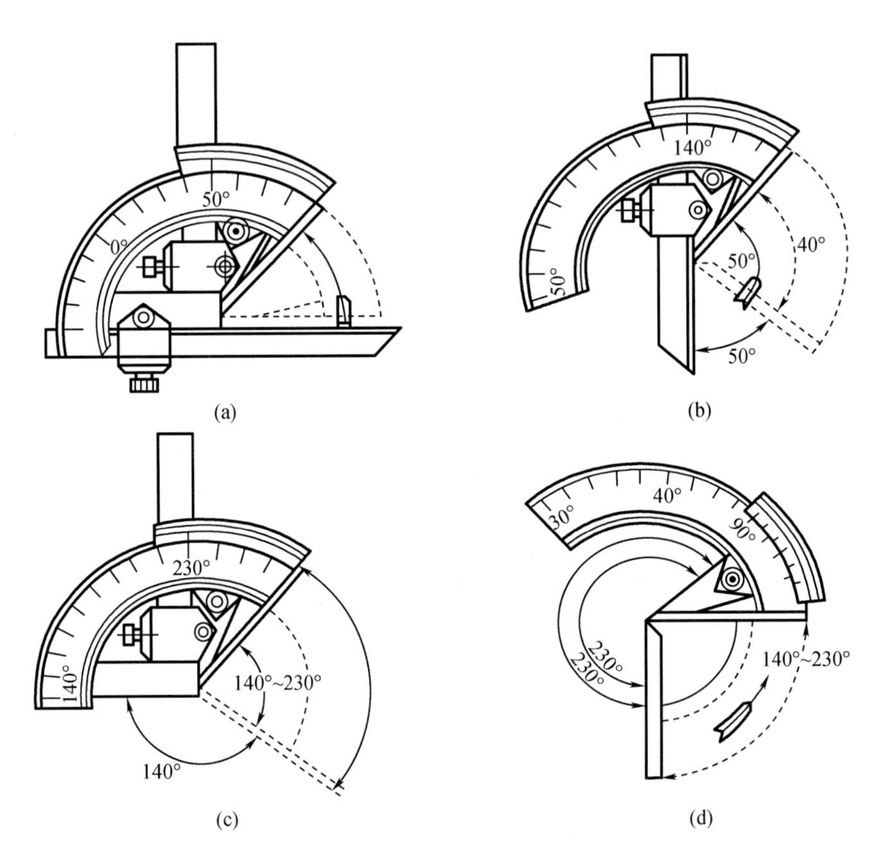


图5.5 万能角度尺

### 5.1.4 实训内容

1. 工艺知识

(1)划线的作用

划线是指钳工根据图样要求,在毛坯上明确表示出加工余量、划出加工位置尺寸界线的操作过程。划线既可作为工件装夹及加工的依据,又可检查毛坯的合格性,还可以通过合理分配加工余量(亦称借料)尽可能地挽救废品。

(2)划线的种类

划线的种类有平面划线和立体划线。前者是指在工件或毛坯的一个平面上划线,后者是指在工件或毛坯的长、宽、高三个方向上划线。

(3)划线工具与使用方法

①划线平板

划线平板是用于划线的基准工具,它由铸铁制成,并经时效处理。划线平板的上平面经过精细加工,光洁平整,是划线的基准平面。使用划线平板时要防止碰撞和锤击,如果长期不使用,应涂防锈油防护。

②划线方箱

划线方箱是由铸铁制成的空心立方体,如图5.6所示。各面都经过精加工,相邻平面相互垂直,相对平面相互平行。其上有V形槽和压紧装置。V形槽用来安装轴、套筒、圆盘等圆形工件,以便找中心或划中心线,方箱用于夹持尺寸较小而加工面较多的工件。通过翻转方箱,便可在工件表面划出相互垂直的线。

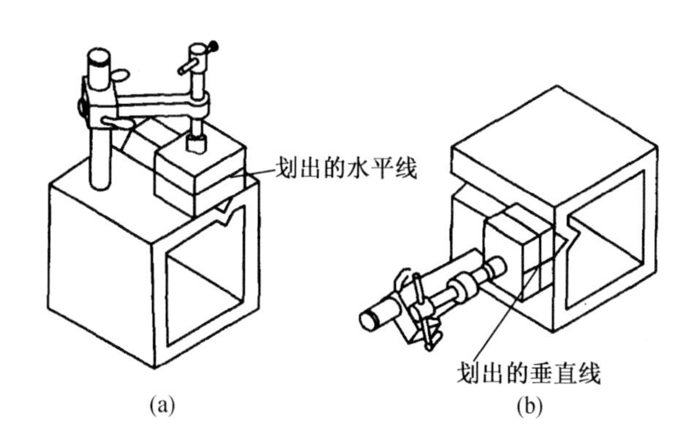


图5.6 划线方箱

③划线V形铁、千斤顶

V形铁由碳素钢制成,淬火后经磨削加工。其相邻两边相互垂直,V形槽呈90°夹角,划线的时候,工件靠着V形铁,使工件垂直于划线平板,如图5.7所示。V形铁用于划线时支撑圆柱形工件,使工件轴线与平板平行,便于划出中心线。

当给较大的工件划线时,不适合用划线方箱和V形铁,通常用3个千斤顶来支撑工件,其高度可以调整,以便找正工件,如图5.8所示。

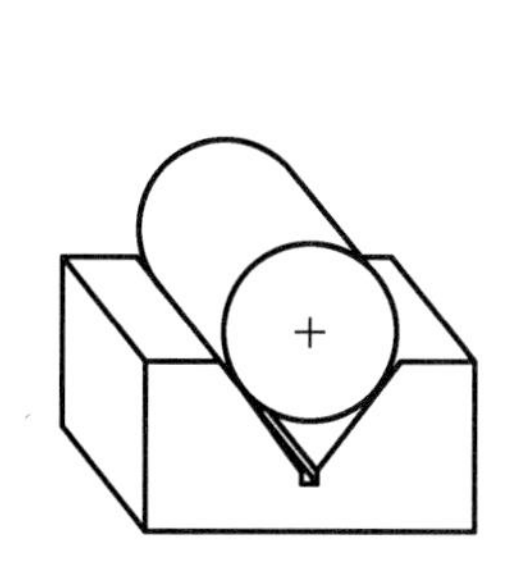

图5.7 V形铁

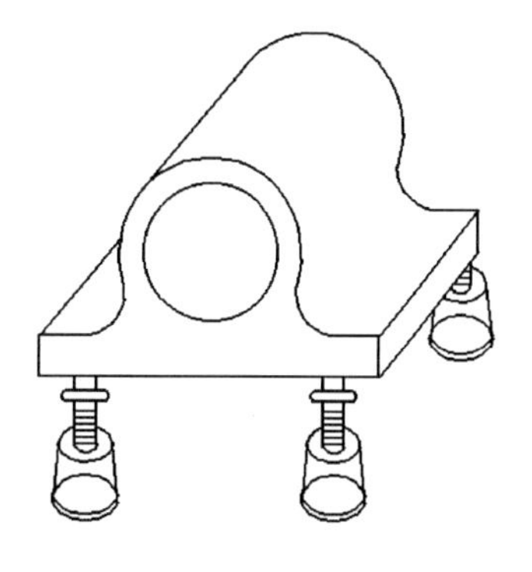

图5.8 千斤顶

④涂料

为使工件上划线清晰，在划线部位都要涂上一层薄而均匀的涂料，简称涂色。涂料的种类很多，常用的有石灰水、工艺墨水、硫酸铜等。

⑤划针

划针是直接在工件上划线的工具，如图 5.9(a)所示。在已加工面内划线时，用直径 3 ~5 mm 的弹簧钢丝或高速工具钢制成的划针，保证划出的线条宽度为 0.05 ~0.1 mm。在铸件、锻件等加工表面划线时，用尖端焊有硬质合金的划针，以便保持划针的长期锋利，此时划线宽度应为 0.1 ~0.15 mm。

划针通常与直尺、90°角尺、三角尺、划线样板等导向工具配合使用。用划针划线时，一手压紧导向工具，另一手使划针尖靠紧导向工具的边缘，并使划针上部向外倾斜 15° ~20°，同时向划针前进方向倾斜 45° ~75°，如图 5.9(b)所示。划线时用力大小要均匀适宜，一根线条应一次划成。

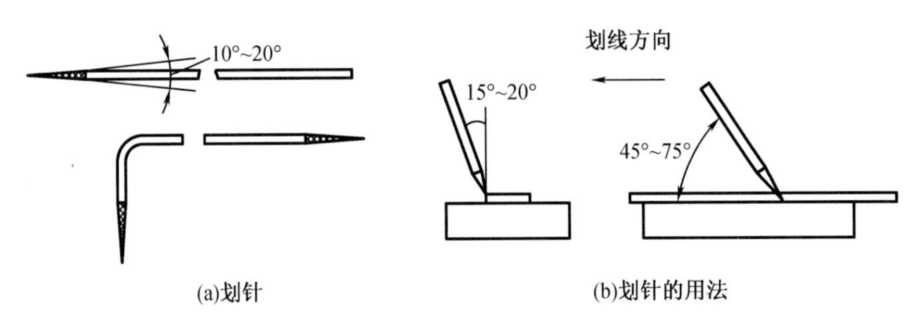


图 5.9　划针及其用法

⑥划规

划规是用来划圆、圆弧、等分线段、量取尺寸的工具，如图 5.10 所示。常用的划规有普通划规、扇形划规、弹簧划规等。

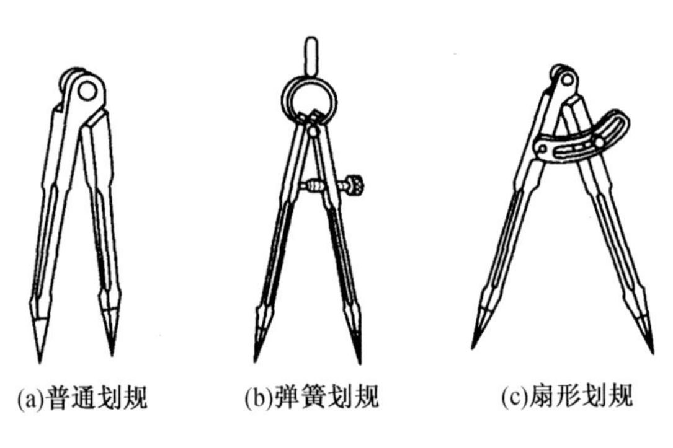


图 5.10　划规

⑦划针盘、游标高度尺

划针盘可作为立体划线和找正工件位置用的工具，如图 5.11(a)所示。调节划针高度，在平板上移动划针盘，即可在工件上划出与平板平行的线，如图 5.11(b)所示；也可用游标高度尺划线,如图 5.11(c)所示。目前应用较多的是游标高度尺划线。

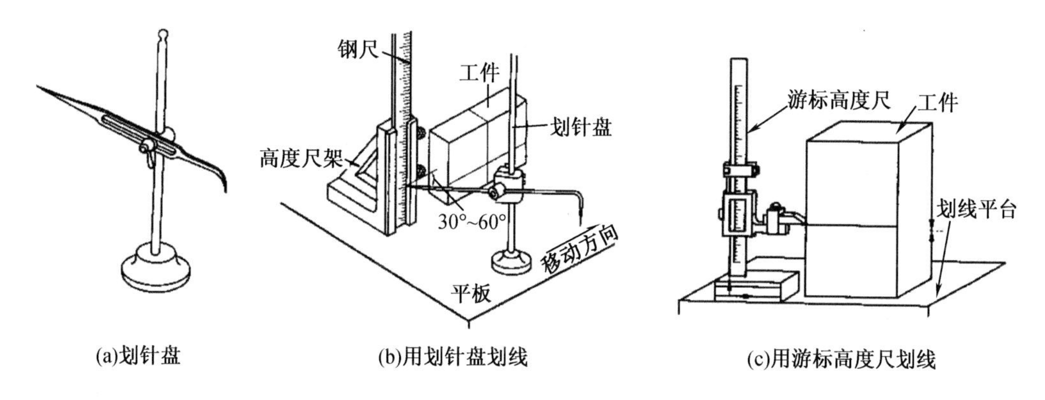


图 5.11 划针盘、游标高度尺及其用法

⑧样冲

划圆、划圆弧及钻孔前的圆心要打样冲眼,以便划规及钻头定位;在所划的线上打样冲眼,以便在所划线模糊后仍能找到原线的位置。打样冲眼时,开始样冲向外倾斜,以便样冲尖头与线对正,然后摆正样冲,用小锤轻击样冲顶部即可,冲眼的深浅要掌握适当,薄料冲眼要浅些,以防损伤和变形。较光滑的表面冲眼也要浅些,甚至不打冲眼,而粗糙的表面要冲得深些。如图 5.12 所示为样冲及其使用方法。

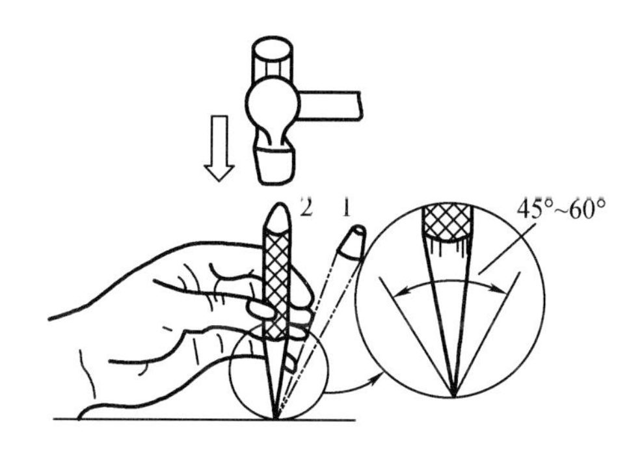


图 5.12 样冲及其使用方法

(4)划线方法

①划线前的准备

a. 熟悉图样。划线前,应仔细阅读图样及技术要求,明确划线内容、划线基准及划线步骤,准备好划线。

b. 工件的检查。划线前,应检查工件的形状和尺寸是否符合图样与工艺要求,以便能够及时发现和处理不合格品,避免造成损失。

c. 清理工件。划线前,应对工件进行去毛边、毛刺、氧化皮及清除油污等清理工作,以便涂色划线。

d. 工件涂色。在工件划线部位涂色。

e. 在工件孔中装塞块。划线前，如需找出毛坯孔的中心，应先在孔中装入木块或铅块。

②用钢直尺划线

紧握钢直尺，在需要划线处的两边各划出两条很短的线，保证其交点为所要求的刻度，然后再用钢直尺将两点连接起来，如图 5.13 所示。在划线的时候要注意，划针的尖端要沿着钢直尺的底边，否则划出的直线不直，尺寸不准确。划线时，划针还必须沿划线方向倾斜 30° ~60°，使针尖顺划线方向拖过去，碰到工件表面不平的地方，针尖可以滑过去；如果划针垂直或反向倾斜，碰到不平处，针尖会跳动，使划出的线不直。

③用 90°角尺划线

划平行线时，将 90°角尺的基准边紧贴在钢直尺上，根据要求的距离，推动角尺平移，并沿角尺的另一边划出平行线。

划垂直线时，将 90°角尺的基准边靠在已经划好的直线上，然后沿角尺的另一边划出垂直线。

绘制基准边的垂直线时，将 90°角尺厚的一面靠在工件上，然后沿角尺的另一边划出垂直线。

④用划规划线

划圆弧和圆的时候要先划出中心线，确定中心点的位置，并在中心点打上样冲眼，最后用划规按要求的尺寸划圆弧或圆。若圆弧的中心点在工件的边缘，划圆弧的时候就要采用辅助支撑。在铸有孔的工件上划圆加工线时，先用辅助支撑放在圆的中心处，按要求找正圆心，然后再划圆线，如图 5.14 所示。

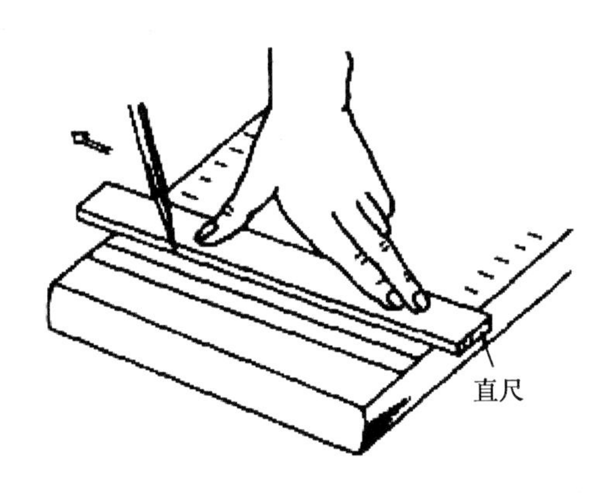


图 5.13 用钢直尺划线

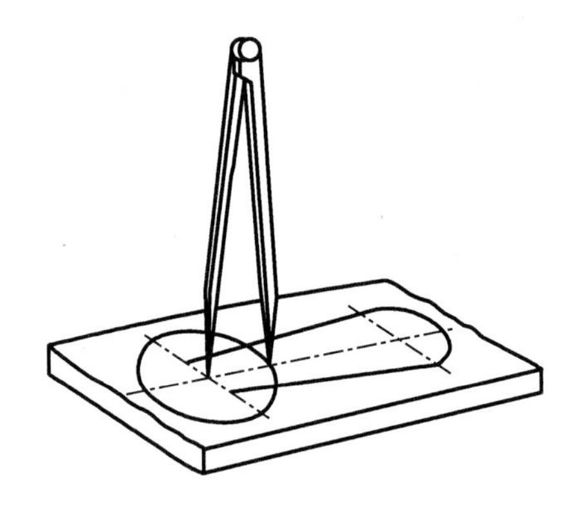

图 5.14 用划规划线

⑤轴类零件划圆心线

轴类零件的划线一般是端面上的打孔线或圆柱面上的开槽线。划圆柱面开槽线，一般用高度游标卡尺和 V 形铁配合使用，将轴类零件放在两块等高的 V 形铁槽中，把高度游标卡尺的游标调整到轴顶面上的高度，然后减去轴的半径，即可用刻划头在圆柱面划出中心线的位置。

⑥划线后打样冲眼

划完后的线条必须打样冲眼来作标记，防止在搬运或移动的过程中把线擦掉。

(5)划线基准的确定

合理地选择划线基准是做好划线工作的关键。只有划线基准选择得好,才能提高划线的质量、效率及工件的合格率。

虽然工件的结构和几何形状各不相同,但是任何工件的几何形状都是由点、线、面构成的。不同工件的划线基准虽有差异,但都离不开点、线、面的范围。

"基准"是用来确定生产对象几何要素间的几何关系所依据的点、线、面。在零件图上用来确定其他点、线、面位置的基准称为设计基准。

划线基准是指在划线时选择工件上的某个点、线、面作为依据,用它来确定工件的各部分尺寸、几何形状及工件上各要素的相对位置。

尺寸基准——在选择划线尺寸基准时,应先分析图样,找正设计尺寸基准,使划线的尺寸基准与设计基准一致,从而能够直接量取划线尺寸,简化换算过程。

放置基准——划线基准和尺寸基准选好后,就要考虑工件在划线平板或划线方箱、V形铁上的放置位置,即找出工件最合理的放置基准。

校正基准——选择校正基准主要是指毛坯工件放置在平台上后,校正哪个面(或点和线)的问题。通过校正基准,能使工件上有关的表面处于合适的位置。

平面划线时一般要划两个互相垂直方向的线;立体划线时一般要划三个互相垂直方向的线。因为每划一个方向的线,就必须确定一个基准,所以平面划线时要确定两个基准,而立体划线时则要确定三个基准。

无论是平面划线还是立体划线,它们的基准选择原则是一致的。所不同的是把平面划线的基准线变为立体划线的基准平面或基准中心平面。

划线基准的选择原则如下:

①划线基准应尽量与设计基准重合;

②对称形状的工件应以对称中心线为基准;

③有孔或搭子的工作应以主要的孔或搭子中心线为基准;

④在未加工的毛坯上划线,应以非主要加工面为基准;

⑤在加工过的工件上划线,应以加工过的表面为基准。

### 5.1.5 操作示例分析

划出如图5.15所示零件的加工线。

1.划线步骤

(1)在划线前,对工件表面进行清理,并涂上涂料。

(2)检查待划线工件是否有足够的加工余量。

(3)分析图样,根据工艺要求,明确划线位置,确定划线基准。

(4)确定待划图样位置,划出高度基准的位置线,并相继划出其他要素的高度位置线。

(5)划出宽度基准的位置线,同时划出其他要素的宽度位置线。

(6)用样冲打出各圆心的冲孔,并划出各圆和圆弧。

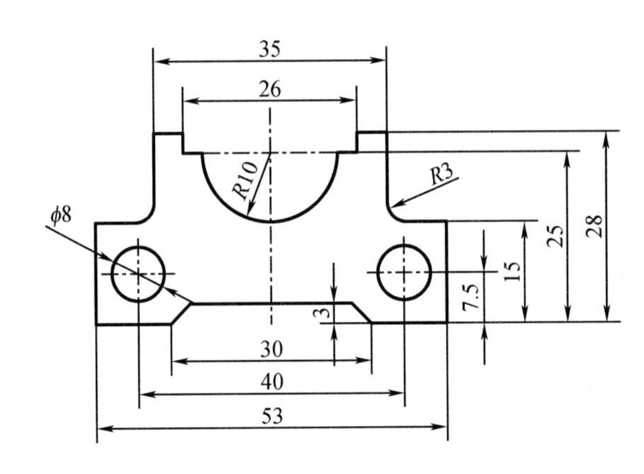


图 5.15 划线实例图样

(7)划出各处的连接线,完成工件的划线工作。

(8)检查图样各方向划线基准选择的合理性、各部分尺寸的正确性、线是否清晰、有无遗漏和错误。

(9)打样冲眼,显示各部分尺寸及轮廓,工件划线结束。

2. 注意事项

(1)看懂图样,了解零件的作用,分析零件的加工顺序和加工方法。

(2)工件夹持或支撑要稳妥,以防滑倒或移动。

(3)在一次支撑中应将要划出的平行线全部划全,以免再次支撑补划,造成误差。

(4)正确使用划线工具,划出的线要准确、清晰。

(5)划线完成后,要反复核对尺寸,核对无误才能进行机械加工。

### 思考题

1. 在零件加工前,为什么常常要先划线?
2. 划线有哪几种?举例说明。
3. 什么叫作划线基准?怎样确定平面划线基准?
4. 划线有哪些步骤?

## 5.2 锯削操作

### 5.2.1 实训目的

1. 知识目标

(1)了解锯削的定义及有关锯条的参数。

(2)了解锯条的选择原则和安装要求及起锯方法。

(3)掌握锯削过程中对锯的压力、锯削速度和锯条的往复长度的确定。

2. 技能目标

(1)掌握正确的锯削姿势、锯削操作技能,能够满足一定的锯削要求。

(2)掌握提高锯削加工精度的方法。

### 5.2.2 实训要求

1. 了解锯削的原理及有关锯条的参数。
2. 正确使用锯削常用工具。
3. 熟练掌握锯削姿势及锯削操作技能。

### 5.2.3 实训设备

锯削设备包括锯弓、锯条、虎钳和钳工工作台。

1. 钳工工作台

钳工工作台,可简称钳台或钳桌,它一般是由坚实木材制成的,也有用铸铁件制成的,要求牢固和平稳,台面高度为 800 ~ 900 mm,其上装有防护网(图 5.16)。

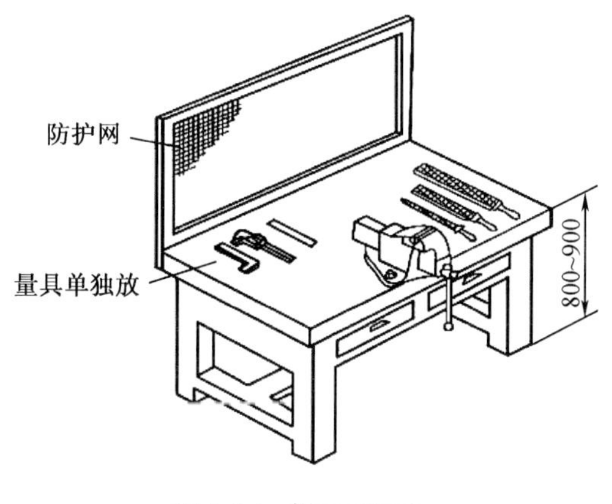


图 5.16 钳工工作台

2. 虎钳

虎钳是夹持工件的主要工具,有固定式和回转式两种。虎钳大小用钳口的宽度表示,常用的为 100 ~ 150 mm。

虎钳的主体由铸铁制成,分固定和活动两个部分,虎钳的张开或合拢,是靠活动部分的一根螺杆与固定部分的固定螺母发生螺旋作用而进行的。虎钳座用螺栓紧固在钳台上。对于回转式虎钳,虎钳的底座的连接靠两个锁紧螺钉紧合,根据需要,松开锁紧螺钉,便可做人为的圆周旋转。虎钳各部分名称如图 5.17 所示。

使用虎钳的注意事项:

(1)工件应夹持在虎钳钳口的中部,以使钳口受力均匀;

(2)虎钳夹持工件的力,只能尽双手的力扳紧手柄,不能在手柄上加套管子或手锤敲击,以免损坏虎钳内螺杆或螺母上的螺纹;

(3)夹持工件的光洁表面时,应垫铜皮加以保护;

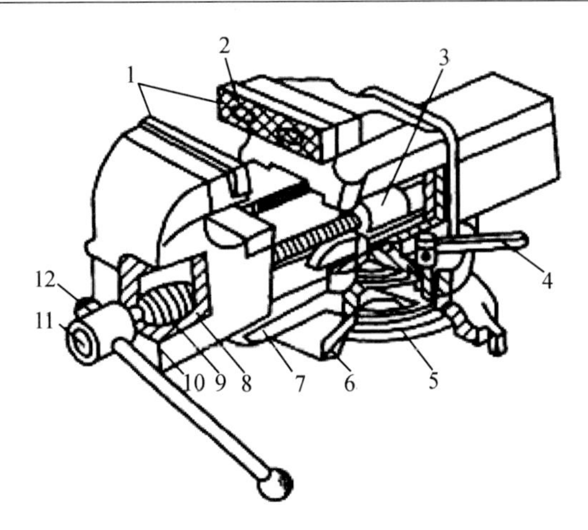


1—钳口;2—螺钉;3—螺母;4,12—手柄;5—夹紧盘;6—转盘座;
7—固定钳身;8—挡圈;9—弹簧;10—活动钳身;11—丝杠。

图 5.17 虎钳

(4)锤击工件可以在砧面上进行,但锤击力不能太大,否则会使虎钳受到损害;

(5)虎钳内的螺杆、螺母及滑动面应经常加油润滑。

### 5.2.4 实训内容

1. 锯削特点

锯削是钳工使用手锯切断工件材料、切割成形和在工件上锯槽的工作。锯削具有操作方便、简单、灵活的特点,但加工精度较低,常需进一步后续加工。

2. 锯削工具锯弓

锯弓是用来夹持和拉紧锯条的工具,有固定式和可调节式两种,如图 5.18 所示。固定式锯弓只能安装一种长度的锯条。可调节式锯弓则通过调整可以安装几种不同长度的锯条,具有灵活性,因此得到广泛应用。锯弓两端都装有夹头,一端是固定的,一端是活动的。锯条孔被夹头上的销子插入后,旋紧活动夹头上的翼形螺母就可以把锯条拉紧。固定式锯弓可装夹 300 mm 锯条;可调节式锯弓分别装夹 200 mm、250 mm、300 mm 三种锯条。

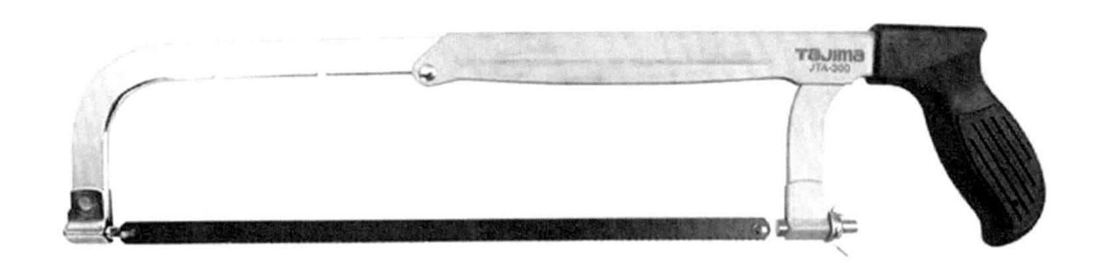


图 5.18 锯弓

锯条由碳素工具钢淬硬制成,其规格以两端安装孔的中心距表示。常用锯条的长度为 300 mm,宽为 12 mm,厚为 0.8 mm。锯条上有许多细密的锯齿,按齿距的大小,锯条可分为粗齿、中齿、细齿三种。锯齿左右错开形成锯路。锯路的作用是使锯缝宽度大于锯条厚度,以减少摩擦阻力,防止卡锯,并可以使排屑顺利,提高锯条的工作效率和使用寿命。

3. 锯削基本操作

(1)正确安装锯条

①锯条的安装方向

锯弓安装锯条时具有方向性。安装时要使齿尖的方向朝前,此时前角为零,如图5.19所示。如果装反了,则前角为负值,不能正常锯削。

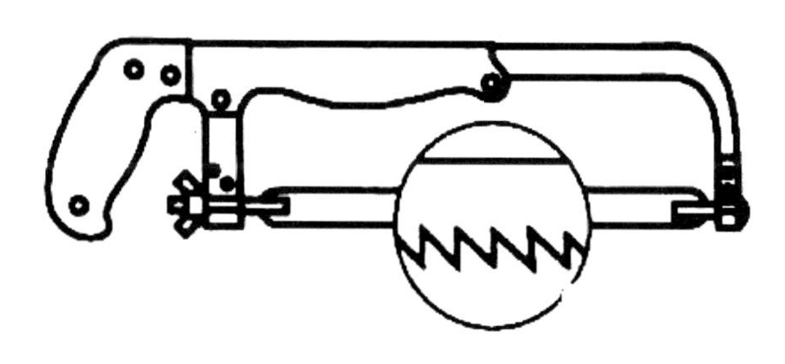

图5.19 锯条的安装

②锯条的松紧

将锯条安装在锯弓中,通过调节翼形螺母可调整锯条的松紧程度。

锯条的松紧程度要适当。锯条装得太紧,会使锯条受张力太大,失去应有的弹性,以致在工作中稍有卡阻,锯条极易受弯曲而折断;而如果装得太松,又会使锯条在工作时易扭曲摆动,同样容易折断,且锯缝易发生歪斜。

锯条安装好后,还应检查锯条安装得是否歪斜、扭曲,因前后夹头的方榫与锯弓方孔有一定的间隙,如歪斜、扭曲,必须校正。

(2)工件安装

把工件安装在虎钳上,工件伸出钳口不应过长,防止锯削时产生振动。锯条应和钳口边缘平行,并夹在虎钳的左边,以便操作。工件要夹紧,并应防止变形和夹坏已加工表面。

(3)锯削姿势

锯削时站立姿势为身体正前方与锯削方向成大约45°角,右脚与锯削方向成75°角,左脚与锯削方向成30°角,如图5.20(a)所示。握锯时右手握锯柄,左手扶锯弓,如图5.20(b)所示。推力和压力的大小主要由右手掌握,左手压力不要太大。

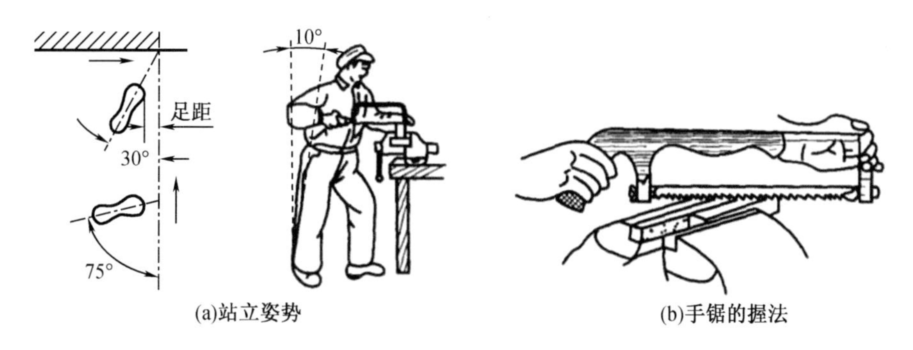


(a)站立姿势 (b)手锯的握法

图5.20 锯削姿势

锯削的操作方式有两种:一种是直线往复运动式,适用于锯薄形工件和直槽;另一种是摆动式,锯削时锯弓做类似顺锉外圆弧面时锉刀的摆动。摆动式锯削动作自然,不易疲劳,切削效率较高。

(4)起锯方法

起锯的方法有两种:一种是从工件远离自己的一端起锯,称为远起锯,如图 5.21(a)所示;另一种是从工件靠近操作者身体的一端起锯,称为近起锯,如图 5.21(b)所示。

一般情况下采用远起锯较好。无论用哪一种起锯的方法,都要有起锯角度,但不要超过15°,如图 5.21(c)所示。为使起锯的位置准确和平稳,起锯时可用左手大拇指挡住锯条来定位,如图 5.21(d)所示。

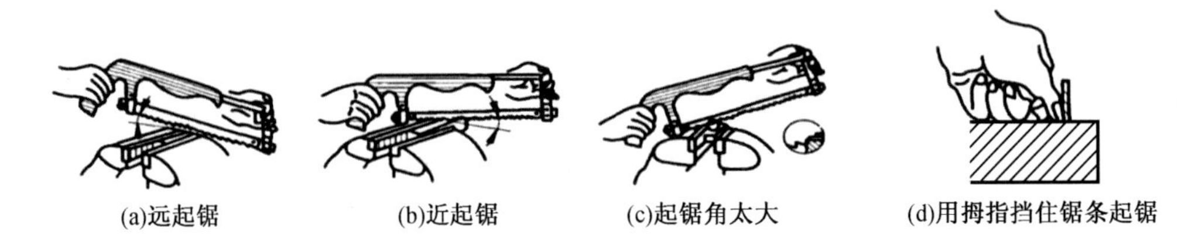


图 5.21 起锯方法

(5)锯削速度

锯削速度以往复 20 ~ 40 次/min 为宜。锯削速度过快,锯条容易磨钝,反而会降低切削效率;锯削速度太慢,效率不高。

### 5.2.5 操作示例分析

锯削如图 5.22 所示的上平面。

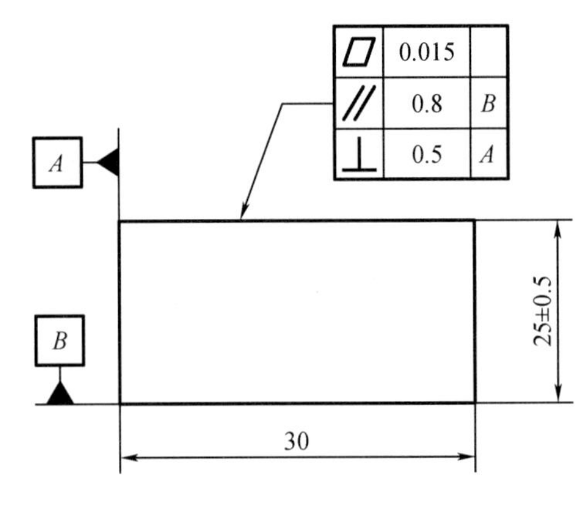


图 5.22 锯削练习图样

1. 锯削步骤

(1)在工件上划线。

(2)锯削尺寸:长方体尺寸达到 25 mm × 25 mm(要求纵向锯)。

(3)锯削前要认真检查划线情况,确认无误后再锯削加工。

(4)要求锯削姿势正确、协调,及时克服和纠正不正确的姿势。

(5)要符合尺寸、平面度要求,并保证锯痕整齐。

2. 注意事项

(1)应根据所加工材料的硬度和厚度正确选用锯条,锯条安装的松紧要适度,应根据手感随时调整。

(2)锯削前,最好在锯削的路线上划线,锯削的时候以划好的线作参考,贴着线往下锯,但是不能把参考线锯掉。

(3)被锯削的工件要夹紧,锯削中不能有位移和振动;锯削线离工件支撑点要近。

(4)锯削时要扶正锯弓,防止歪斜,起锯要平稳,起锯角不应超过15°,角度过大时,锯齿易被工件卡夹。

(5)锯削时,向前推锯时双手要适当地加力;向后退锯时,应将手锯略微抬起,不要施加压力。用力的大小应根据被锯削工件的硬度而确定,硬度大的可加力大些,硬度小的可加力小些。

(6)锯削时最好使锯条的全部长度都能进行锯削,一般锯弓的往复长度不应小于锯条长度的2/3。

(7)安装或更换新锯条时,必须注意保证锯条的齿尖方向朝前;锯削中途更换新锯条后,应掉头锯削,不宜沿原锯缝锯削;当工件快被锯断时,应用手扶住,以免工件下落伤脚。

#### 思考题

1. 什么是锯条的规格?一般使用的锯条的规格是多少?
2. 锯管子和薄板料时锯条为何易断齿?
3. 起锯角一般不应大于多少度?为什么?
4. 根据锯条锯齿的形状,画出锯条在工作时的锯齿切削角度,并说明其名称及符号。

## 5.3 锉削操作

### 5.3.1 实训目的

1. 知识目标

(1)了解锉削加工特点。

(2)了解锉削加工工艺范围。

(3)掌握锉刀的基本知识。

(4)了解锉刀的种类及规格。

2. 技能目标

(1)掌握正确的锉削姿势。

(2)掌握锉削的加工方法。

### 5.3.2 实训要求

1. 了解锯削的锉削加工特点及加工工艺范围。
2. 正确使用锉削工具与量具。
3. 熟练掌握锉削姿势及锉削操作技能。

### 5.3.3 实训设备

锉削设备包括普通锉刀、整形锉刀、虎钳、钳工工作平台。

### 5.3.4 实训内容

1. 锉削

锉削用于工件的修整加工,它是最基本的钳工工作之一。锉削加工的操作简单,但工作范围广、操作技艺高,需要长期严格训练才能掌握好。

2. 锉削工具

(1)锉刀

锉刀是锉削使用的刀具,用高碳工具钢(T12、T12A)制成,并经热处理,其硬度达HRC62以上。常用的锉刀有钳工锉、异型锉和整形锉三种。锉刀的结构如图5.23所示。

①锉身:锉梢端至锉肩之间所包含的部分就是锉身。

②锉柄:锉身以外的部分为锉柄。

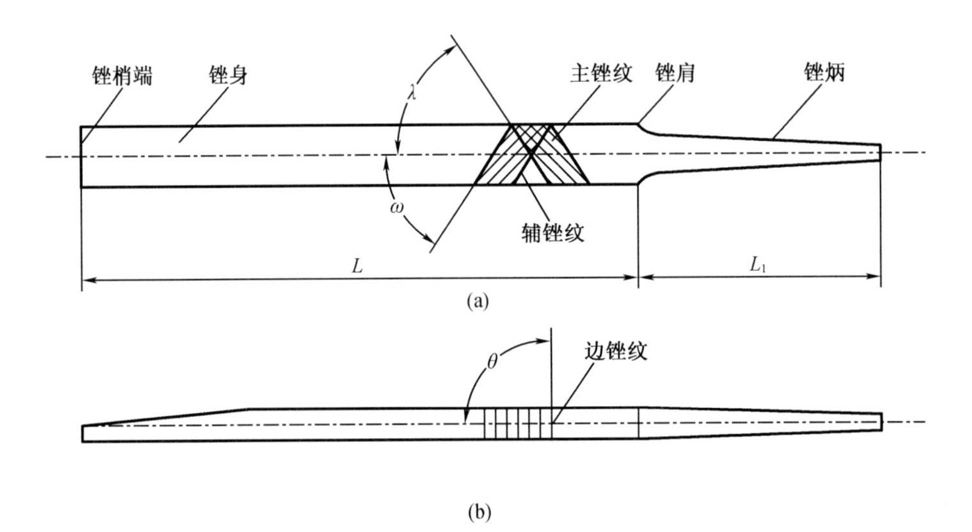


图5.23 锉刀的结构

③锉身平行部分:锉身中母线互相平行的部分。

④梢部:梢部是锉身截面尺寸开始逐渐缩小的始点到锉梢端之间的部分。

⑤主锉纹:在锉刀工作面上起主要锉削作用的锉纹。

⑥辅锉纹:主锉纹覆盖的锉纹。

⑦边锉纹:锉刀窄边或窄面上的锉纹。

⑧主锉纹斜角:主锉纹与锉身轴线的最小夹角。

⑨辅锉纹斜角:辅锉纹与锉身轴线的最小夹角。

⑩边锉纹斜角:边锉纹与锉身轴线的最小夹角。

⑪锉纹条数:锉刀轴向上单位长度(以每 10 mm 计)内的锉纹数。

⑫齿底连线:在主锉纹法向垂直剖面上,过相邻两齿底的直线叫作齿底连线。

⑬齿高:齿尖至齿底连线的距离。

⑭齿前角:在主锉纹过齿尖的法面上,锉齿切削刃面与法面的交线和齿底连线的垂直线的夹角。

(2)锉刀的种类

常用的锉刀有钳工锉、异形锉和整形锉三类,如图 5.24 所示。

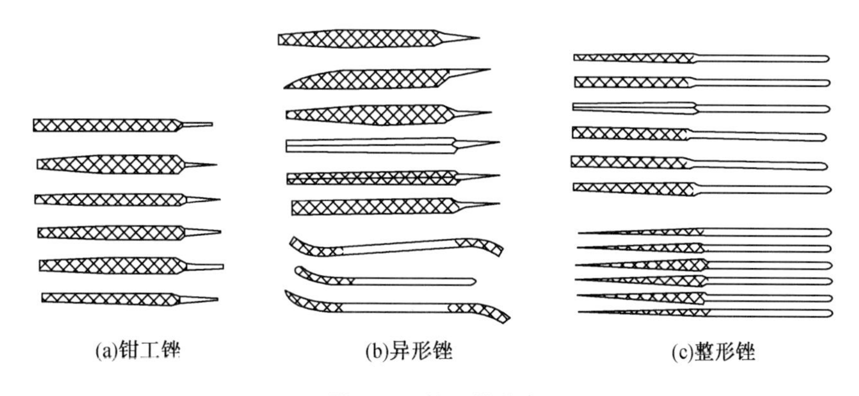


图 5.24 锉刀的种类

钳工锉按其断面形状不同,分为平锉(板锉)、半圆锉、三角锉、方锉和圆锉五种,如图 5.25 所示。异形锉是用来锉削工件特殊表面的,有刀形锉、菱形锉、扁三角锉、椭圆锉等。整形锉又称为组锉,因分组配备各种断面形状的小锉而得名,主要用于修整工件上的细小部分,通常以 5 把、6 把、8 把、10 把或 12 把为一组。

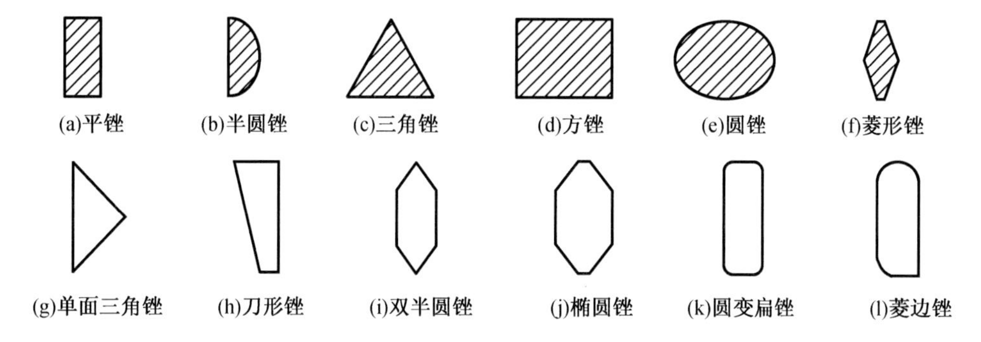


图 5.25 锉的断面形状

(3)锉刀的规格

锉刀的规格分尺寸规格和齿纹的粗细规格。不同锉刀的尺寸规格用不同的参数表示。圆锉刀的尺寸规格以直径来表示,方锉刀的尺寸规格以方形尺寸来表示,其他锉刀则以锉身长度表示其尺寸规格。锉齿的粗细规格以锉刀每 10 mm 轴向长度内的主锉纹条数来表示,见表 5.1。主锉纹是指锉刀上两个方向排列的深浅不同的齿纹中起主要锉削作用的齿纹。起分屑作用的另一个方向的齿纹称为辅锉纹。表 5.1 中,1 号锉纹为粗齿锉刀;2 号锉纹为中齿锉刀;3 号锉纹为细齿锉刀;4 号锉纹为双细齿锉刀;5 号锉纹为油光锉刀。

表 5.1 锉刀齿纹粗细的规定

| 锉刀规格/mm | 主锉纹条数/10 mm | | | | |
|---|---|---|---|---|---|
| | 锉纹号 | | | | |
| | 1 | 2 | 3 | 4 | 5 |
| 100 | 14 | 20 | 28 | 40 | 56 |
| 125 | 12 | 18 | 25 | 36 | 50 |
| 150 | 11 | 16 | 22 | 32 | 45 |
| 200 | 10 | 14 | 20 | 28 | 40 |
| 250 | 9 | 12 | 18 | 25 | 36 |
| 300 | 8 | 11 | 16 | 22 | 32 |
| 350 | 7 | 10 | 14 | 20 | — |
| 400 | 6 | 9 | 12 | — | — |
| 450 | 5.5 | 8 | 11 | — | — |

(4)锉刀的选择

①锉刀粗细的选择决定于工件加工余量的大小、尺寸精度的高低和表面粗糙度值的大小。

②按表面形状选择锉刀。

③按工件材质选用锉刀。锉削有色金属等软材料工件时,应选用单齿纹锉刀,否则只能选用粗锉刀。因为用细锉刀去锉软材料,易被切屑堵塞。锉削钢铁等硬材料工件时,应选用双齿纹锉刀。

④按工件加工面和加工余量选择锉刀。加工面的尺寸和加工余量较大时,宜选用较长的锉刀;反之,则选用较短的锉刀。

3. 锉削方法

(1)锉刀的握法

正确握持锉刀有助于提高锉削质量。因为锉刀的种类较多,所以锉刀的握法还必须随着锉刀的大小、使用的地方的不同而改变。较大锉刀的握法如图 5.26 所示,用右手握着锉刀柄,柄端顶住拇指根部的手掌,拇指放在锉刀柄上,其余手指由下而上地握着锉刀柄。左手在锉刀上的放法有三种。

①左手掌斜放在锉梢上方,拇指根部肌肉轻压在锉刀刀头上,中指和无名指抵住梢部右下方。

②左手掌斜放在锉梢部,大拇指自然伸出,其余各指自然卷曲,小指、无名指、中指抵住锉刀前下方。

③左手掌斜放在锉梢上,各指自然平放。中、小型锉刀的握法如图 5.27 所示。握持中型锉刀时,右手的握法与握大锉刀一样,左手只需大拇指和食指轻轻地扶着。使用较小型锉刀时,为了避免锉刀弯曲,用左手的几个手指压在锉刀的中部。

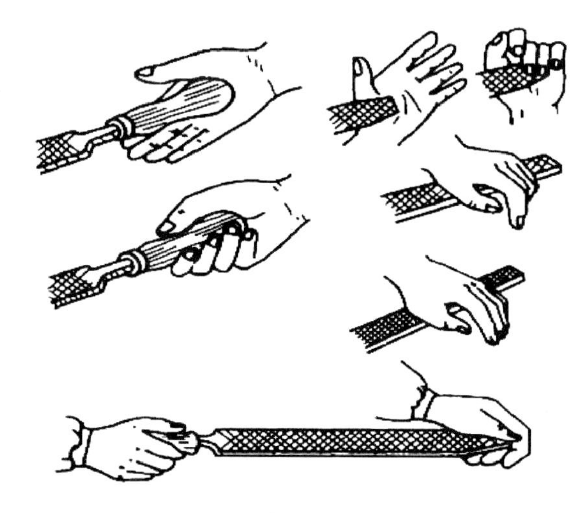

图 5.26　较大锉刀的握法

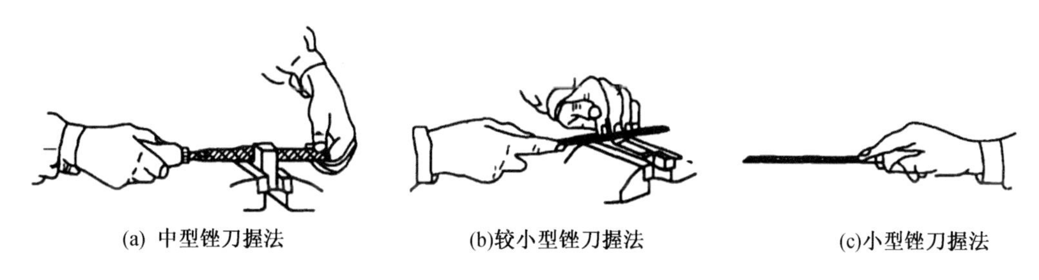

(a) 中型锉刀握法　(b)较小型锉刀握法　(c)小型锉刀握法

图 5.27　中、小型锉刀的握法

(2)锉削姿势

锉削姿势是十分重要的,只有姿势正确,才能既提高锉削质量和锉削效率,又减轻劳动强度。锉削时的锉削姿势如图 5.28 所示,身体的重心落在左脚上,右膝要伸直,脚始终站稳不可移动,靠左膝屈伸而做往复运动。锉削时身体要向前倾斜 18°左右,右肘尽可能缩到后方,如图 5.28(c)所示。锉刀推出全程时,身体随着锉刀的反作用力退回到 15°位置,如图 5.28(d)所示。行程结束后,把锉刀略提起,使手和身体回到最初位置,如图 5.28(a)所示。

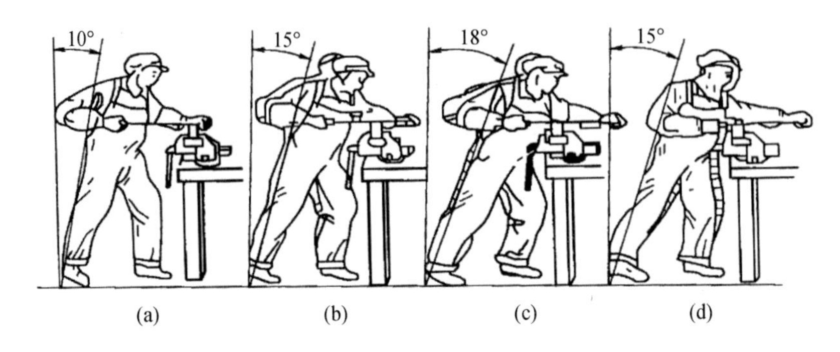


图 5.28 锉削姿势

为了保证锉削表面平直,锉削时必须掌握好锉削力的平衡。锉削力由水平推力和垂直压力两者合成,推力主要是由右手控制,压力是由两手控制的。锉削时由于锉刀两端伸出工件的长度随时都在变化,所以两手对锉刀的压力大小也必须随之变化,如图 5.29 所示。开始锉削时左手压力要大,右手压力要小而推力大,如图 5.29(a)所示;随着锉刀向前推进,左手压力减小,右手压力增大,当锉刀推至中间时,两手压力相同,如图 5.29(b)所示;再继续推进锉刀时,左手压力逐渐减小,右手压力逐渐增大,如图 5.29(c)所示;锉刀回程时不加压力以减少锉纹的磨损,如图 5.29(d)所示。锉削时速度不宜太快,一般为 30 ~60 次/min。

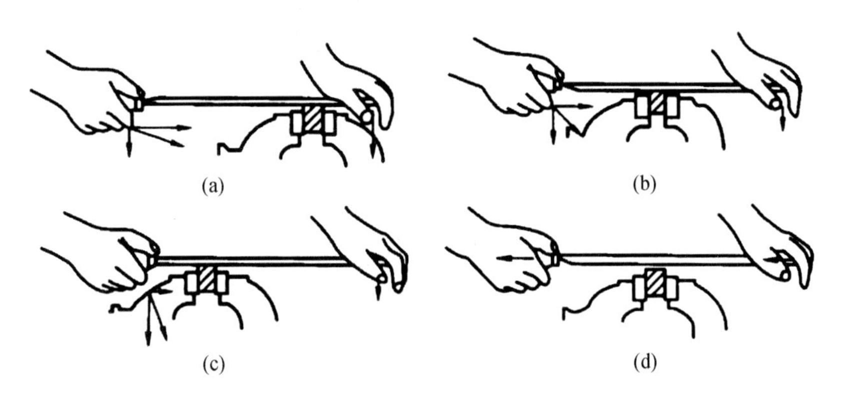


图 5.29 锉削力的平衡

(3)工件的装夹

锉削时工件装夹得正确与否,将直接影响锉削的质量。因此,在装夹工件时要注意以下几点要求。

①工件应夹紧在虎钳的中间。装夹要牢固,在锉削过程中不能松动,也不能使工件发生变形。

②工件伸出钳口不要太高,以免在锉削时工件产生弹跳。

③工件形状不规则时,要加适宜的衬垫再夹紧。

④夹持圆柱形工件时应用三角槽垫铁,如图 5.30(a)所示。

⑤夹持薄板形工件应用钉子固定在木块上,然后再夹紧木块,如图 5.30(b)(c)所示。

⑥装夹精加工面时,钳口应衬以软钳口(铜或其他较软材料),以防表面夹坏。

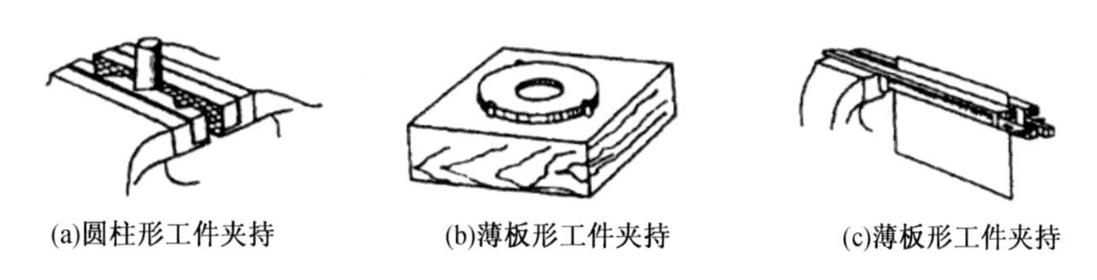

(a)圆柱形工件夹持
(b)薄板形工件夹持
(c)薄板形工件夹持


图 5.31 圆柱形及薄板形工件的夹持

### 5.3.5 操作示例分析

锉削如图 5.31 所示的上平面。

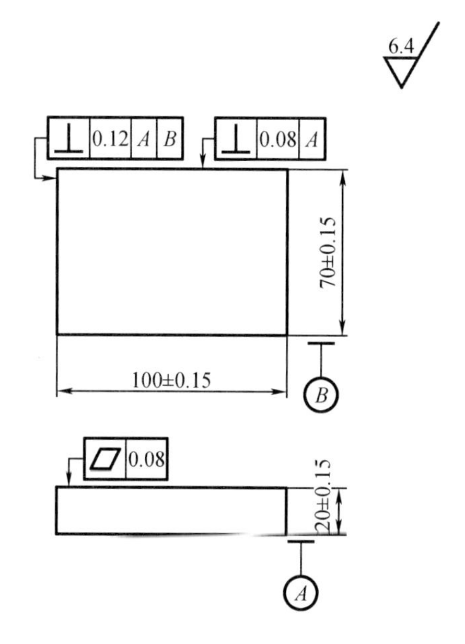


图 5.31 锉削练习图样

1. 锉削步骤

(1)查备料件尺寸,了解误差及加工余量情况。

(2)锉基准面 $A$,达到平面度要求。

(3)按工件的加工顺序结合划线对各面进行粗、精锉削加工,达到图样精度要求。

(4)全部精度检查,并作必要的修整锉削,最后将锐边均匀倒角。

2. 注意事项

(1)工件夹紧时用力适当,要在台虎钳上垫好软钳口或木衬垫,防止工件被夹伤。

(2)基准面作为加工和测量的基准,必须达到规定的技术要求,才能加工其他平面。

(3)注意加工顺序,即先加工平行面,后加工垂直面。

(4)每次测量时,锐边必须去刺,保证测量的准确性。

(5)新锉刀要先用一面,不可锉毛坯、淬硬工件,不可沾油沾水并尽可能使锉刀全长锉削。

(6)锉削过程中不要用手触摸锉刀面,不要用嘴吹铁屑。

(7)锉刀不能叠放,不能当撬杠或敲击工具,不使用无装柄锉刀。

(8)经常用钢丝刷或铁片沿锉刀齿纹方向清除铁屑。

思考题

1. 锉刀种类是按什么分的?常用锉刀有哪几种?
2. 锉刀规格是按什么标准来表示的?齿纹等级分为几种?
3. 锉削方法指的是什么?

## 5.4 钻孔和扩孔操作

### 5.4.1 实训目的

1. 知识目标

(1)各种相关设备的使用。

(2)了解各种孔加工的特点。

(3)了解各种孔加工工艺范围。

(4)掌握钻头刃磨要领,保证刃磨姿势、站立动作、钻头几何形状及各种角度的正确性。

2. 技能目标

(1)熟练掌握各种孔加工的基本操作方法。

(2)能达到图样技术要求。

### 5.4.2 实训要求

1. 了解孔加工的特点及加工工艺范围。
2. 正确使用相关设备。
3. 熟练各种孔加工的基本操作方法。

### 5.4.3 实训设备

钻孔和扩孔设备包括手电钻、台式钻床、立式钻床、麻花钻、虎钳、钳工工作平台。

### 5.4.4 实训内容

1. 钻孔

用钻头在实体材料上加工出孔的方法称为钻孔。钻孔可以达到的标准公差等级一般可以为IT10~IT11,表面粗糙度值一般为$Ra25 \sim Ra12.5$ μm。钻孔是钳工最基本的操作之一,是钳工必须熟练掌握的一项基本操作技能。

2. 钻孔设备

(1)手电钻

手电钻是一种手提式电动工具,如图5.32所示。手电钻具有体积小、质量小、使用灵活、操作简单等特点。因此,在大型夹具和模具的制作、装配及维修中,当受到工件形状或加工部位的限制而不能使用钻床钻孔时,手电钻就有了用武之地。

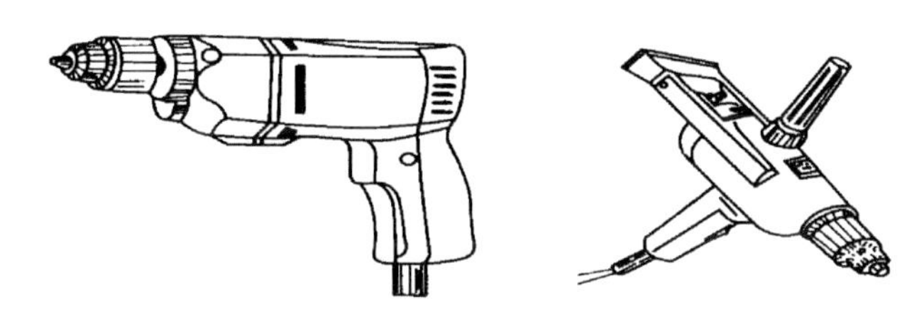

图5.32 手电钻

手电钻的电源电压分单相(220 V或36 V)和三相(380 V)两种。手电钻的规格是以最大钻孔直径来表示的。采用单相电压的手电钻规格有6 mm、10 mm、13 mm、19 mm四种,采用三相电压的手电钻规格有13 mm、19 mm、23 mm三种。

(2)台式钻床

台式钻床是一种可放在工作台上使用的小型钻床,其最大钻孔直径一般为12 mm以下。台式钻床主轴转速很高,常用V带轮传动,由多级V带轮来变换转速。但有些台式钻床也采用机械式的无级变速机构,或采用装入式电动机,电动机转子直接装在主轴上。

台式钻床主轴的进给一般只有手动进给,而且一般都具有控制钻孔深度的装置,如刻度盘、刻度尺、定程装置等。钻孔后,主轴能在涡卷弹簧的作用下自动复位。

Z512型钻床是钳工常用的一种台式钻床,其结构如图5.33所示。

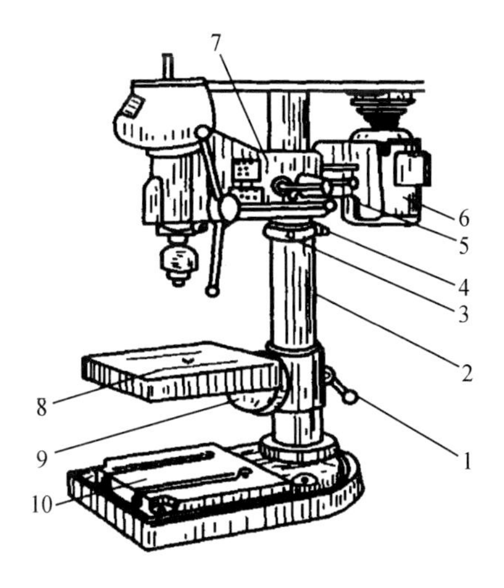


1,5—锁紧手柄;2—立柱;3—定位环;4,9—锁紧螺钉;6—电动机;7—主轴架;8—工作台;10—机座。

图5.33 台式钻床

(3)立式钻床

立式钻床最大钻孔直径有 25 mm、35 mm、40 mm 和 50 mm 等几种,一般用来加工中型工件。立式钻床可以自动进给。由于它的功率及机构强度较高,所以加工时允许采用较大的切削用量。

Z525 型钻床是钳工常用的一种立式钻床,其结构如图 5.34 所示,主要由底座、床身、电动机、主轴变速箱、进给变速箱、主轴和工作台等零部件组成。

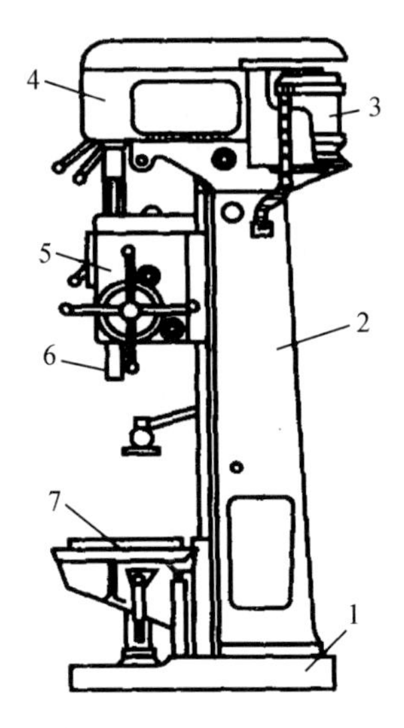


1—底座;2—床身;3—电动机;4—主轴变速箱;5—进给变速箱;6—主轴;7—工作台。

图 5.34 立式钻床

3. 钻孔工具

钻头的种类较多,有麻花钻、扁钻、深孔钻、中心钻等,还有专用的玻璃钻头、合金钻头、空心钻头等,它们的几何形状虽有所不同,但切削原理是一样的,都有两个对称排列的切削刃,使钻削时所产生的力能平衡。麻花钻是最常用的一种钻头,主要用来在实体材料上钻孔。

(1)麻花钻

麻花钻由刀柄、颈部和刀体组成,如图 5.35(a)所示。刀柄用来夹持和传递钻头动力,有直柄和锥柄两种。当扭矩较大时直柄易打滑,因而直柄只适用于直径 12 mm 及以下的小钻头;而锥柄定心准确,不易打滑,可传递较大扭矩,直径大于 13 mm 的钻头一般做成莫氏锥柄,具体规格见表 5.2。颈部是刀体与刀柄的连接部分,加工钻头时当退刀槽用,并在其上刻有钻头的直径、材料等信息。刀体包括切削部分和导向部分。导向部分有两条对称的螺旋槽,槽面为钻头的前面,螺旋槽外缘为窄而凸出的第一副后面(刃带),第一副后面上的副切削刃起修光孔壁和导向作用。钻头的直径从切削部分向刀柄方向略带倒锥度,以减少第一副后面与孔壁的摩擦。切削部分由两个前面、两个后面、两条主切削刃,以及连接两条主切削刃的横刃和两条副切削刃组成。两条主切削刃的夹角称为顶角($2\varphi$),如图 5.35(b)所示。

钻头工作部分沿轴心线的实心部分称为钻心。它连接两个螺旋形刃瓣,以保持钻头的强度和刚度。钻心由切削部分向柄部逐渐变大。钻头直径大于 8 mm 时,常制成焊接式的。一般用高速钢(W18Cr4V 或 W9Mo5Cr4V2)制成,淬火后硬度可达 HRC62 ~ HRC68。柄部一般用 45 钢制成,淬硬至 HRC30 ~ HRC45。

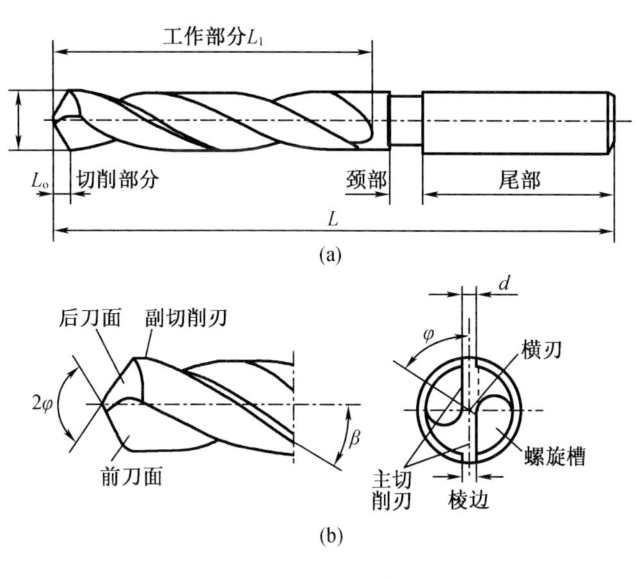


图 5.35 麻花钻

(2)麻花钻的辅助平面

如图 5.36 所示为麻花钻头主切削刃上任意一点的基面、切削平面和正交平面的相互位置,三个面互相垂直。

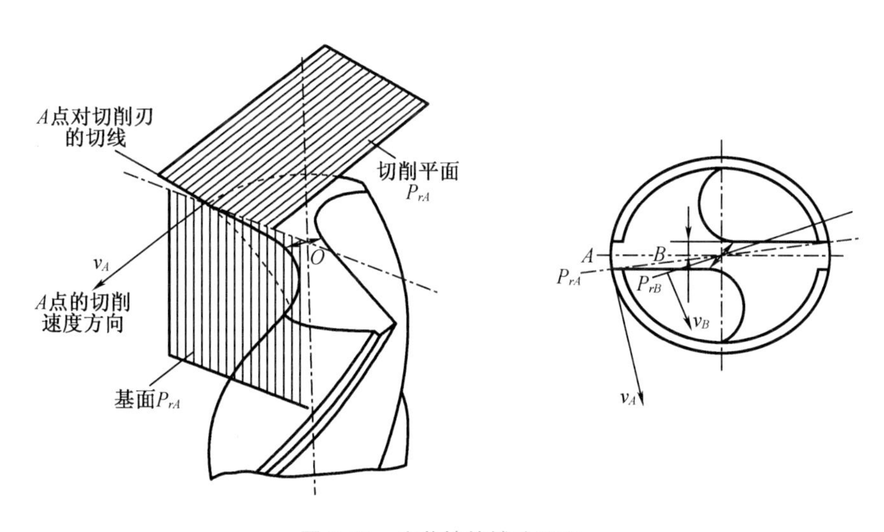


图 5.36 麻花钻的辅助平面

①切削平面

麻花钻主切削刃上任一点的切削平面,是由该点的切削速度方向与该点切削刃的切线所构成的平面。此时的加工表面看成一个圆锥面,钻头主切削刃上任一点速度方向是以该点到钻心的距离为半径、以钻心为圆心所作圆周的切线方向,也就是该点与钻心线的垂线方向。标准麻花钻主切削刃为直线,其切线就是钻刃本身。切削平面即为该点切削速度与主切削刃构成的平面,如图5.36所示。

②基面

切削刃上任一点的基面是通过该点并与该点切削速度方向垂直的平面,实际是过该点与钻心连线的径向平面。由于麻花钻两主切削刃不通过钻心,而是平行并错开一个钻心厚度的距离,所以钻头主切削刃上各点的基面是不同的。

③正交平面

正交平面是通过主切削刃上任一点并垂直于切削平面和基面的平面。

④柱截面

柱截面是通过主切削刃上任一点作与钻头轴线平行的直线,该直线绕钻头轴线旋转所形成的圆柱面的切面。

(3)标准麻花钻头的切削角度(图5.37)

①顶角

麻花钻的顶角又称锋角或钻尖角,它是两主切削刃在其平行平面 *M—M* 上的投影之间的夹角。顶角的大小可根据加工条件由钻头刃磨时决定。标准麻花钻的顶角为118°±2°,这时两主切削刃呈直线形。若 $2\varphi>118°$,则主切削刃呈内凹形;$2\varphi<118°$时,主切削刃呈外凸形。顶角的大小影响主切削刃上轴向力的大小。顶角越小,则轴向力越小,外缘处刀尖角增大,有利于散热和提高钻头寿命。但顶角减小后,在相同条件下,钻头所受的切削扭矩增大,切削变形加剧,排屑困难,会妨碍切削液的进入。

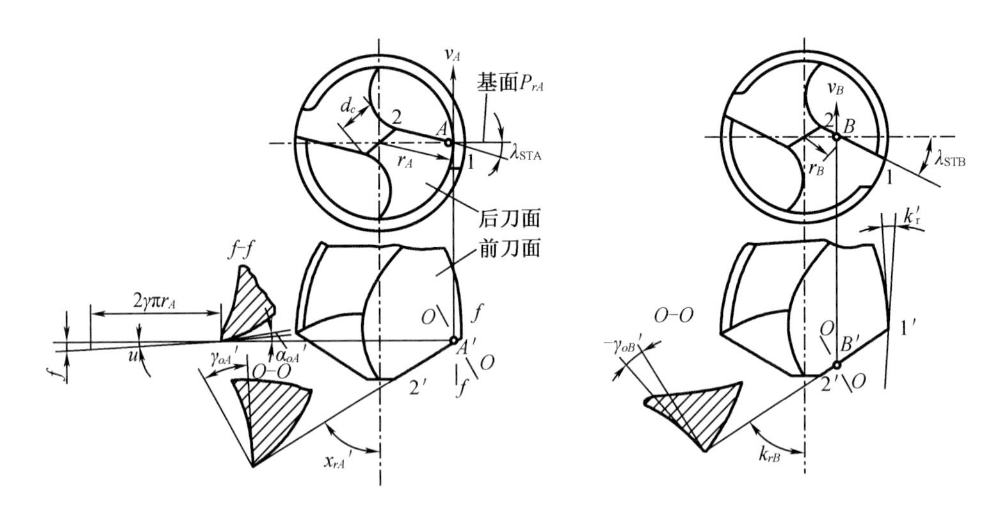


图5.37 标准麻花钻头的切削角度

顶角的大小可根据所加工材料的性质由钻头刃磨时决定,一般钻硬材料选用的顶角要比钻软材料选用得大些。

②螺旋角($\omega$)

它是主切削刃上最外缘处螺旋线的切线与钻头轴心线之间的夹角。标准麻花钻的螺旋角钻头直径在 10 mm 以上的,$\omega = 18° \sim 30°$。钻头直径越小,$\omega$ 也越小。

在钻头的不同半径处,螺旋角的大小是不等的,从钻头的外缘到中心逐渐减小。螺旋角一般以外缘处的数值来表示。

③前角($o$)

钻头的前角是在正交平面(主剖面)$N_1—N_1$ 或 $N_2—N_2$,前面与基面之间的夹角($o_1$,$o_2$)。

钻头的前角在外缘处最大(一般为 30°左右,为公称前角),自外缘向中心逐渐减小,在中心 $D/3$ 范围内为负值。如接近横刃处 $o = -30°$,在横刃处 $o = -60° \sim 54°$。前角大小与螺旋角有关(横刃处除外),螺旋角越大,前角也越大。在外缘处的前角与螺旋角数值相近。前角的大小决定着切除材料的难易程度和切屑在前面上的摩擦阻力。前角越大,切削越省力。

④后角($\alpha_o$)

麻花钻的后角是在柱截面 $O_1—O_1$ 或 $O_2—O_2$ 内,是后面与切削平面之间的夹角。

主切削刃上各点的后角是不等的,外缘处后角较小,越接近钻心,后角越大。一般麻花钻外缘处的后角按钻头直径大小有以下几种情况。

$D < 15$ mm,$\alpha_o = 10° \sim 14°$;

15 mm$\leqslant D \leqslant$30 mm,$\alpha_o = 9° \sim 12°$;

$D > 30$ mm,$\alpha_o = 8° \sim 11°$。

钻心处的后角 $\alpha_o = 20° \sim 26°$,横刃处的后角 $\alpha_o = 30° \sim 36°$。后角越小,钻孔时钻头后面与工件切削表面之间的摩擦越严重,但切削刃强度较高。后角的内大外小与前角的内小外大相对应,恰好可保持切削刃上各点的强度基本一致。

钻硬材料时为了保证切削刃强度,后角适当小些;钻软材料时,后角适当大些;但钻有色金属材料时不能太大,否则会产生扎刀现象。

⑤横刃斜角 $\Psi$

横刃斜角是横刃与主切削刃在钻头端面内的投影之间的夹角。它是在刃磨钻头时自然形成的,其大小与后角、顶角大小有关。标准麻花钻的 $\Psi = 50° \sim 55°$。当后角磨得偏大时,横刃斜角就会减小,而横刃的长度会增大。标准麻花钻横刃的长度 $b = 0.18D$。

(4)标准麻花钻头的缺点

通过实践证明,标准麻花钻的切削部分存在以下缺点。

①横刃较长,横刃处前角为负值,在切削中,横刃处于挤刮状态,产生很大的轴向力,容易发生抖动,定心不良。根据试验,钻削时 50% 的轴向力和 15% 的扭矩是由横刃产生的,这是钻削中产生切削热的重要原因。

②主切削刃上各点的前角大小不一样,致使各点的切削性能不同。由于靠近钻心处的前角是负值,因此切削为挤刮状态,切削性能差,产生热量大,磨损严重。

③钻头的棱边较宽,副后角为零,靠近切削部分的棱边与孔壁的摩擦比较严重,容易发

热和磨损。

④主切削刃外缘处的刀尖角较小，前角很大，刀齿薄弱，而此处的切削速度却最高，故产生的切削热最多，磨损极为严重。

⑤主切削刃长，而且全宽参加切削。各点切屑流出速度的大小和方向相差很大，会增大切屑变形，故切屑卷曲成很宽的螺旋卷，容易堵塞容屑槽，致使排屑困难。

(5)标准麻花钻头的修磨

①钻头的刃磨

钻头的切削刃使用变钝后进行磨锐的工作称为刃磨。刃磨的部位是两个后面（即两条主切削刃）。

手工刃磨钻头是在砂轮机上进行的。砂轮的粒度一般为 W46 ~ W80，砂轮的硬度最好采用中软级（K、L）。如图 5.38 所示，刃磨时右手握住钻头的头部作为定位支点，并掌握好钻头绕轴心线的转动和加在砂轮上的压力；左手握住钻头的柄部做上下摆动。钻头转动的目的是使整个后面都能被磨到，而上下摆动是为了磨出一定的后角。两手的动作必须很好地配合。由于钻头的后角在钻头的不同半径处是不相等的，所以摆动角度的大小要随后角的大小变化。

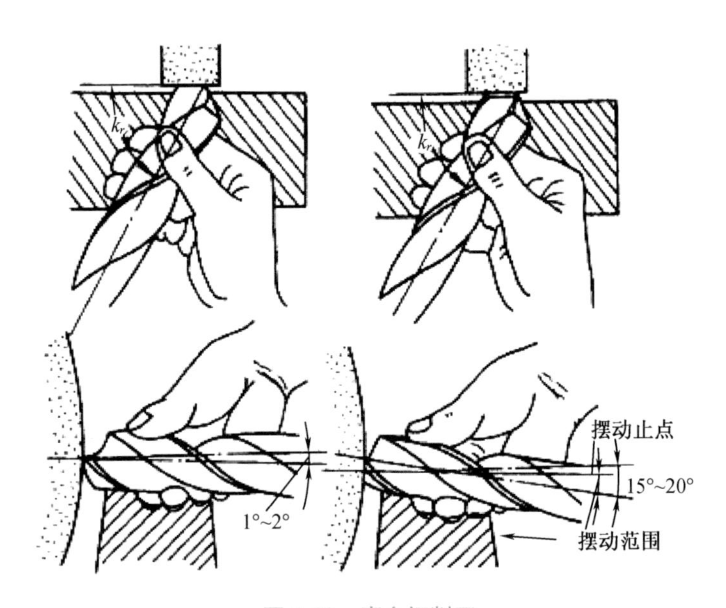


图 5.38 磨主切削刃

在刃磨过程中，要随时检查角度的正确性和对称性，同时还要随时将钻头浸入水中冷却，在磨到刃口时，磨削量要小，停留时间也不宜过久，以防止切削部分过热而退火。

主切削刃刃磨后应做以下几方面的检查。

a. 检查顶角 $2\varphi$ 的大小是否正确，两切削刃是否一样长，是否有高低区别。

b. 检查钻头外缘处的后角 $\alpha_o$ 是否为要求的数值。

c. 检查钻头靠近钻心处的后角是否为要求的数值。这可以通过检查横刃斜角 $kr$ 是否正确来确定。

②钻头的修磨

为钻削不同的材料而达到不同的钻削要求，以及改进标准麻花钻头存在的缺点，通常要对其切削部分进行修磨，以改善切削性能。在以下几个方面有选择地对钻头进行修磨。

a. 磨短横刃并增大靠近钻心处的前角。修磨横刃的部位如图5.39(a)所示。修磨后横刃的长度 $b$ 为原来的1/5～1/3，同时，在靠近钻心处形成内刃，内刃斜角 $\tau=20°\sim30°$，内刃处前角 $o_\tau=0°\sim15°$，修磨横刃可以减小轴向力和挤刮现象，提高钻头的定心作用和切削性能。

b. 修磨主切削刃。修磨主切削刃的方法如图5.39(b)所示，主要是磨出第二顶角 $2\varphi_o$ ($\varphi_o=70°\sim75°$)。在钻头外缘处磨出过渡刃($f=0.2d$)，以增大外缘处的刀尖角，改善散热条件，增强刀齿强度，提高切削刃与棱边交角处的耐磨性，延长钻头寿命，减小孔壁的残留面积，降低孔的表面粗糙度值。

c. 修磨棱边。如图5.39(c)所示，在靠近主切削刃的一段棱边上，磨出副后角 $\alpha_o=6°\sim8°$，保留棱边宽度为原来的1/3～1/2，以减少对孔壁的摩擦，提高钻头的寿命。

d. 修磨前面。修磨主切削刃和副切削刃交角处的前面，将如图5.40(d)所示的阴影部位磨去。这样可提高钻头强度，钻削黄铜时，还可避免切削刃过于锋利而引起扎刀现象。

e. 修磨分屑槽。如图5.39(e)所示，在两个后面上磨出几条相互错开的分屑槽，使切屑变窄，以利排屑。对于直径大于15 mm的钻头，都要磨出分屑槽。如有的钻头在制造时，前面上已有分屑槽，则不必再开槽。

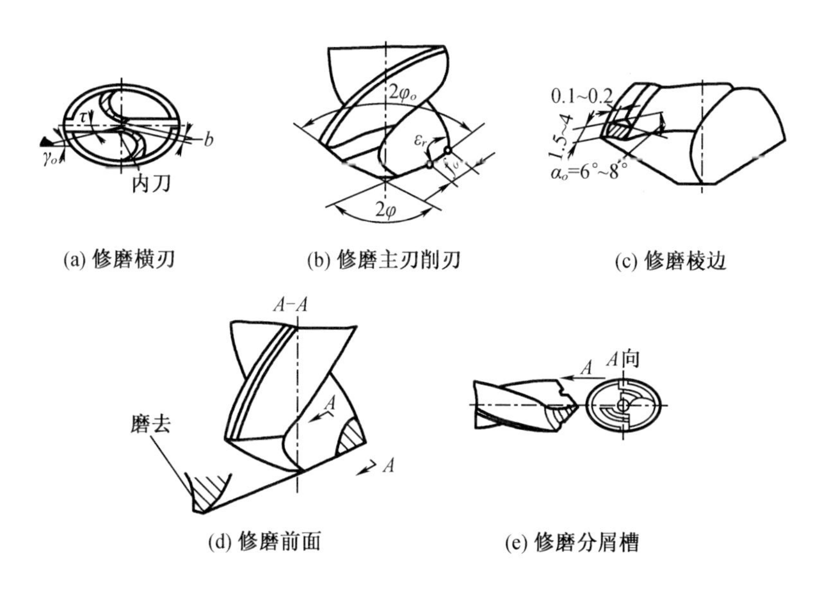


图5.39　麻花钻的修磨

4. 工件的夹持

钻孔中的安全事故大都是由工件的夹持方法有误造成的。因此，应注意工件的夹持。小件和薄壁零件钻孔，可用手虎钳夹持工件，如图5.40(a)所示。中等零件多用平口钳夹紧，如图5.40(b)所示。大型和其他不适合用手虎钳夹紧的工件，则直接用压板螺钉固定在钻床工作台上，如图 5.40(c)所示。在圆轴或套筒上钻孔，须把工件压在 V 形块上，如图 5.40(d)所示。

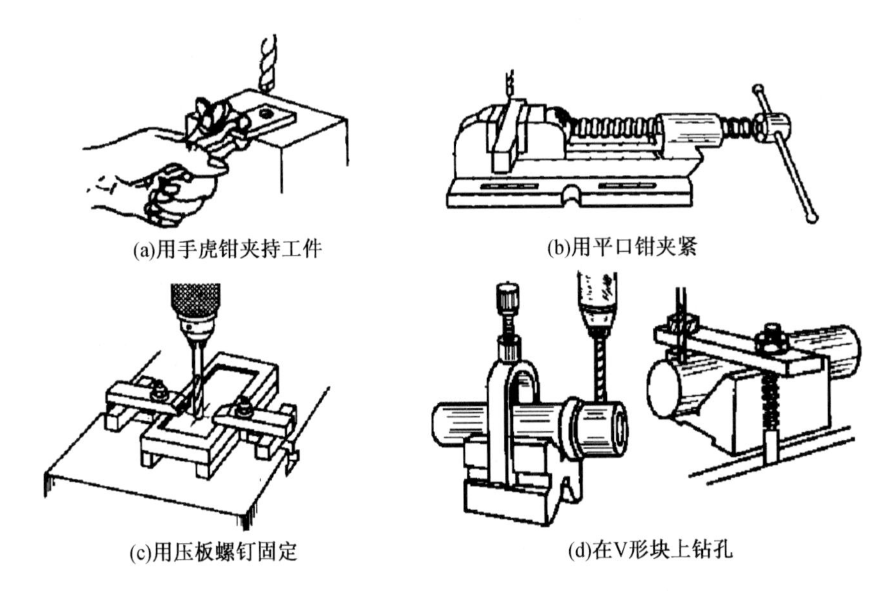


图 5.40 工件的夹持

5. 钻孔加工

在钻床上钻孔时，钻头的旋转运动为主运动，钻头的直线移动为进给运动，如图 5.41 所示。钻削时钻头是在半封闭的状态下进行切削的，转速高，切削用量大，排屑很困难。钻削有如下几个特点。

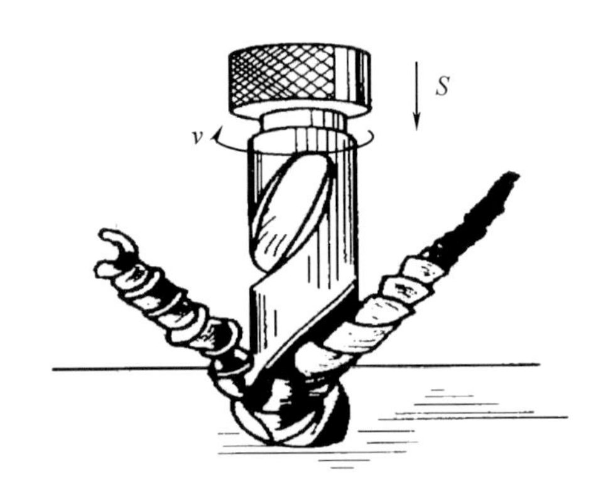


图 5.41 钻头切削运动

(1)摩擦较严重，需要较大的钻削力。

(2)产生的热量多，而传热、散热困难，因此，切削温度较高。

(3)钻头高速旋转以及由此产生较高的切削温度，易造成钻头严重磨损。

(4)钻削时的挤压和摩擦，容易产生孔壁的冷作硬化现象，给下道工序的加工增加困难。

(5)钻头细而长,刚度差,钻削时容易产生振动及引偏。

所以钻孔只能加工要求不高的孔或进行孔的粗加工。

钻孔时,钻头装夹在钻床(或其他机械)上,依靠钻头与工件之间的相对运动来完成切削加工。钻头切削运动由主运动和进给运动组成。

注意事项:

①钻孔时不能戴手套。

②切屑不能用嘴去吹。

③工件装夹要紧固。

④锪钻的刀杆和刀片装夹要牢固,工件夹持要稳定。

⑤锪钢件时,要在导柱和切削表面加机油或切削液润滑。

⑥手动铰孔时双手用力要均衡,旋转铰杠的速度要均匀,铰刀不得摇摆,以保持铰削的稳定性,避免在孔的进口处出现喇叭口。

⑦铰刀在孔内不能反转,即使退出时也要顺转,因为反转会使切屑卡在孔壁和刀齿的后面之间,从而将孔壁刮毛。而且反转时,铰刀也容易磨损,甚至发生崩刃。

⑧机铰时要在铰刀退出后再停车,否则孔壁有刀痕,退出时孔也要被拉毛。铰通孔时,铰刀的校准部分不能全部出头,否则孔的下端会被刮坏,退出时也很困难。

### 思考题

1. 简述麻花钻各组成部分的名称和作用。
2. 钻削用量包括哪些内容,如何正确选用?
3. 试述修磨麻花钻头横刃、主切削刃、前面的方法和目的。
4. 扩孔加工有何特点?
5. 钻孔时如何正确选择切削液?

## 5.5 攻螺纹操作

### 5.5.1 实训目的

1. 知识目标

(1)了解丝锥的分类、用途。

(2)了解攻螺纹工具的使用方法及动作要领。

2. 技能目标

(1)掌握攻螺纹底孔的确定。

(2)掌握攻螺纹操作的基本方法。

(3)能够解决攻螺纹过程中所遇到的问题。

### 5.5.2 实训要求

1. 了解丝锥的分类、用途。
2. 正确使用攻螺纹工具及动作要领。
3. 熟练掌握攻螺纹操作的基本技能。

### 5.5.3 实训设备

丝锥、铰杠、虎钳、工作平台。

### 5.5.4 实训内容

1. 攻螺纹

攻螺纹(亦称攻丝)是用丝锥在工件内圆柱面上加工出内螺纹,通常用于小尺寸的螺纹加工,特别适合单件生产和机修场合。

2. 攻螺纹工具

(1)丝锥

①丝锥的构造

丝锥是用来加工较小直径内螺纹的成形刀具,一般选用合金工具钢 9SiCr 经热处理制成。每个丝锥都由工作部分和柄部组成,如图 5.42 所示。工作部分由切削部分和校准部分组成。轴向有几条(一般是三条或四条)容屑槽,相应地形成几瓣切削刃和前角。切削部分(即不完整的牙齿部分)是切削螺纹的重要部分,常磨成圆锥形,以便使切削负荷分配在几个刀齿上。头锥的锥角小些,有 5 ~7 个牙;二锥的锥角大些,有 3 ~4 个牙。校准部分具有完整的牙,用于修光螺纹和引导丝锥沿轴向运动。柄部有方头,其作用是与铰杠相配合并传递转矩。

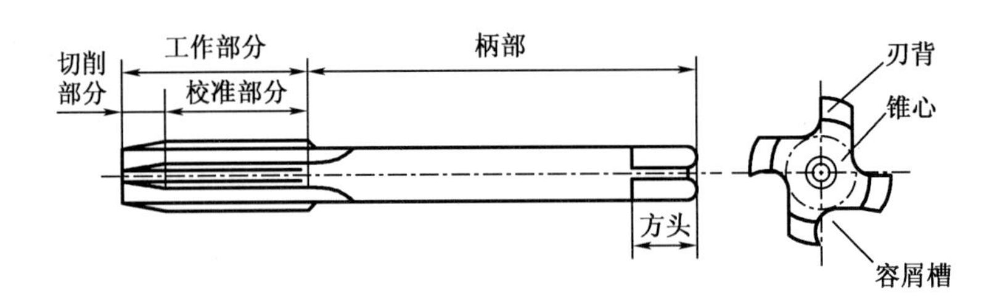


图 5.42 丝锥组成

②成组丝锥

为了减少切削力和延长使用寿命,一般将整个切削工作量分配给几支丝锥来承担。通常 M6 ~ M24 的丝锥每组有两支;M6 以下及 M24 以上的丝锥每组有三支;细牙螺纹丝锥为两支一组。

③丝锥的种类

丝锥的种类很多,钳工常用的有普通螺纹丝锥、圆柱管螺纹丝锥和圆锥管螺纹丝锥等。

(2)铰杠

铰杠是用来夹持丝锥柄部的方榫,是带动丝锥旋转切削的工具,一般用钢材制作。铰杠有普通铰杠和丁字铰杠两类,每类铰杠又分为固定式和可调式两种,如图5.43所示。

一般攻制 M5 以下的螺纹采用固定式普通铰杠。可调式普通铰杠的方孔尺寸可以调节,因此应用比较广泛。旋转手柄或旋转调节螺钉即可调节方孔的大小,以便夹持不同尺寸的丝锥。铰杠长度应根据丝锥尺寸的大小进行选择,以便控制攻螺纹时的扭矩,防止丝锥因施力不当而扭断。

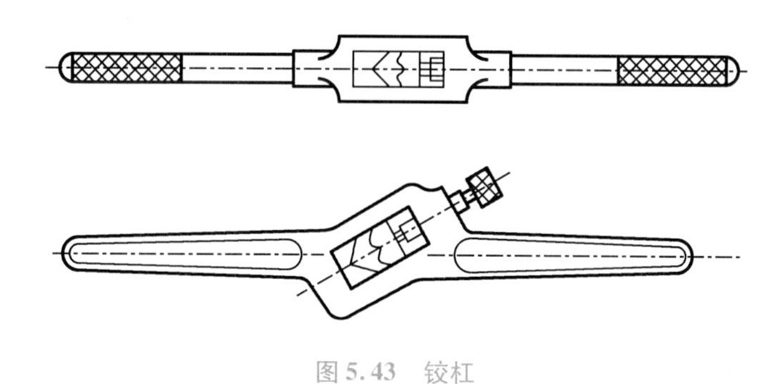

图5.43 铰杠

3. 攻 M8 螺纹实训操作

(1)攻螺纹前底孔的直径和深度以及孔口倒角

①底孔直径的确定

丝锥在攻螺纹的过程中,切削刃主要是切削金属,但还有挤压金属的作用,因而造成金属凸起并向牙尖流动,所以攻螺纹前,钻削的孔径(即底孔)应大于螺纹小径。底孔的直径可按表5.3查得或按下面的经验公式计算。

表5.3 普通螺纹攻螺纹前钻底孔直径 单位:mm

| 公称直径 | | 3 | 4 | 5 | 6 | 8 | 10 | 12 | 14 | 16 | 20 | 24 |
|---|---|---|---|---|---|---|---|---|---|---|---|---|
| 螺距 | | 0.5 | 0.7 | 0.8 | 1 | 1.25 | 1.5 | 1.75 | 2 | 2 | 2.5 | 3 |
| 底孔直径 | 铸铁 | 2.5 | 3.3 | 4.1 | 4.9 | 6.6 | 8.4 | 10.1 | 11.8 | 13.8 | 17.3 | 20.7 |
| | 钢 | 2.5 | 3.3 | 4.2 | 5 | 6.7 | 8.5 | 10.2 | 12 | 14 | 17.5 | 21 |

脆性材料(铸铁、青铜等):

$$\text{钻孔直径 } d_0 = d(\text{螺纹大径}) - 1.1P(\text{螺距})$$

塑性材料(钢、紫铜等):

$$\text{钻孔直径 } d_0 = d(\text{螺纹大径}) - P(\text{螺距})$$

②钻孔深度的确定

攻不通孔的螺纹时,因丝锥不能攻到底,所以孔的深度要大于螺纹的长度,不通孔的深度可按下面的公式计算。

孔的深度 = 所需螺纹的深度 + 0.7$d$(螺纹大径)

③孔口倒角

攻螺纹前要在钻孔的孔口进行倒角,以利于丝锥的定位和切入。倒角的深度大于螺纹的螺距。

(2)攻螺纹操作步骤

攻螺纹的整体操作步骤如图 5.44 所示。

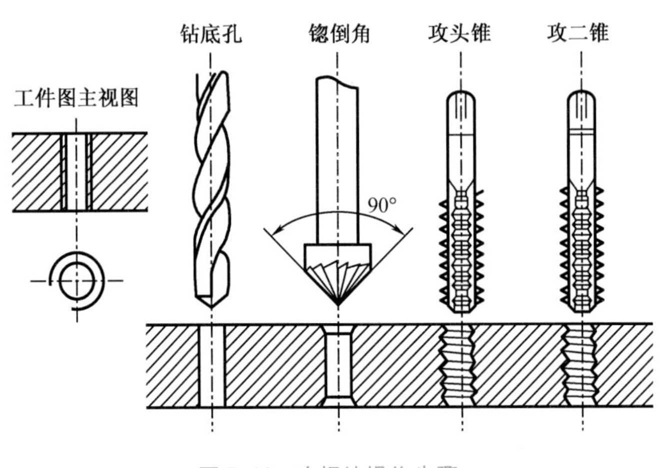


图 5.44 攻螺纹操作步骤

(3)攻螺纹操作方法

①攻螺纹时,丝锥必须放正,两手握住铰杠中部,均匀用力,使铰杠保持水平转动,并在转动过程中对丝锥施加垂直压力,使丝锥切入 1 ~2 圈,如图 5.45 所示。

②用钢直尺或 90°角尺在两个互相垂直的方向检查,如图 5.46 所示,发现不垂直时,要加以校正。

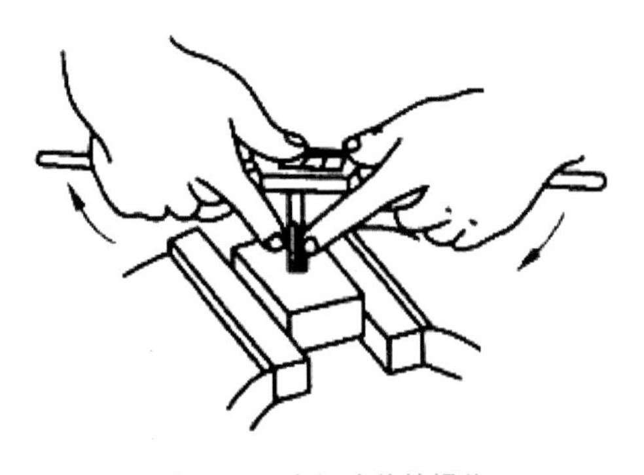

图 5.45 攻入孔前的操作

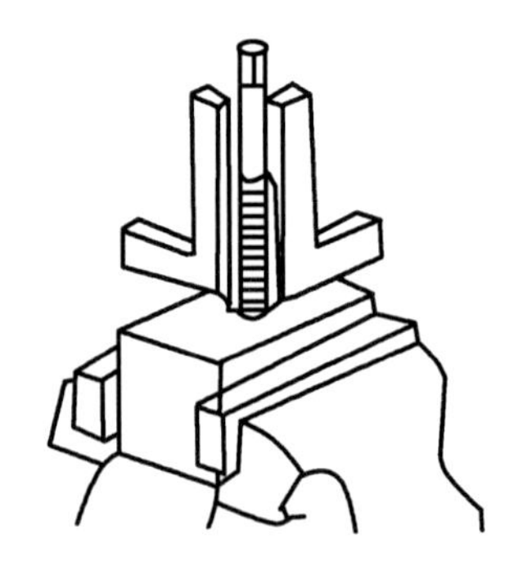

图 5.46 检查丝锥垂直度

③丝锥位置校正并切入 3 ~4 圈时,只需均匀转动铰杠。每正转 1/2 ~1 圈就要倒转 1/4 ~1/2 圈,如图 5.47 所示。在攻螺纹过程中,要经常用毛刷对丝锥加注机油润滑。攻制不通螺孔时,在丝锥上要做好深度标记。在攻螺纹过程中,还要经常退出丝锥,清除切屑。

④攻较硬材料或直径较大零件时，要头锥、二锥交替使用。在调换丝锥时，应先用手将丝锥旋入，至不能旋进时，再用铰杠转动，以防螺纹乱牙。

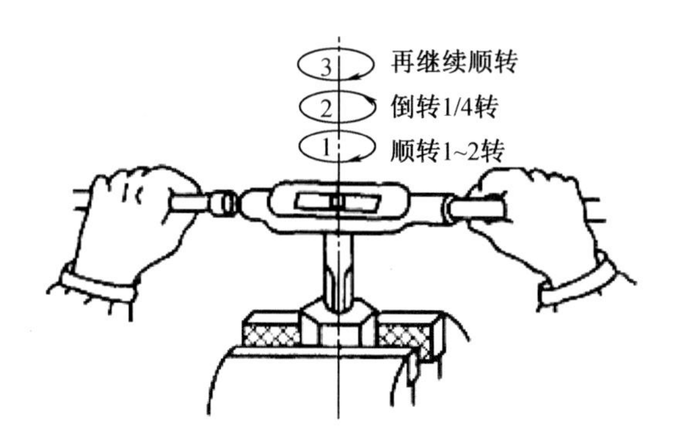


图5.47 深入攻螺纹时的操作

注意事项：

①螺纹底孔直径不能太小。

②选择合适的铰杠手柄长度，以免旋转力过大折断丝锥。

③旋转铰杠感觉较吃力时，不能强行转动，应退出头锥换用二锥，用手将二锥旋入螺纹孔中，如此交替进行攻螺纹。

### 思考题

1. 钳工攻螺纹常见的有哪几种？它们各有什么特点？
2. 成组丝锥在结构上是如何保证切削用量的分配的？
3. 攻螺纹的底孔直径是否等于螺纹小径，为什么？

## 5.6 套螺纹操作

### 5.6.1 实训目的

1. 知识目标

(1)了解套螺纹工具的使用方法。

(2)了解套螺纹的切削原理。

2. 技能目标

(1)掌握套螺纹圆杆直径的确定。

(2)掌握套螺纹的基本方法及动作要领。

(3)能够解决套螺纹过程中所遇到的问题。

### 5.6.2 实训要求

1. 了解套螺纹的切削原理。

2. 正确使用套螺纹工具及动作要领。

3. 熟练掌握套螺纹操作的基本技能。

### 5.6.3 实训设备

板牙、板牙架、虎钳、工作平台。

### 5.6.4 实训内容

1. 套螺纹

套螺纹(或称套丝、套扣)是用板牙在圆柱杆上加工外螺纹的方法。

2. 套螺纹用工具

(1)板牙

板牙是加工外螺纹的刀具,用合金工具钢 9SiCr 制成,并经热处理淬硬。其外形像一个圆螺母,只是上面钻有 3 ~4 个排屑孔,并形成切削刃,如图 5.48 所示。

板牙由切屑部分、定位部分和排屑孔组成。板牙的切削部分为两端的锥角($2K_r$)部分,它不是圆锥面,而是经铲磨而成的阿基米德螺旋面,形成的后角 $\alpha=7°\sim9°$,锥角 $K_r=20°\sim25°$。板牙的中间一段是校准部分,也是套螺纹时的导向部分。板牙的外圆有一条深槽和四个锥坑,锥坑用于定位和紧固板牙。板牙两端面都有切削部分,一端磨损后,可换另一端使用。

管螺纹板牙可分为圆柱管螺纹板牙和圆锥管螺纹板牙,其结构与圆板牙基本相仿。但圆锥管螺纹板牙只是在单面制成切削锥,因此,圆锥管螺纹板牙只能单面使用,如图 5.49 所示。

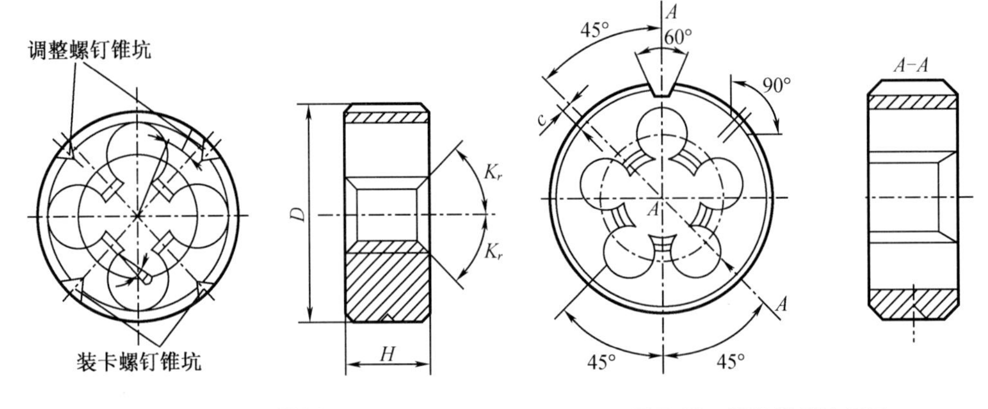


图 5.48 圆板牙　　图 5.49 圆锥管螺纹板牙

(2)板牙架

板牙架是用来夹持板牙、传递扭矩的工具。不同外径的板牙应选用不同的板牙架,如图 5.50 所示。板牙架是专门固定板牙的,即用于夹持板牙和传递扭矩。板牙架上有装卡螺钉,将板牙紧固在架内。注意,一定要使装卡螺钉的尖端落入板牙圆周的锥坑内。

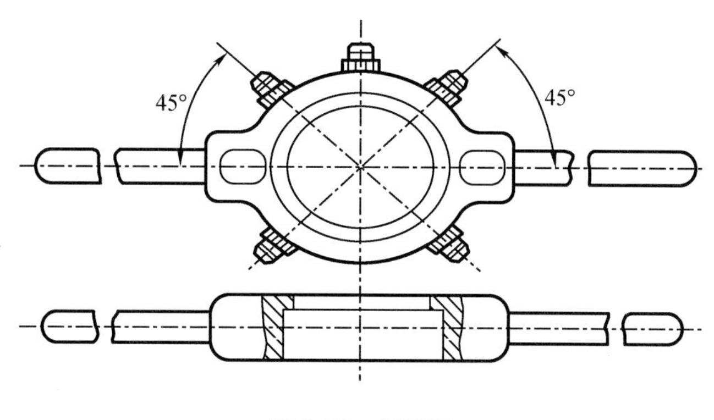


图5.50　板牙架

3.套螺纹实训操作

(1)套螺纹前,圆杆直径的确定

套螺纹前,先检查圆杆直径和端部。圆杆直径为

$$d' = d - 0.13P$$

式中　$d'$——圆杆直径,mm;

$d$——外螺纹大径(即螺纹公称直径),mm;

$P$——螺距,mm。

圆杆端部应做成 $2\varphi \leqslant 60^\circ$ 的锥台,便于板牙定心切入。

(2)套螺纹操作步骤

①按照规定确定圆杆直径,同时将圆杆端部倒成圆锥半角为 $15^\circ \sim 20^\circ$ 的锥体,锥体的最小直径要比螺纹的最小直径小。

②套螺纹开始时,要检查校正,应保持板牙端面与圆杆轴线垂直,避免切出的螺纹单面或螺纹牙一面深一面浅。

③开始套螺纹时,两手转动板牙的同时要施加轴向压力,当切入1~2牙后就可不加压力,只需均匀转动板牙。同攻螺纹一样,要经常反转,使切屑断碎及时排屑。套螺纹操作如图5.51所示。

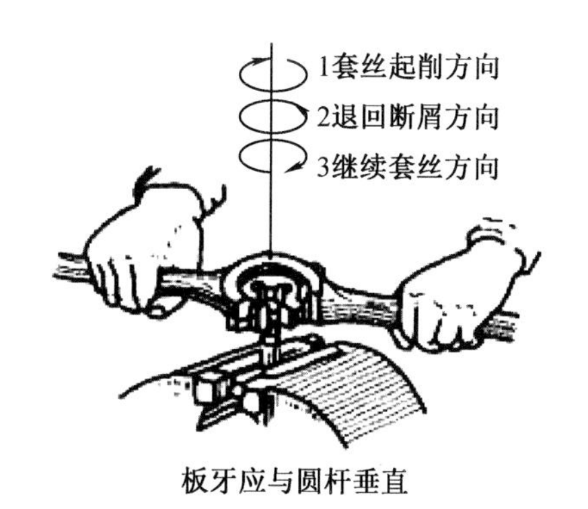


图5.51　套螺纹操作

④套好的螺纹可以用标准螺母试拧进去,但要注意别把螺纹弄坏。

注意事项:

①每次套螺纹前应将板牙排屑槽内及螺纹内的切屑清除干净。

②套螺纹前要检查圆杆直径大小和端部倒角。

③套螺纹时切削扭矩很大,易损坏圆杆的已加工面,所以应使用硬木制成的V形槽衬垫或用厚铜板作保护片来夹持工件。在不影响螺纹要求长度的前提下,工件伸出钳口的长度应尽量短。

④套螺纹时,板牙端面应与圆杆垂直,操作时用力要均匀。开始转动板牙时,要稍加压力,套入3~4牙后,可只转动而不加压,并经常反转,以便断屑。

⑤在钢制圆杆上套螺纹时要加切削液,以减小螺纹表面粗糙度值和延长板牙寿命。切削液一般为加浓的乳化液或机油,要求较高时使用二硫化钼。

## 思考题

如何计算套螺纹时螺杆的直径?

# 第6章　刨床实训

## 6.1　实训目的

### 6.1.1　知识目标

1. 了解刨削的加工特点。
2. 了解刨削的加工工艺范围。
3. 了解刨床的结构和操作方法。

### 6.1.2　技能目标

能正确规范地操作、调整刨床。

## 6.2　实训要求

### 6.2.1　启动前准备

(1)工件必须夹牢在夹具或工作台上,夹装工件的压板不得长出工作台,在机床最大行程内不准站人。刀具不得伸出过长,应装夹牢靠。

(2)校正工件时,严禁用金属物猛敲或用刀架推顶工件。

(3)工件宽度超出单臂刨床加工宽度时,其重心对工作台重心的偏移量不应大于工作台宽度的四分之一。

(4)调整冲程应使刀具不接触工件,用手柄摇动进行全行程试验,滑枕调整后应锁紧并随时取下摇手柄,以免落下伤人。

(5)刨床的床面或工件伸出过长时,应设防护栏杆,在栏杆内禁止通过行人或堆码物品。

(6)刨床的工作台面和床面及刀架上禁止站人,禁止存放工具和其他物品。操作人员不得跨越台面。

(7)作用于牛头刨床手柄上的力,在工作台水平移动时,不应超过80 N,上下移动时,不应超过100 N。

(8)工件装卸、翻身时应注意锐边、毛刺割手。

### 6.2.2 运转中注意事项

(1)在刨削行程范围内,前后不得站人,不准将头、手伸到刀架前观察切削部分和刀具,未停稳前,不准测量工件或清除切屑。

(2)吃刀量和进刀量要适当,进刀前应使刨刀缓慢接近工件。

(3)刨床必须先运转后,方准吃刀或进刀,在刨削进行中欲使刨床停止运转时,应先将刨床退离工件。

(4)运转速度稳定时,滑动轴承温升不应超过 60 ℃,滚动轴承温升不应超过 80 ℃。

(5)进行龙门刨床工作台行程调整时,必须停机,最大行程时两端余量不得少于0.45 m。

(6)经常检查刀具、工件的固定情况和机床各部件的运转是否正常。

### 6.2.3 停机注意事项

(1)工作中如发现滑枕升温过高,换向冲击声或行程振荡声异响,或突然停车等不良状况,应立即切断电源,退出刀具,进行检查、调整、修理等。

(2)停机后,应将牛头滑枕或龙门刨工作台面、刀架放回到规定位置。

### 6.2.4 刨床安全操作规程

(1)开机前必须认真检查机床电器与转动机构是否良好、可靠,油路是否畅通,润滑油是否加足,机床工作时其行程内不准站人。

(2)装夹工件、刀具要牢固,刀杆及刀头尽量缩短使用,刨下的铁屑不可手拿、嘴吹,要用专用工具清扫,并应在停车后进行。

(3)刨床在运行中不能测量工件、对样板。测量工件尺寸时,一定要停车关电源。使用自动走刀时,不能离开工作岗位。

(4)观测切削情况,头部和手在任何情况下不能靠近刀的行程之内,以免碰伤。

(5)刨床工作臼做快速移动时,应将手柄取下或脱开自合器,以免手柄快速转动损坏或飞出伤人。

(6)刨床安全保护装置,均应保持完好无缺、灵敏可靠,不得随意拆下,并要随时检查,按规定时间保养,保持机床运转良好。

(7)工作结束时,应关闭电源,将所有操作手柄和控制旋钮都扳到空挡位置,然后清理工作台上切屑,清扫场地,擦拭润滑机器。

## 6.3 实训设备

刨削是一种常用的金属切削加工方法,通常用于加工水平面、垂直面、台阶面、斜面、直槽、T 形槽、燕尾槽及成型面等,如图 6.1 所示。

刨削时,主运动是刨削的直线往复运动,前进时,进行切削;回程时,刨刀不切削。进给运动是工件间歇的横向移动。刨削的切削速度较慢,而且切削过程不连续,所以切削效率较低。但是,刨床结构简单、使用方便,刨削时不用切削液,可加工的类型多,故在单件或小批量生产以及修配工作中得到广泛应用。刨削加工所使用的设备主要有牛头刨床和龙门刨床。

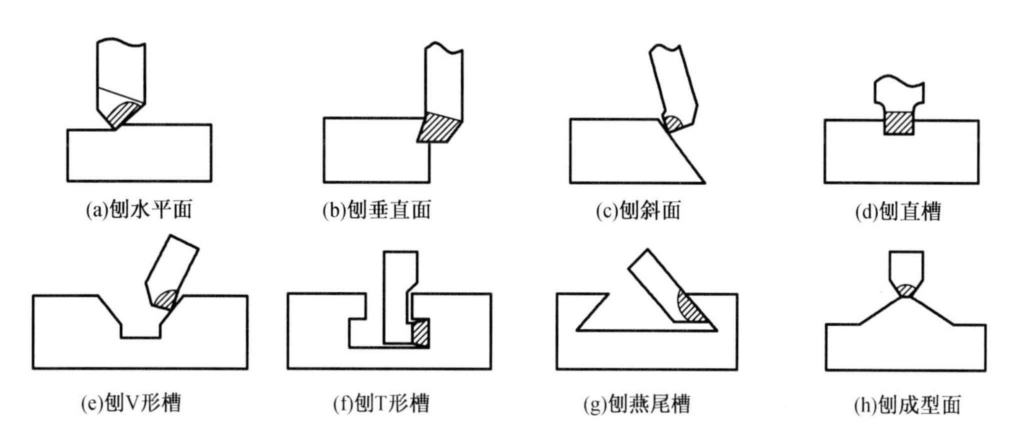


图 6.1 刨削加工范围

牛头刨床主要由床身、滑枕、刀架、横梁、工作台和底座组成,其外形如图 6.2 所示。

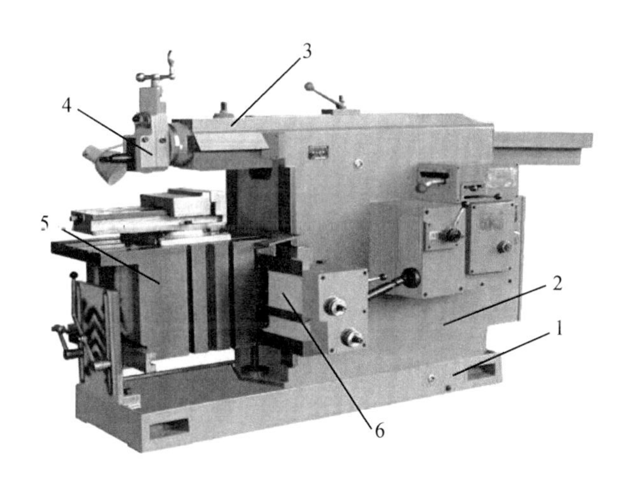


1—底座;2—床身;3—滑枕;4—刀架;5—工作台;6—横梁。

图 6.2 牛头刨床 BC6063B 型

龙门刨床因有一个"龙门"式的框架而得名,按其结构特点可分为单柱式和双柱式两种。龙门刨床的主运动是工作台(工件)的往复运动,进给运动是刀架(刀具)的横向或垂直间歇移动。刨削时,横梁上的刀架可在横梁导轨上做横向进给运动,以刨削工件的水平面;立柱上的左、右侧刀架可沿立柱导轨做垂直进给运动,以刨削工件的垂直面;各个刀架均可偏转一定的角度,以刨削工件的各种斜面。龙门刨床的横梁可沿立柱导轨升降,以调整工件和刀具的相对位置,适应不同高度工件的刨削加工。

龙门刨床的结构刚度好,切削功率大,适合加工大型零件上的平面或沟槽,并可同时加工多个中型零件。龙门刨床上加工的工件一般采用压板螺钉，直接将工件压紧在往复运动的工作台面上。

## 6.4 实训内容

### 6.4.1 工件装夹

根据工件的形状和大小来选择安装方法，对于小型工件通常使用平口钳进行装夹，如图6.3所示。对于大型工件或平口钳难以夹持的工件，可使用T形螺栓和压板将其直接固定在工作台上，如图6.4所示。为保证加工精度，在装夹工件时，应根据加工要求，使用划针、百分表等工具对工件进行找正。

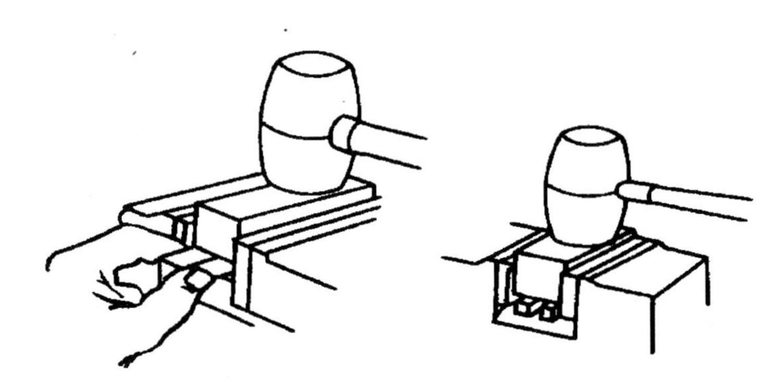

图6.3 平口钳装夹工件

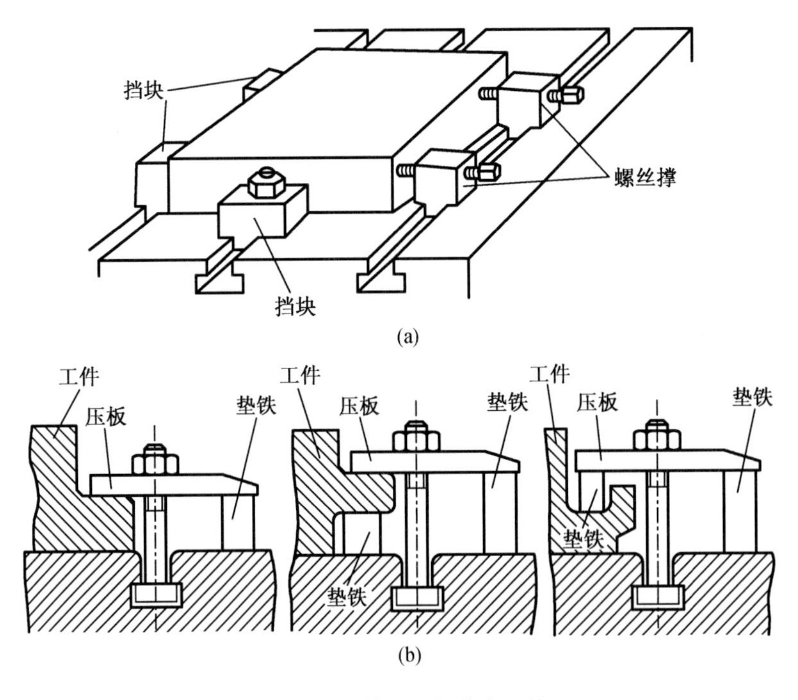


图6.4 螺栓和压板装夹工件

### 6.4.2 安装刨刀

1. 刨刀

由于刨削加工的不连续性，刨刀在切入工件时受到很大的冲击力，所以刨刀的刀杆横截面一般较大，以提高刀杆的强度。刨刀的刀杆有直杆和弯杆两种形式，由于刨刀在受到较大切削力时，刀杆会绕 $O$ 点向后弯曲变形，如图 6.5 所示。弯杆刨刀变形时，刀尖不会啃入工件，而直杆刨刀变形时，其刀尖会啃入工件，造成刀具及加工表面的损坏，所以弯杆刨刀在刨削加工中应用较多。

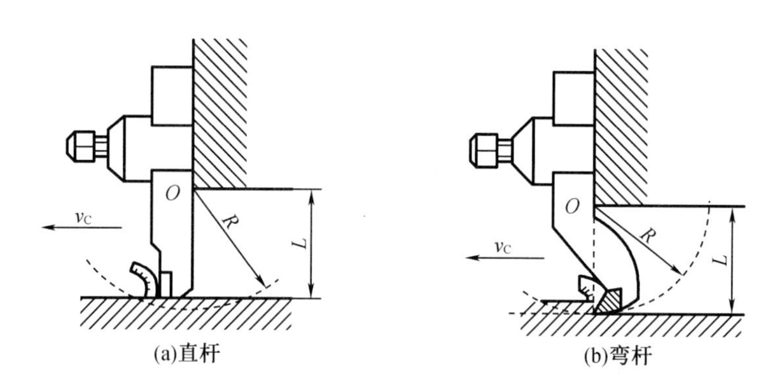


图 6.5 刀具的变形

2. 刨刀的安装

牛头刨床的刀架安装在滑枕前端，如图 6.6 所示。刀架上有一刀夹，刀夹有一方孔，前端有一紧固螺钉，专供装夹刨刀之用。刨刀装入孔后，调整好背吃刀量，然后紧固螺钉，即可进行刨削。刨削平面时，刀架和抬刀板座都应在中间垂直位置，刨刀在刀架上不能伸出太长，以免在刨削工件时发生折断。

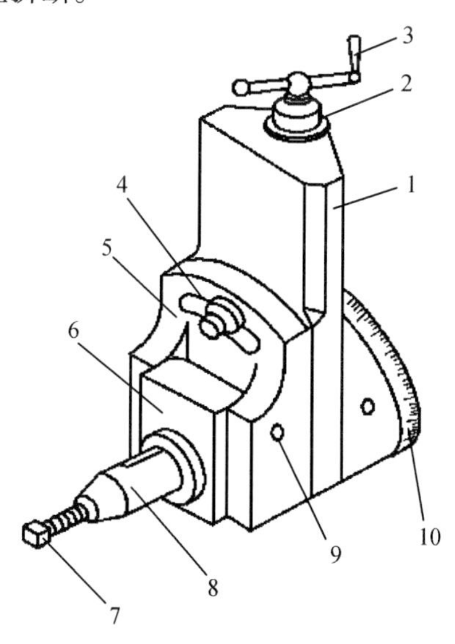


1—溜板；2—刻度盘；3—手柄；4—螺母；5—刀座；6—抬刀板；7—紧固螺钉；8—刀夹；9—轴；10—刻度转盘。

图 6.6 刀架

选择普通平面刨刀，安装在刀夹上。刀头不能伸出太长，以免刨削时产生较大震动，刀头伸出长度一般为刀杆厚度的1.5～2倍。由于刀夹是可以抬起的，所以无论是装刀还是卸刀，用扳手拧刀夹螺丝时，施力方向都应向下。

3. 调整机床

将刀架刻度盘刻度对准零线，根据刨削长度调整滑枕的行程及滑枕的起始位置，设置合适的行程速度和进给量。调整工作台，将工件移至刨刀下面。

4. 对刀

开动机床，转动刀架手柄，使刨刀轻微接触工件表面。

5. 进刀

停机床，转动刀架手柄，使刨刀进至选定的切削深度并锁紧。

6. 开动机床

刨削工件1～1.5 mm宽时，先停机床，检测工件尺寸，再开机床，完成平面刨削加工。

## 6.5 操作示例分析

### 6.5.1 工艺知识

1. 刨削用量

(1)刨削速度 $V_C$

刨刀或工件在刨削时主运动的平均速度称为刨削速度，单位为m/min，其值可按下式计算：

$$V_C = \frac{2Ln}{1\ 000} \tag{6.1}$$

式中 $L$——工作行程长度，mm；

$n$——滑枕每分钟的往复次数。

(2)进给量 $f$

刨刀每往复一次工件横向移动的距离称为进给量，单位为mm。在B6065型牛头刨床上的进给量为

$$f = \frac{k}{3} \tag{6.2}$$

式中 $k$——刨刀每往复行程一次，棘轮被拨过的齿数。

(3)背吃刀量 $a_p$

已加工表面与待加工表面之间的垂直距离称为背吃刀量，单位为mm。

2. 刨水平面

刨水平面时，先根据刨削用量调整变速手柄位置和横向进给量，移动工作台使工件一侧靠近刨刀，转动刀架手柄使刀尖接近工件；再开动机床，手动进给，试切出1～2 mm宽后停车测量尺寸；接着根据测量结果调整背吃刀量；最后自动进给正式刨削。这时，滑枕带动刨

刀做一次直线往复运动(主运动),横梁带动工作台做一次横向进给运动后,完成一次刨削。

3. 刨垂直面

刨垂直面通常采用偏刀刨削,是利用手工操作摇动刀架手柄,使刀架做垂直进给运动来加工平面的方法,其常用于加工台阶面和长工件的端面。加工前,要调整刀架转盘的刻度线使其对准零线,以保证加工面与工件底平面垂直。刀座应偏转 10° ~ 15°,这样可使抬刀板在回程时携带刀具抬离工件的垂直面,以减少刨刀的磨损,并避免划伤已加工表面,如图6.7 所示。精刨时,为减小表面粗糙度,可在副切削刃上接近刀尖处磨出 1 ~2 mm 的修光刃。装刀时,应使修光刃平行于加工表面。

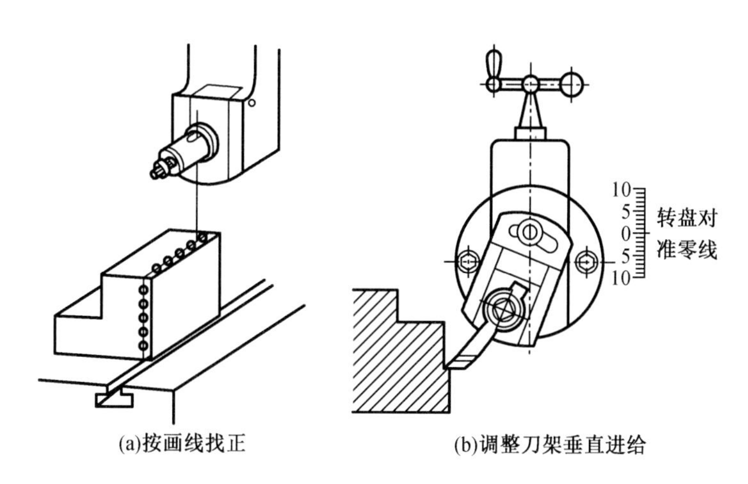


图 6.7 刨垂直面的方法

4. 刨斜面

零件上的斜面分为内斜面和外斜面两种。通常采用倾斜刀架法刨斜面,即把刀架和刀座分别倾斜一定角度,从上向下倾斜进给进行刨削。刨斜面时,刀架转盘的刻度不能对准零线,刀架转盘转过的角度是工件斜面与垂直面之间的夹角,刀座上端要偏离加工面,如图 6.8 所示。

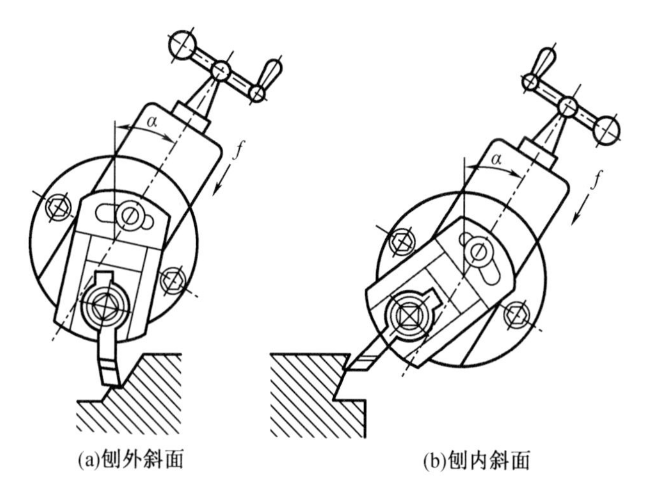


图 6.8 刨斜面的方法

5. 刨削平面实训操作

(1)装夹工件

用平口钳装夹工件。

(2)装夹刨刀

粗刨时,用普通平面刨刀;精刨时,可用窄的精刨刀。

(3)刨水平面

按刨削水平面的过程刨削,切削深度 $t=0.5\sim2$ mm,进给量 $f=0.1\sim0.3$ mm/r。

### 6.5.2 注意事项

1. 刨削平面时移动刀架要稳,进给量要小,以防扎刀。
2. 刨削时操作者不要站立到正对刨床的滑枕运动方向,以防工件飞出伤人。

### 思考题

1. 刨削平面的基本步骤有哪些?
2. 刨削平面有哪些常见的问题?

# 第7章 磨床实训

## 7.1 实训目的

### 7.1.1 知识目标

1. 了解磨削加工特点。
2. 了解磨削加工工艺范围。
3. 掌握磨床的型号及主要技术规格。
4. 掌握磨床的组成部分及其作用。

### 7.1.2 技能目标

1. 熟练掌握磨床的基本操作方法。
2. 能应用横向进给手轮调整背吃刀量。
3. 能正确维护与操作磨床。

## 7.2 实训要求

1. 操纵磨床注意事项

(1)内圆磨、外圆磨、平面磨都必须遵守机械切削工的安全操作规程。

(2)工件加工前,应根据工件的材料、硬度、精磨、粗磨等情况,合理选择适用的砂轮。

(3)调换砂轮时,要按砂轮机安全操作规程进行。必须仔细检查砂轮的粒度和线速度是否符合要求,表面应无裂缝,声响要清脆。

(4)安装砂轮时,须经平衡试验,开空车试运转10 min,确认无误后方可使用。

(5)磨削时,先将纵向挡铁调整固紧好,使往复运动灵敏。人应站在砂轮的侧面,不准站在正面。

(6)进给时,不准将砂轮快速就接触工件,要留有空隙,缓慢地进给,以防砂轮突然受力后爆裂而发生事故。

(7)砂轮未退离工件时,不得中途停止运转。装卸工件、测量精度时均应停车,将砂轮退到安全位置以防磨伤手。

(8)干磨的工件,不准突然转为湿磨,以防止砂轮碎裂。湿磨工作冷却液中断时,要立即停磨。

(9)平面磨床一次磨多件时,加工件要靠紧垫妥,防止工件飞出或砂轮爆裂伤人。

(10)外圆磨用两顶针加工的工件时,应注意顶针是否良好。用卡盘加工的工件要夹紧。

(11)内圆磨床磨削内孔时,用塞规或仪表测量,应将砂轮退到安全位置上,待砂轮停转后方能进行。

(12)工具磨床在磨削各种刀具、花键、键槽、扁身等有断续表面工件时,不能使用自动进给,且进刀量不宜过大。

(13)不是专门用的端面砂轮,不准磨削较宽的平面,防止爆裂伤人。

(14)经常调换冷却液,防止污染环境。

2. 磨床应有的安全防护装置

(1)磨床上所有回转件,例如:砂轮、电动机、皮带轮和工件头架等,必须安设防护罩。防护罩应牢固地固定,其连接强度不得低于防护罩强度。

(2)平面磨床工作台的两端或四周应设防护栏板,以防被磨工件飞出。

(3)带电动、气动或液压夹紧装置的磨床应设有连锁装置,即夹紧力消失时应同时停止磨削工作。

(4)使用切削液的磨床应设有防溅挡板,以防止切削液飞溅到操作人员和周围地面上,干磨时应配除尘装置。

## 7.3 实训设备

磨床是用于磨削加工的一种机床。磨削加工是机械加工中最常用的精加工之一。磨削时可采用砂轮、油石、磨头、砂带等做磨具,而最常用的磨具是用磨料和黏结剂做成的砂轮。通常磨削能达到的精度为IT7~IT5,一般表面粗糙度为$Ra0.8 \sim Ra0.2\ \mu m$。目前各种磨床已广泛应用于机械、汽车、工具、仪表、液压、航空、轴承等领域。

磨削的加工范围很广,不仅可以加工内外圆柱面、内外圆锥面和平面,还可以加工螺纹、花键轴、曲轴、齿轮、叶片等特殊的成型表面,如图7.1所示。

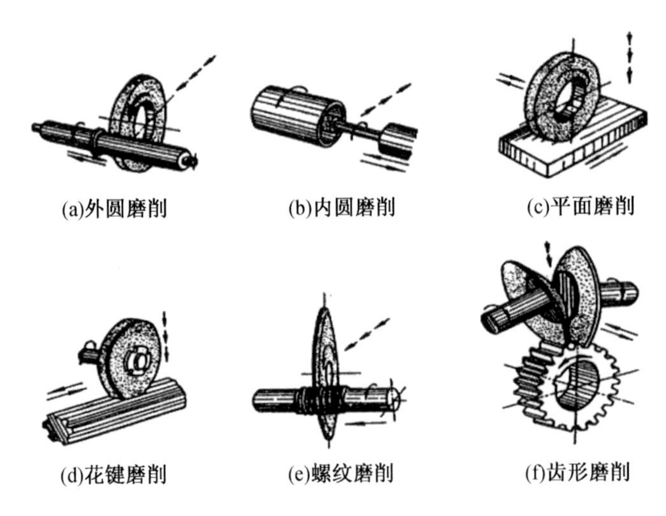


图7.1 磨削加工

### 7.3.1　万能外圆磨床的组成部分及其作用

如图7.2所示,M1320E型外圆磨床由床身、工作台、头架、尾座、砂轮架和内圆磨具等部件组成。

1—电柜;2—下工作台;3—上工作台;4—尾架;5—砂轮架;6—砂轮;7—头架;8—床身。

图7.2　M1320E型外圆磨床

1. 床身

床身是一个箱型铸件,用来支撑磨床的各个部件,在床身上面有两组导轨,分别为纵向导轨和横向导轨。纵向导轨上装有上、下工作台,横向导轨上装有砂轮架。在床身内部装有液压传动装置和其他传动机构。

2. 工作台

工作台分上、下两层,上层称上工作台,可相对下工作台回转角度,以便磨削圆锥面。下层称下工作台,由机械或液压传动,可沿着床身的纵向导轨做纵向进给运动。工作台往复运动的位置可由行程挡块控制。为了保持床身表面精度,在操作磨床时应注意维护保养。

3. 头架

头架上装有主轴,主轴端部可以安装顶尖或卡盘,以便装夹工件。主轴由单独的电动机通过传动变速机构带动,使工件获得不同的转动速度。头架可在水平面内偏转一定角度。

4. 尾座

在尾座套筒前端安装顶尖,用来支撑工件的另一端。尾座套筒的后端装有弹簧,可调节顶尖对工件的轴向压力。

5. 砂轮架

砂轮架安装在床身的横向导轨上。操纵横向进给手轮,可实现砂轮的横向进给运动,用来控制工件的磨削尺寸。砂轮架还可以由液压传动控制,实现快速进退运动。砂轮装在砂轮主轴端,由电动机带动做磨削旋转运动。砂轮架可绕垂直轴旋转一定角度。

6. 内圆磨具

内圆磨具用于磨削工件的内孔,在它的主轴端可安装内圆砂轮,由电动机经带传动做磨削运动。内圆磨具装在可绕铰链回转的支架上,使用时可向下翻转至工作位置。

### 7.3.2 平面磨床的组成部分及其作用

图7.3为卧轴矩台平面磨床外形图,它由床身、工作台、立柱、拖板、磨头等部件组成,与其他磨床不同的是工作台上安装有电磁吸盘,用以直接吸住工件。在磨削时用砂轮的外圆周面对工件进行加工。

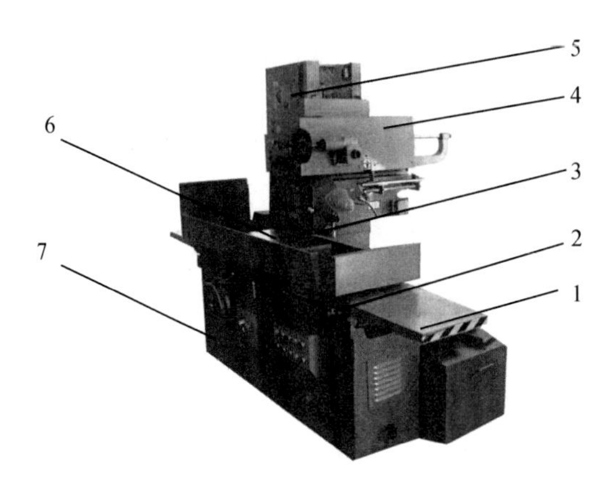


1—工作台;2—撞块;3—砂轮;4—滑座;5—立柱;6—电磁吸盘;7—床身。

图7.3 M7130G卧轴矩台平面磨床外形图

1. 床身

床身为箱形铸件,上面有V形导轨及平导轨,工作台安装在导轨上。床身前侧装有工作台手动机构、垂直进给机构、液压操纵板及电器按钮板。液压操纵板用以控制机床的机械与液压的传动。电器按钮板装有油泵启动按钮、砂轮变速启动开关、电磁吸盘工作状态选择开关及总停开关,并装有退磁器插座,以提供退磁器的电源。在床身后部的平面上,装有立柱及垂直进刀机构。

2. 工作台

工作台是一盆形铸件,上部有长方形的台面,下部有凸出的导轨。工作台上部长方形台面的表面经过磨削,并有一条T形槽,用以固定工件或电磁吸盘。在台面两端装有防护罩,以防止切削液飞溅。工作台由液压传动,在床身导轨上做直线往复运动,由行程挡块自动控制换向。工作台也可摇动手轮进行调整,手轮每转一圈,工作台移动6 mm。

3. 立柱

立柱为一箱形结构,前部有两条平导轨,其中间安装丝杠,通过螺母使拖板沿平导轨做垂直移动。立柱上装有叠合式防护罩,用以防止切削液、灰尘等进入。

4. 拖板

拖板有两组相互垂直的导轨:一组为垂直平导轨,用以沿立柱做垂直移动;另一组为水平燕尾导轨,用以做磨头横向移动。

5. 磨头

磨头在水平燕尾导轨上的移动有两种形式:一种是断续进给,即工作台换向一次,磨头横向做一次进给,移动量为1~12 mm,另一种是连续进给,磨头在水平燕尾导轨上往复连续移动。磨头座左侧槽内装有行程挡块,用以控制磨头横向移动距离。连续移动速度为0.3～3 m/min,由进给选择旋钮控制。磨头除了由液压传动控制外,还可用横向进给手轮控制移动,每格进给量为0.01 mm。

6. 垂直进给机构

垂直进给机构位于床身前面,固定在床身上,摇动垂直进给手轮带动轴运转,通过垂直进给减速器齿轮使丝杠转动,即得到垂直进给。垂直进给的移动量为345 mm,手轮转一圈移动量为1 mm,每格刻度值为0.005 mm。

### 7.3.3 内孔磨削

M215A 型内圆磨床如图7.4 所示。内孔磨削一般采用纵向磨削和切入磨削两种方法,如图7.5 所示。砂轮在工件孔的磨削位置有前面接触和后面接触两种,如图7.6 所示。一般在万能外圆磨床上可采用前面接触,在内圆磨床上采用后面接触。

1—床身;2—进给手轮;3—头架;4—砂轮;5—砂轮架;6—换向手柄;7—微调手柄。

图7.4 M215A 型内圆磨床

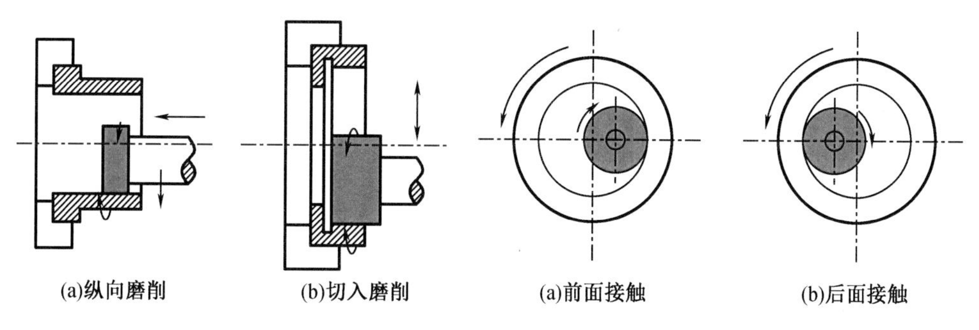


图7.5 磨内孔的方法

图7.6 砂轮在工件孔中的磨削位置

1. 纵向磨削法

与外圆的纵向磨削法相同,砂轮的高速回转做主运动;工件以与砂轮回转方向相反的低速回转完成圆周进给运动;工作台沿被加工孔的轴线方向做往复移动完成工件的纵向进给运动;在每一次往复行程终了时,砂轮沿工件径向横向进给。

2. 横向磨削法

磨削时，工件只做圆周进给运动，砂轮回转为主运动，同时以很慢的速度连续或断续地向工件做横向进给运动，直至孔径磨到规定尺寸。

与磨外圆相比，磨内圆有如下特点：

(1)砂轮与砂轮轴的直径都受到工件孔径的限制，因此，一方面磨削速度难以提高，另一方面磨具刚性较差，容易产生振动，使加工质量和磨削生产率受到影响。

(2)砂轮容易堵塞、磨钝，磨削时不易观察，冷却条件差。

### 7.3.4 维护机床

磨床的日常保养维护工作对磨床的精度、使用寿命有很大的影响，这也是文明生产的主要内容。

(1)训练前应仔细检查磨床各部位是否正常，若有异常现象，应及时报告老师，不能带着故障训练。

(2)训练结束后，应清除各部位积屑，擦净残留的切削液及磨床外形，并在工作台面、顶尖及尾座套筒上涂油防锈。

(3)严禁在工作台上放置工、量具及其他物品，以防工作台台面损伤。

(4)移动头架和尾座时，应先擦净工作台台面和前侧面，并在其上涂一层润滑油，以减少机床磨损。

(5)电磁吸盘的台面要保持平整光洁，使用完毕后，应将台面擦净并涂油防锈。

(6)机床擦拭完毕后，工作台应停在机床中间部位。

### 7.3.5 砂轮及切削液的使用

1. 砂轮的基本知识

砂轮是由磨料和结合剂经压坯、干燥、烧结而成的疏松体，由磨粒、结合剂和气孔三部分组成。砂轮磨粒暴露在表面部分的尖角即为切削刃。结合剂的作用是将众多磨粒黏结在一起，并使砂轮具有一定的形状和强度。气孔在磨削中主要起容纳切屑和切削液以及散发热量的作用。砂轮特性包括磨料、粒度、结合剂、硬度、组织、形状和尺寸等要素。

(1)磨料

磨料是砂轮的主要成分，它直接担负切削工作，应具有很高的硬度和锋利的棱角，并要有良好的耐热性。常用的磨料有刚玉类($Al_2O_3$)和碳化硅类(SiC)。刚玉类适用于磨削钢料及一般刀具；碳化硅类适用于磨削铸铁、青铜等脆性材料及硬质合金刀具。

(2)粒度

粒度对磨削生产率和加工表面的表面粗糙度有很大的影响。一般粗磨或磨软材料时选用粗磨粒；精磨或磨硬而脆的材料时选用细磨粒。

(3)结合剂

磨料用结合剂可以黏结成各种形状和尺寸的砂轮，以适用于不同表面、形状和尺寸的加工。陶瓷结合剂最为常用。

(4)硬度

砂轮的硬度是指结合剂黏结磨粒的牢固程度,也是指磨粒在磨削力作用下,从砂轮表面上脱落下来的难易程度。使用时要特别注意选择适当的硬度。

(5)砂轮的代号

为了方便使用,在砂轮的非工作表面上标有砂轮的特性代号。按 GB/T 2484—1984 规定,其代号及意义如图 7.7 所示。

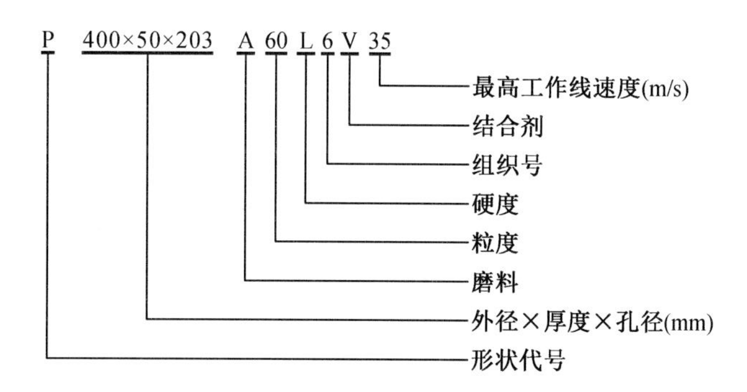


图 7.7 砂轮的代号及意义

2. 砂轮的选用

选用砂轮时,应综合考虑工件的形状、材料性质及磨床条件等各种因素,见表 7.1。在选择砂轮尺寸时,应尽可能把外径选得大些,以提高砂轮的圆周速度,有利于提高磨削生产率、降低表面粗糙度。但应特别注意的是,不能使砂轮工作时的线速度超过安全线速度。

表 7.1 常用砂轮的形状、代号及用途

| 砂轮名称 | 代号 | 简图 | 主要用途 |
| --- | --- | --- | --- |
| 平形砂轮 | P | | 用于磨外圆、内圆、平面、螺纹及无心磨等 |
| 双斜边形砂轮 | PSX | | 用于磨削齿轮和螺纹 |

表 7.1(续)

| 砂轮名称 | 代号 | 简图 | 主要用途 |
|---|---|---|---|
| 双面凹砂轮 | PSA | 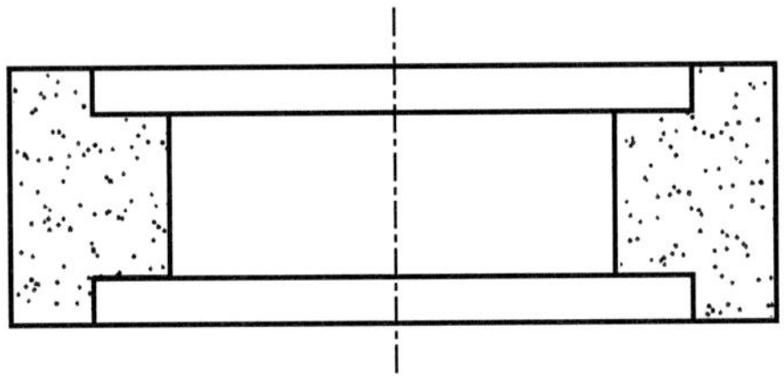  | 主要用于外圆磨削和刃磨刀具、无心磨砂轮和导轮 |
| 薄片砂轮 | PB | 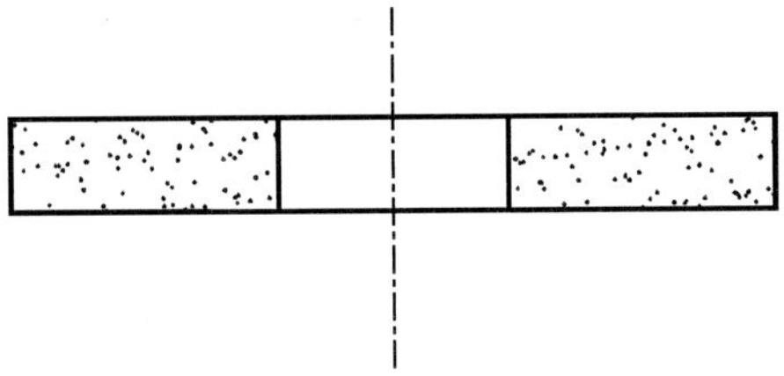  | 主要用于切断和开槽等 |
| 筒形砂轮 | N | 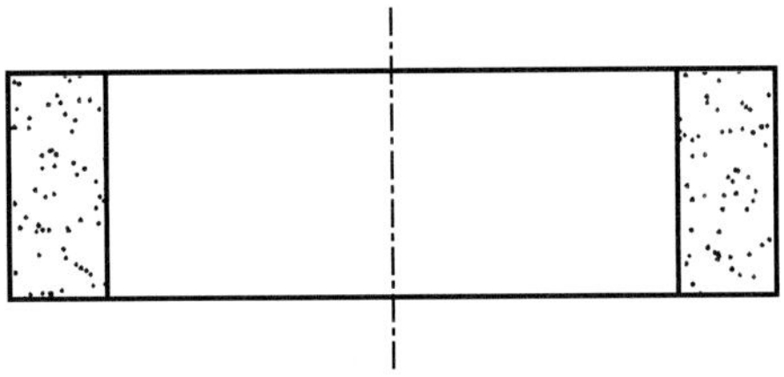  | 用于立轴端面磨 |
| 杯形砂轮 | B | 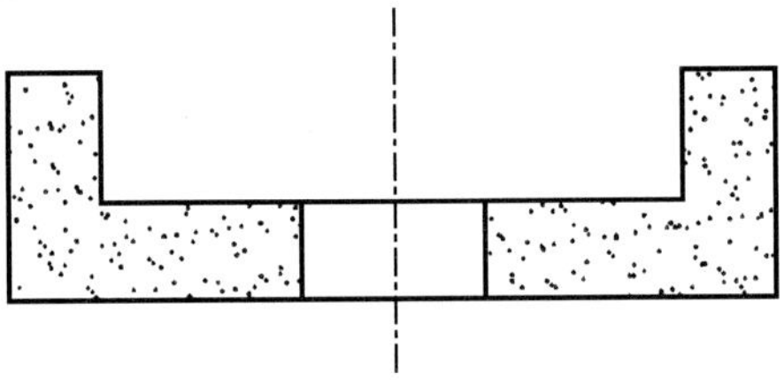  | 用于导轨磨及刃磨刀具 |
| 碗形砂轮 | BW | 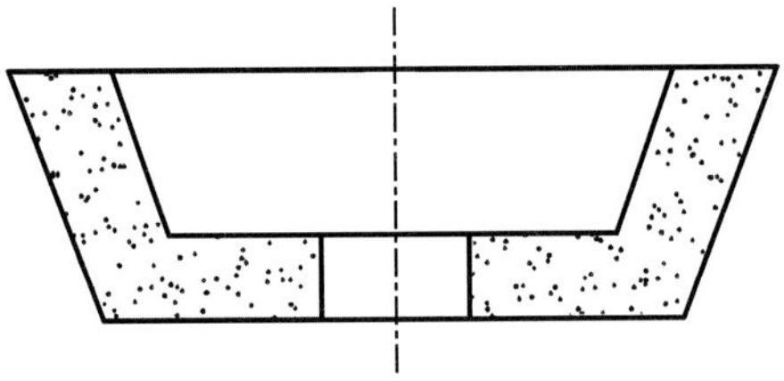  | 用于磨铣刀、铰刀、拉刀等,大尺寸的用于磨齿轮端面 |
| 碟形砂轮 | D | 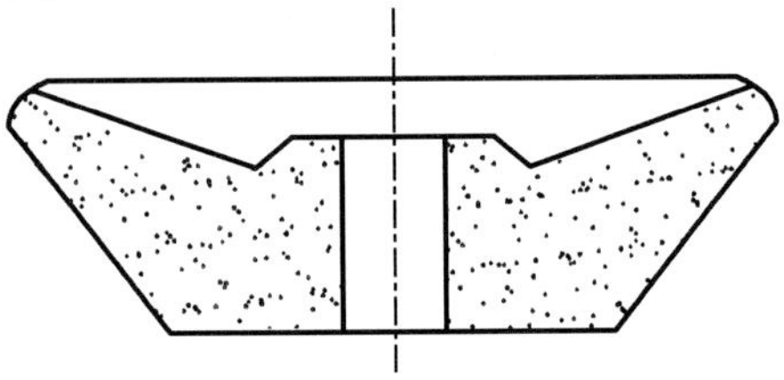  |  |

3. 砂轮的检查、安装、平衡及修整

(1)砂轮的检查

砂轮安装前一般要进行裂纹检查,严禁使用有裂纹的砂轮。通过外观检查确认无表面裂纹的砂轮后，一般还要用木槌轻轻敲击，声音清脆的为没有裂纹的好砂轮。

(2)砂轮的安装

最常用的砂轮安装方法是用法兰盘装夹砂轮，如图7.8所示。两法兰盘直径必须相等，其尺寸一般为砂轮直径的一半。安装时，砂轮和法兰盘之间应垫上厚1~2 mm的弹性纸垫，砂轮的孔径与法兰盘轴颈间应有一定的安装间隙，以免主轴受热膨胀而将砂轮胀裂。

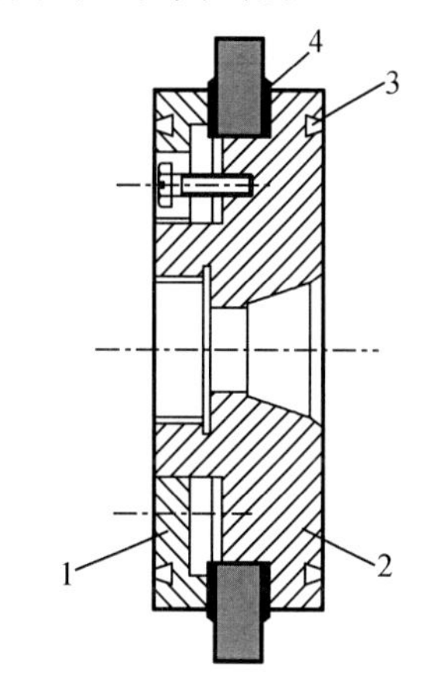


1,2—法兰盘;3—平衡块槽;4—弹性纸垫。

图7.8 砂轮的安装

(3)砂轮的平衡

砂轮各部分密度不均匀、几何形状不对称以及安装偏心等各种原因，往往造成砂轮重心与其旋转中心不重合，即产生不平衡现象。不平衡的砂轮在高速旋转时会产生振动，影响磨削质量和机床精度，严重时还会造成机床损坏和砂轮碎裂。因此，在安装砂轮前都要进行平衡。砂轮的平衡有静平衡和动平衡两种。一般情况下，只需静平衡，但在高速磨削(线速度大于50 m/s)和高精度磨削时，必须进行动平衡。

(4)砂轮的修整

砂轮工作一定时间后，出现磨粒钝化、表面空隙被磨屑堵塞、外形失真等现象时，必须除去表层的磨粒，重新修磨出新的刃口，以恢复砂轮的切削能力和外形精度。砂轮修整一般利用金刚石工具采用车削法、滚压法或磨削法进行。修整时要用大量的切削液直接浇注在砂轮和金刚石工具接触的地方，以避免金刚石工具因温度剧升而破裂。

4. 切削液的使用

切削液主要用来降低磨削热和减少磨削过程中的摩擦。在磨削过程中，金属的变形和摩擦会产生很大的热量，使工件受热变形或烧伤，降低磨削的质量。一般磨削均要采用切削液。切削液主要有冷却作用、润滑作用、清洗作用和防锈作用。

切削液的使用方法要得当，一般要注意以下几个问题。

(1)切削液应该直接浇注在砂轮和工件接触的地方。

(2)切削液的流量应充足，一般取10~30 L/min，并应均匀地喷射到砂轮整个宽度上。

(3)切削液应有一定的压力，以便切削液能冲入磨削区域。

(4)切削液应该保持清洁，尽可能减少切削液中杂质的含量。变质的切削液要及时更换，超精密磨削时可以采用专门的过滤装置。

## 7.4 实训内容

1. 了解磨床加工的特点及加工范围。

2. 了解磨床的种类及用途，了解液压传动的一般知识。

3. 了解砂轮的特性、砂轮的选择和使用方法。

4. 掌握外圆磨、内圆磨、平面磨的操纵及安装工件的正确方法,并能完成磨削加工。

## 7.5 操作示例分析

### 7.5.1 平行面工件的磨削

如图 7.9 所示,该工件前序加工已完成,磨削表面留 0.4 mm 左右的磨削余量。通过前面所讲的实训内容,要完成该零件的磨削加工,其操作步骤为确定磨削工艺、选择调整机床、安装工件、磨削加工。

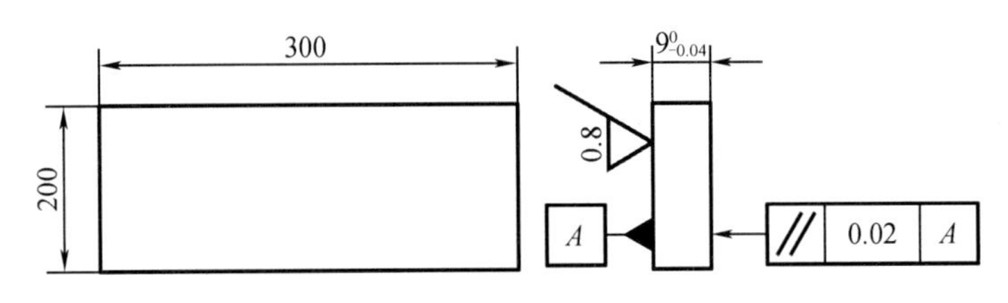


图 7.9 磨削平行面工件

平行面工件的磨削步骤:

(1)用锉刀、旧砂轮端面、砂纸或油石等,除去工件基准面上的毛刺或热处理后的氧化层。

(2)测量工件尺寸,计算出磨削余量。

(3)将工件放在电磁吸盘台面上,夹持牢固。

(4)启动油泵,调整工作台行程挡块位置,抬升砂轮,使砂轮高于工件平面 1 mm 左右。

(5)启动砂轮并做垂直进给,接触工件后,用横向磨削法磨出上平面或磨去磨削余量的一半。

(6)以磨过的平面为基准面,磨削第二面至图样要求。

磨削时,可根据技术要求,分粗磨、精磨进行加工。粗磨时,横向进给量 $f=(0.1\sim0.5)$ $B$/双行程($B$ 为砂轮宽度),背吃刀量 $p=0.02\sim0.05$ mm;精磨时,背吃刀量 $p=0.005\sim0.01$ mm。

### 7.5.2 典型轴类工件磨削

如图 7.10 所示,该工件前序加工已完成,各外圆留 0.5 mm 左右的磨削余量。通过前面所讲的实训内容,要完成该轴的磨削加工,其操作步骤为确定磨削工艺、选择调整机床、安装工件、磨削加工。

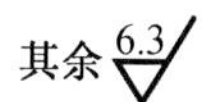


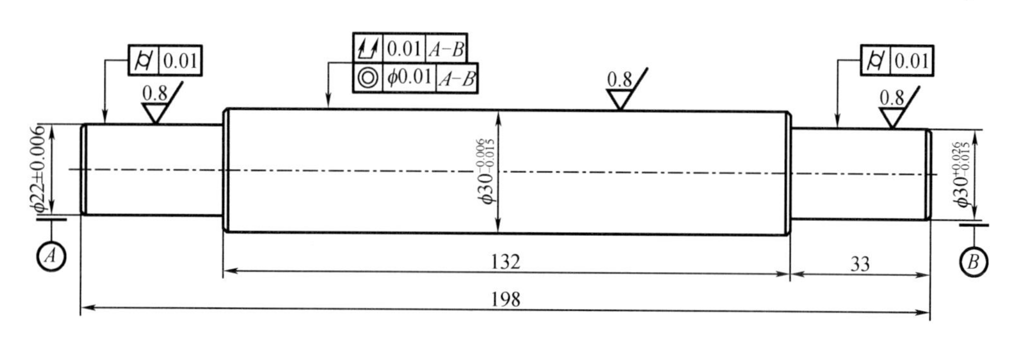


图 7.10 磨削轴类工件

磨削步骤：

(1)将两端中心孔擦干净，加润滑脂。选择合适夹头，夹持 $\phi$23 mm 外圆。

(2)测量工件尺寸，计算出磨削余量。

(3)选择 M1432 型万能外圆磨床，调整尾座至合适位置，应保证两顶尖夹持工件的夹紧力松紧适度。安装工件，调整拨杆，使拨杆能拨动夹头；按动头架点动按钮，检查工件旋转情况，是否运转正常。

(4)调整横向进给手轮，使砂轮相对 $\phi$30 mm 外圆大于 50 mm 以上，调整好纵向换向挡块。

(5)试磨 $\phi$30 mm 外圆后，测量 $\phi$30 mm 外圆左右尺寸，根据情况调整上工作台，再次试磨 $\phi$30 mm 外圆至图样要求的公差范围。

(6)粗磨 $\phi$30 mm 外圆，留 0.1 mm 精磨量。

(7)粗磨 $\phi$22 mm 外圆，留 0.1 mm 精磨量。

(8)掉头粗磨 $\phi$23 mm 外圆，留 0.1 mm 精磨量。

(9)精细修整砂轮。

(10)精磨 $\phi$30 mm 外圆至图样要求。

(11)精磨 $\phi$23 mm 和 $\phi$22 mm 两外圆至图样要求。注意要保护工件无夹持痕迹，必要时可垫上铜皮。

(12)加工结束后，取下工件，擦拭工件。

(13)停止机床并擦拭干净。

## 思考题

1. 平行面工件的磨削

(1)平面磨削方式有哪几种？

(2)用卧轴矩台平面磨床磨削平面的方法有几种？哪种方法最为常用？

2. 典型轴类工件磨削

(1)常用的外圆磨削方法有几种？各自有何作用？

(2)如何选择磨削用量？

# 第8章 焊接实训

## 8.1 实训目的

### 8.1.1 知识目标

1. 了解什么是焊接及焊接所使用的设备。

2. 理解电焊工安全操作规程,通过学习能够安全文明生产。

3. 了解预防触电,预防火灾和爆炸,预防有害气体和烟尘中毒的安全技术。

### 8.1.2 技能目标

掌握手工电弧焊的基本操作方法,能够独立进行焊接参数选择,并且能焊接出符合教学要求的焊道。

## 8.2 实训要求

1. 着装要求

不准穿背心、短裤、拖鞋和戴围巾进入生产实训场地。上课前穿好长袖工作服,女同学戴好工作帽,辫子盘在工作帽内。

2. 现场纪律要求

在实训课上要团结互助,遵守纪律,不准随便离开生产实训场地。在实训中要严格遵守安全操作规程,避免出现人身和设备事故。

3. 用电和防火要求

注意防火,防止触电。如果电气设备出现故障,应立即关闭电源,报告实训教师,不得擅自处理。

4. 设备及工具使用操作要求

爱护工具、量具和生产实训场地的其他设备、设施。

5. 使用材料要求

节约原材料,节约水电,节约油料和其他辅助材料。焊条的剩余长度,应按照老师讲课要求的尺寸留存,杜绝浪费。

6. 卫生要求

搞好文明实训,保持工作位置的整齐和清洁,焊接完毕应清扫焊接工位。

## 8.3 实训设备

实训设备有：手工电弧焊、数控自动焊、钨极氩弧焊、二氧化碳气体保护焊、固定电阻焊、氧气－乙炔热熔焊（气焊）、氧气－乙炔数控切割机、等离子切割机。

## 8.4 实训内容

简要介绍手工电弧焊、数控自动焊、二氧化碳气体保护焊、钨极氩弧焊、固定电阻焊（铆焊）、氧气－乙炔热熔焊（气焊）、氧气－乙炔数控切割机、等离子切割机的工作原理，同时进行演示操作。

### 8.4.1 手工电弧焊焊接原理及防护

1. 手工电弧焊的基本工作原理

手工电弧焊是指用手工操纵焊条进行焊接的电弧焊方法，简称手弧焊。手弧焊时，在焊条末端和工件之间燃烧的电弧所产生的高温使焊条药皮与焊芯及工件熔化，熔化的焊芯端部迅速形成细小的金属熔滴，通过弧柱过渡到局部熔化的工件表面，熔合在一起形成熔池。药皮熔化过程中产生的气体和熔渣不仅使熔池和电弧周围的空气隔绝，而且和熔化了的焊芯、母材发生一系列冶金反应，保证所形成焊缝的性能。随着电弧以适当的弧长和速度在工件上不断地前移，熔池液态金属逐步冷却结晶，形成焊缝。

焊条电弧焊的过程如图 8.1 所示。

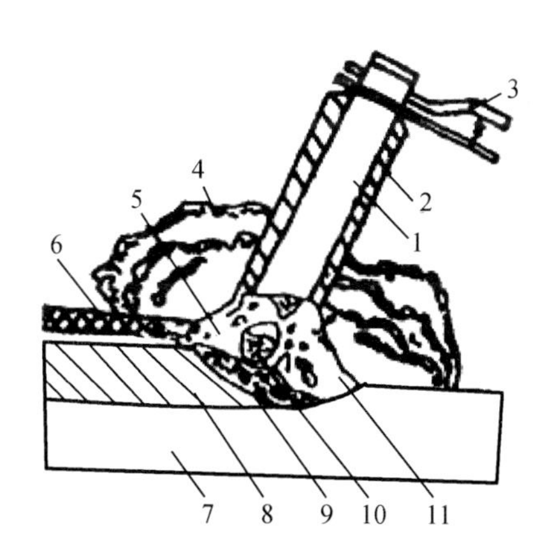


1—焊条芯；2—焊药；3—焊钳；4—保护气体；5—液态熔渣；6—凝固的熔渣；7—工件；8—焊缝；9—熔池；10—熔滴；11—电弧。

图 8.1 焊条电弧焊示意图

(1)焊接电源(简称弧焊机)

弧焊机按照电源输出种类分为交流弧焊机和直流弧焊机。交流弧焊机是一个提供电流、电压的大功率变压器。直流弧焊机按照结构形式分为旋转式直流弧焊机和整流式直流弧焊机(图8.2)。

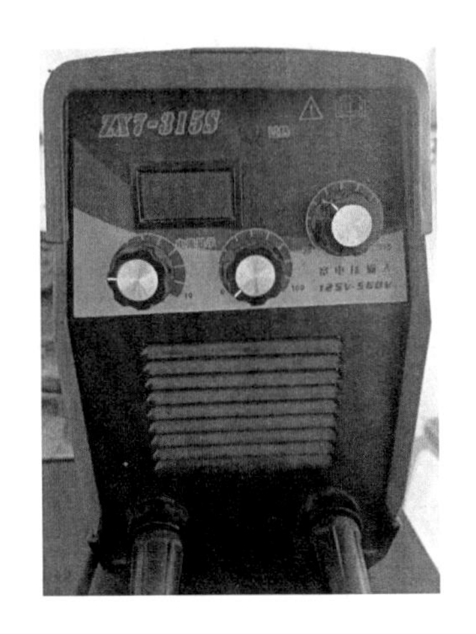


图8.2 ZX7-315S手工直流弧焊机

(2)焊接电弧

由焊接电源提供的,具有一定电压的两电极间或电极与焊件间,在气体介质中产生的强烈而持久的放电现象,称为焊接电弧。手弧焊焊接低碳钢或低合金钢时,电弧中心部分的温度可达6 000~8 000 ℃,两电极的温度可达到2 400~2 600 ℃,如图8.3所示。

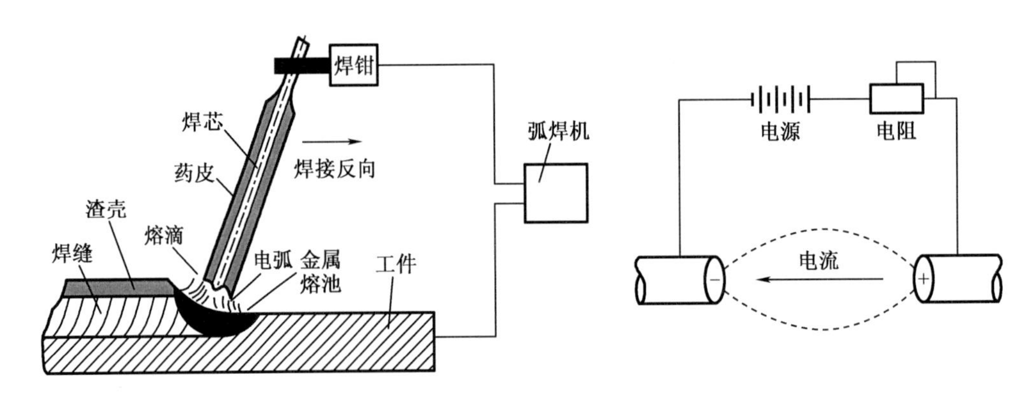


图8.3 焊接电弧示意图

(3)焊条

焊条是由焊芯(金属丝)和药皮组成的,如图8.4所示。按照药皮中主要成分,分酸性和碱性焊条。按照钢芯的粗细分,应用比较多的有 $\phi$2.0 mm、$\phi$2.5 mm、$\phi$3.2 mm、$\phi$4.0 mm、$\phi$5.0 mm、$\phi$5.8 mm或 $\phi$6.0 mm等,通常使用 $\phi$2.5 mm、$\phi$3.2 mm、$\phi$4.0 mm、$\phi$5.0 mm几种。

在尾部有一段裸露的钢芯，约占焊条的1/16，便于焊钳夹持并有利于导电。

①焊芯

焊条中的金属芯称为焊芯。焊芯有两个作用：一是传导焊接电流，产生电弧把电能转换成热能；二是焊芯本身作为填充金属与液体母材金属熔合形成焊缝，手弧焊时，焊芯金属占整个焊缝金属的50%～70%。

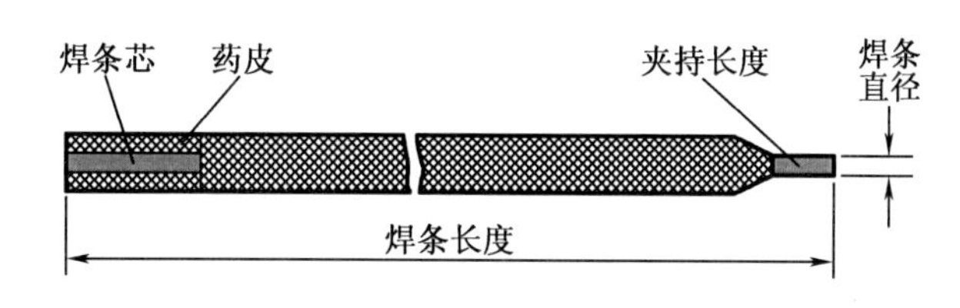


图8.4 焊条组成示意图

②药皮

压涂在焊芯表面上的涂料层称为药皮。药皮在焊接过程中起着极其重要的作用：机械保护；冶金处理渗合金；改善焊接工艺性。

2. 手工电弧焊操作

工作前应认真检查工作环境，施工前穿戴好劳动保护用品，在靠近易燃地方焊接时，要有严格的防火措施，必要时须经安全员同意方可工作。焊接完毕，应灭绝火种，切断电源认真检查现场确无火源，才能离开工作场地。

3. 预防触电的安全技术

通过人体的电流大小，取决于线路中的电压和人体的电阻。人体的电阻除人体自身的电阻外，还包括人所穿的衣服、鞋的电阻。干燥的衣服、鞋及干燥的工作场地能使人体的电阻增大。人体的电阻为800～50 000 Ω。通过人体的电流大小不同，对人体的伤害轻重程度也不同。当通过人体的电流强度超过0.05 A时，生命就有危险；达到0.1 A时，足以致命。根据欧姆定律推算可知，40 V的电压足以对人身产生危险。而焊接工作场地所用的电压为380 V或220 V，焊机的空载电压一般都在60 V以上。因此，焊工在工作时必须注意防止触电。

(1)焊工的工作服、手套、绝缘鞋应保持干燥。

(2)在潮湿的场地工作时，应用干燥的木板或橡胶板等绝缘物作垫板。

(3)禁止双手同时接触焊接电源的正负极，防止触电事故。

4. 防火灾和爆炸的安全技术

焊接时，由于电弧及气体火焰的温度很高，而且在焊接过程中有大量的金属火花飞溅物，稍有疏忽大意，就会引起火灾甚至爆炸。因此焊工在工作时，为了防止火灾及爆炸事故的发生，必须采取下列安全措施：

(1)焊接前要认真检查工作场地周围是否有易燃易爆物品(棉纱、油漆、汽油、煤油、木屑等)，如有易燃易爆物品，应将这些物品移至距离焊接工作地10 m以外的地方。

(2)在焊接作业时,应注意防止金属火花飞溅而引起火灾。

(3)焊条头及焊后的焊件不能随便乱扔,更不能扔在易燃、易爆物品的附近,要妥善管理,以免发生火灾。

5. 预防有害气体和烟尘中毒的安全技术

焊接时,焊工周围的空气常被一些有害气体及粉尘所污染,如氧化锰、氧化锌、臭氧、氟化物、一氧化碳和金属蒸气等。焊工长期呼吸这些烟尘和气体,对身体健康是不利的,甚至会患上肺尘埃沉着病(俗称尘肺)及锰中毒等,因此,焊接场地应有良好的通风。焊接区的通风是排出烟尘和有毒气体的有效措施。

6. 预防弧光辐射的安全技术

弧光辐射主要包括可见光、红外线、紫外线三种辐射。过强的可见光耀眼炫目;眼部受到红外线辐射,会感到强烈的灼痛,出现闪光幻觉;紫外线对眼睛和皮肤有较大的刺激性,它能引起电光性眼炎。电光性眼炎的症状是眼睛疼痛、有砂粒感、多泪、畏光、怕风吹等,但电光性眼炎治愈后一般不会有任何后遗症。皮肤受到紫外线照射时,先是痒、发红、触疼,之后会变黑、脱皮。如果工作时注意防护,以上症状是不会出现的。因此,焊工应采取下列措施预防弧光辐射:

(1)焊工必须使用有电焊防护玻璃的面罩。

(2)面罩应该轻便、成型合适、耐热、不导电、不导热、不漏光。

(3)焊工工作时,应穿白色帆布工作服,以防止弧光灼伤皮肤。

(4)操作引弧时,焊工应该注意周围工人,以免强烈弧光伤害他人眼睛。

(5)在厂房内和人多的区域进行焊接时,尽可能地使用防护屏,避免周围人受弧光伤害。

7. 劳动保护用品的种类及要求

(1)焊接护目镜

焊接弧光中含有的紫外线、可见光、红外线强度均大大超过人眼所能承受的限度,过强的可见光会对视网膜产生烧灼,造成眩晕性视网膜炎;过强的紫外线会损伤眼角膜和结膜,造成电光性眼炎;过强的红外线将会眼睛造成慢性损伤。因此必须采用护目滤光片来进行防护。关于滤光片颜色的选择,根据人眼对颜色的适应性,滤光片的颜色以黄绿、蓝绿、黄褐为宜。

焊工务必根据电流大小及时更换不同遮光号的滤光片,切实改正不论电流大小均使用一块滤光片的陋习,否则必将损伤眼睛。

(2)焊接防护面罩

常用焊接面罩见图 8.5 和图 8.6。面罩用 1.5 mm 厚钢纸板压制而成,质轻、坚韧、绝缘性与耐热性好。

护目镜片可以启闭的 MS 型面罩见图 8.6,手持式面罩护目镜启闭按钮设在手柄上,头盔式面罩护目镜启闭开关设在电焊钳胶木柄上,使引弧及敲渣时都不必移开面罩,焊工操作方便,可得到更好的防护。

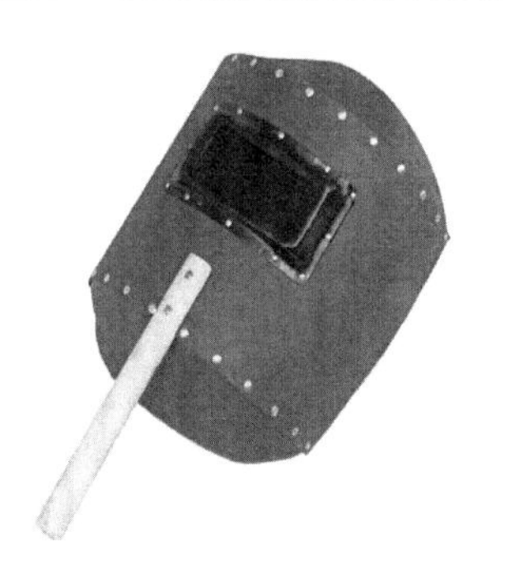

图8.5 手持式电焊面罩

图8.6 头盔式电焊面罩

(3)防护工作服

焊工用防护工作服应符合国标《焊接防护服》GB 15701—1995 规定,具有良好的隔热和屏蔽作用,以使人体免受热辐射、弧光辐射和飞溅物等伤害。常用白帆布工作服或铝膜防护服。用防火阻燃织物制作的工作服也已开始应用。

(4)电焊手套和工作鞋

电焊手套宜采用牛绒面革或猪绒面革制作,以保证绝缘性能好和耐热不易燃烧。

工作鞋应具有耐热、不易燃、耐磨和防滑性能,现一般采用胶底翻毛皮鞋。新研制的焊工安全鞋具有防烧、防砸性能,绝缘性好(用干法和湿法测试,通过电压 7.5 kV 保持 2 min 的绝缘性试验),鞋底可耐热 200 ℃(15 min)的性能。

(5)防尘口罩

当采用通风除尘措施不能使烟尘浓度降到卫生标准以下时,应佩戴防尘口罩。

### 8.4.2 引弧和平敷焊

1.引弧和平敷焊介绍

(1)平敷焊的特点

平敷焊是焊件处于水平位置时,在焊件上堆敷焊道的一种操作方法。在选定焊接工艺参数和操作方法的基础上,利用电弧电压、焊接速度,控制熔池温度、熔池形状来完成焊接焊缝。

平敷焊是初学者进行焊接技能训练时所必须掌握的一项基本技能,焊接技术易掌握,焊缝无烧穿、焊瘤等缺陷,易获得良好焊缝成形和焊缝质量。

(2)基本操作姿势

①焊接基本操作姿势有蹲姿、坐姿、站姿,如图 8.7 所示。

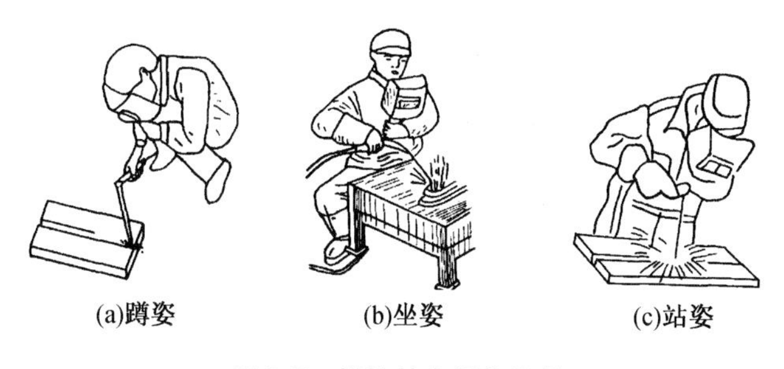


图8.7 焊接基本操作姿势

焊钳与焊条的夹角如图 8.8 所示。

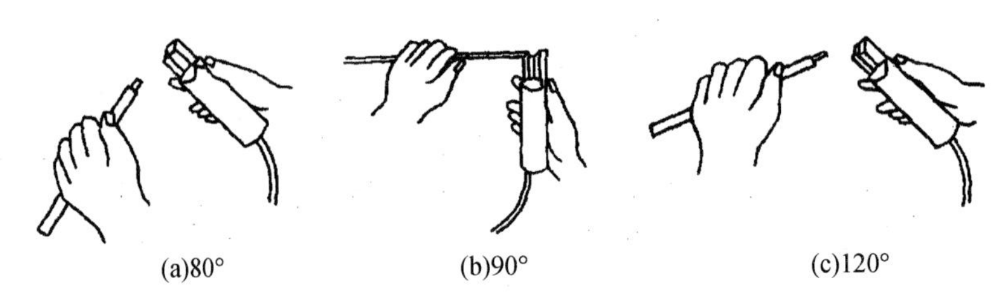


图 8.8 焊钳与焊条的夹角

②辅助姿势

焊钳的握法如图 8.9 所示。面罩的握法为左手握面罩,自然上提至内护目镜框与眼平行,向脸部靠近,面罩与鼻尖距离 10 ~ 20 mm 即可。

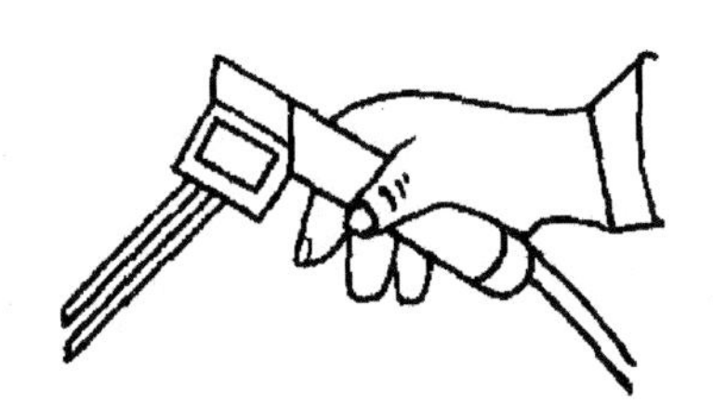

图 8.9 焊钳的握法

2. 引弧和平敷焊操作

(1)引弧

焊条电弧焊施焊时,使焊条引燃焊接电弧的过程,称为引弧。常用的引弧方法有划擦法和直击法两种。

①划擦法

优点:易掌握,不受焊条端部清洁情况(有无熔渣)限制。

缺点:操作不熟练时,易损伤焊件。

操作要领:类似划火柴。先将焊条端部对准焊缝,然后将手腕扭转,使焊条在焊件表面轻轻划擦,划的长度以 20 ~ 30 mm 为佳,以减少对工件表面的损伤,然后将手腕扭平后迅速将焊条提起,使弧长约为所用焊条外径的 1.5 倍,做“预热”动作(即停留片刻),其弧长不变,预热后将电弧压短至与所用焊条直径相符。在始焊点做适量横向摆动,且在起焊处稳弧(即稍停片刻)以形成熔池后进行正常焊接,如图 8.10(a)所示。

②直击法

优点:直击法是一种理想的引弧方法。适用于各种位置引弧,不易碰伤工件。

缺点:受焊条端部清洁情况限制,用力过猛时药皮易大块脱落,造成暂时性偏吹,操作不熟练时易粘于工件表面。

操作要领:焊条垂直于焊件,使焊条末端对准焊缝,然后将手腕下弯,使焊条轻碰焊件,引燃后,手腕放平,迅速将焊条提起,使弧长约为焊条外径的 1.5 倍,稍“预热”后,压低电弧,使弧长与焊条内径相等,且焊条横向摆动,待形成熔池后向前移动,如图 8.10(b)所示。

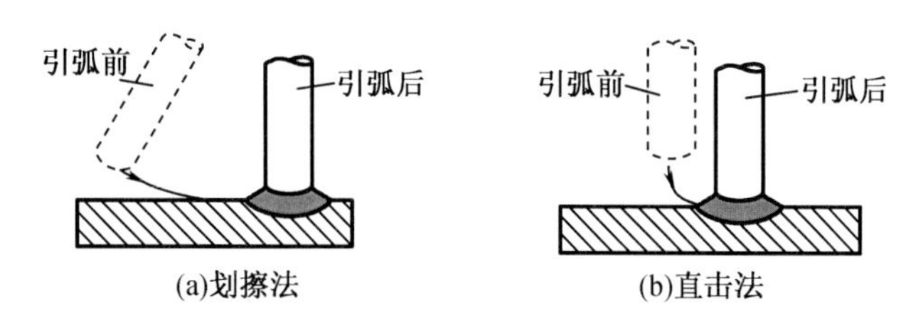


图 8.10　引弧方法

影响电弧顺利引燃的因素有:工件清洁度、焊接电流、焊条质量、焊条酸碱性、操作方法等。

(2)引弧注意事项

①注意清理工件表面,以免影响引弧及焊缝质量。

②引弧前应尽量使焊条端部焊芯裸露,若不裸露可用锉刀轻锉,或轻击地面。

③焊条与焊件接触后提起时间应适当。

④引弧时,若焊条与工件出现粘连,应迅速使焊钳脱离焊条,以免烧损弧焊电源,待焊条冷却后,用手将焊条拿下。

⑤引弧前应夹持好焊条,然后使用正确操作方法进行焊接。

⑥初学引弧,要注意防止电弧光灼伤眼睛。对刚焊完的焊件和焊条头不要用手触摸,也不要乱丢,以免烫伤和引起火灾。

(3)运条方法

焊接过程中,焊条相对焊缝所做的各种动作的总称叫运条。在正常焊接时,焊条一般有三个基本运动相互配合,即沿焊条中心线向熔池送进、沿焊接方向移动、焊条横向摆动(平敷焊练习时焊条可不摆动),如图 8.11 所示。

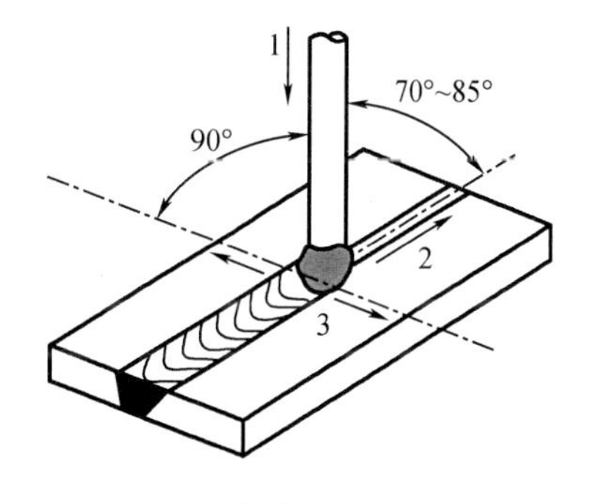


图 8.11　焊条角度与应用

①焊条的送进

沿焊条的中心线向熔池送进,主要用来维持所要求的电弧长度和向熔池添加填充金属。焊条送进的速度应与焊条熔化速度一致,如果焊条送进速度比焊条熔化速度慢,电弧长度会增加;反之,如果焊条送进速度太快,则电弧长度迅速缩短,使焊条与焊件接触,造成短路,从而影响焊接过程的顺利进行。

长弧焊接时所得焊缝质量较差,因为电弧易左右飘移,使电弧不稳定,电弧的热量散失,焊缝熔深变浅,又由于空气侵入易产生气孔,所以在焊接时应选用短弧。

②焊条纵向移动

焊条沿焊接方向移动,目的是控制焊道成形,若焊条移动速度太慢,则焊道会过高、过宽,外形不整齐,如图 8.12(a)所示,焊接薄板时甚至会出现烧穿等缺陷。若焊条移动太快则焊条和焊件熔化不均造成焊道较窄，甚至发生未焊透等缺陷，如图 8.12(b)所示。只有速度适中时才能焊成表面平整、焊波细致而均匀的焊缝，如图 8.12(c)所示。焊条沿焊接方向移动的速度由焊接电流、焊条直径、焊件厚度、装配间隙、焊缝位置以及接头形式来决定。

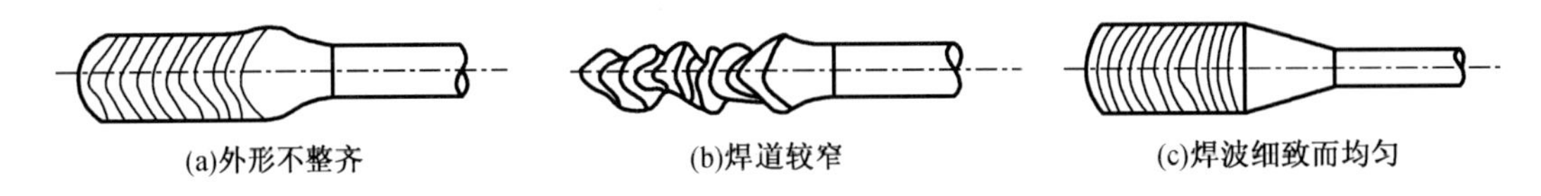


图 8.12　焊条沿焊接方向移动

③焊条横向摆动

焊条横向摆动，主要是为了获得一定宽度的焊缝和焊道，也是对焊件输入足够的热量，排渣、排气等。其摆动范围与焊件厚度、坡口形式、焊道层次和焊条直径有关，摆动的范围越宽，则得到的焊缝宽度也越大。

为了控制好熔池温度，使焊缝具有一定宽度和高度及良好的熔合边缘，对焊条的摆动可采用多种方法。

a. 直线形运条法。采用直线形运条法焊接时，应保持一定的弧长，焊条不摆动并沿焊接方向移动。由于此时焊条不做横向摆动，所以熔深较大，且焊缝宽度较窄。在正常的焊接速度下，焊波饱满平整。此法适用于板厚 3 ~ 5 mm 的不开坡口的对接平焊、多层焊的第一层焊道和多层多道焊。

b. 直线往返形运条法。此法是焊条末端沿焊缝的纵向做来回直线形摆动，如图 8.13 所示，主要适用于薄板焊接和接头间隙较大的焊缝。其特点是焊接速度快，焊缝窄，散热快。

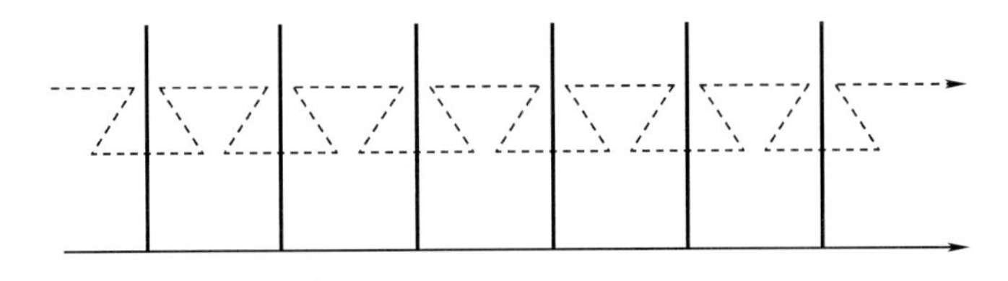

图 8.13　直线往返形运条法

c. 锯齿形运条法。此法是将焊条末端做锯齿形连续摆动并向前移动，如图 8.14 所示，应在两边稍停片刻，以防产生咬边缺陷。这种手法操作容易、应用较广，多用于比较厚的钢板的焊接，适用于平焊、立焊、仰焊的对接接头和立焊的角接接头。

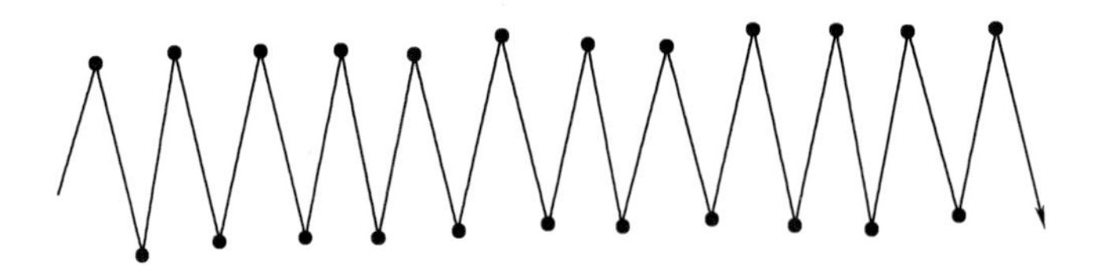

图 8.14　锯齿形运条法

d. 月牙形运条法。如图 8.15 所示,此法是使焊条末端沿着焊接方向做月牙形的左右摆动,并在两边的适当位置停留片刻,以使焊缝边缘有足够的熔深,防止产生咬边缺陷。此法适用于仰焊、立焊、平焊位置以及需要比较饱满焊缝的地方。其适用范围和锯齿形运条法基本相同,但用此法焊出来的焊缝余高较大。其优点是,能使金属熔化良好,而且有较长的保温时间,熔池中的气体和熔渣容易上浮到焊缝表面,有利于获得高质量的焊缝。

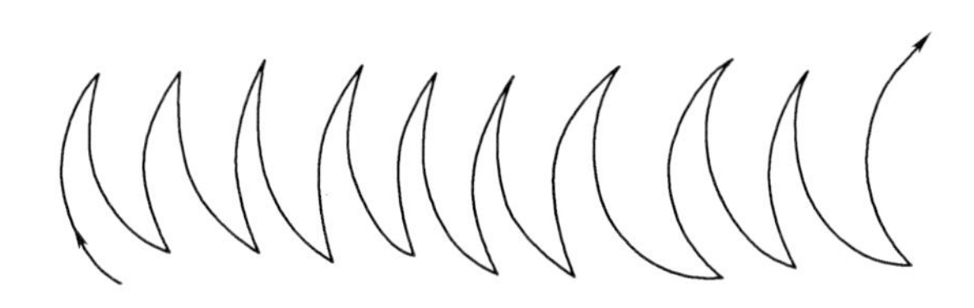

图 8.15 月牙形运条法

e. 三角形运条法。如图 8.16 所示,此法是使焊条末端做连续三角形运动,并不断向前移动。按适用范围不同,可分为斜三角形和正三角形两种运条方法。其中斜三角形运条法适用于焊接 T 形接头的仰焊缝和有坡口的横焊缝。其特点是能够通过焊条的摆动控制熔化金属,促使焊缝成形良好。正三角形运条法仅适用于开坡口的对接接头和 T 形接头的立焊。其特点是一次能焊出较厚的焊缝断面,有利于提高生产率,而且焊缝不易产生夹渣等缺陷。

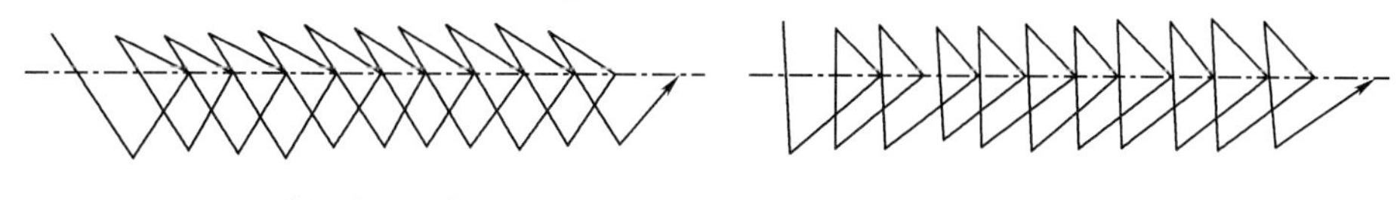

(a)斜三角形运条法　　(b)正三角形运条法

图 8.16 三角形运条法

f. 圆圈形运条法。如图 8.17 所示,将焊条末端连续做圆圈运动,并不断前进。这种运条方法又分正圆圈和斜圆圈两种。正圆圈运条法只适于焊接较厚工件的平焊缝,其优点是能使熔化金属有足够高的温度,有利于气体从熔池中逸出,可防止焊缝产生气孔。斜圆圈运条法适用于 T 形接头的横焊(平角焊)和仰焊以及对接接头的横焊,其特点是可使熔化金属不受重力影响,能防止金属液体下淌,有助于焊缝成形。

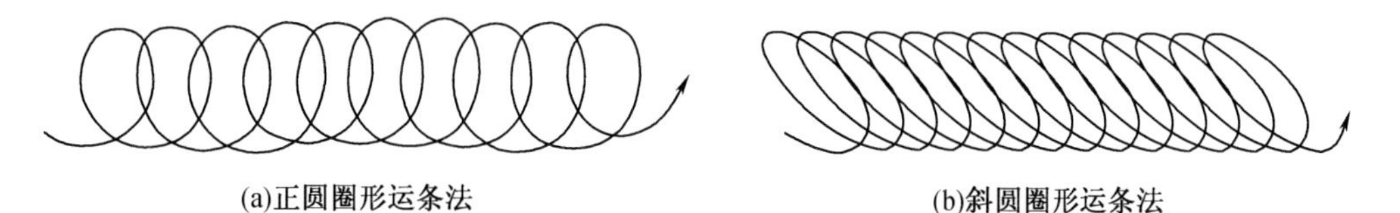

(a)正圆圈形运条法　　(b)斜圆圈形运条法

图 8.17 圆圈形运条法

④焊条角度

焊接时工件表面与焊条所形成的夹角称为焊条角度。

焊条角度的选择应根据焊接位置、工件厚度、工作环境、熔池温度等来选择，如图 8.18 所示。

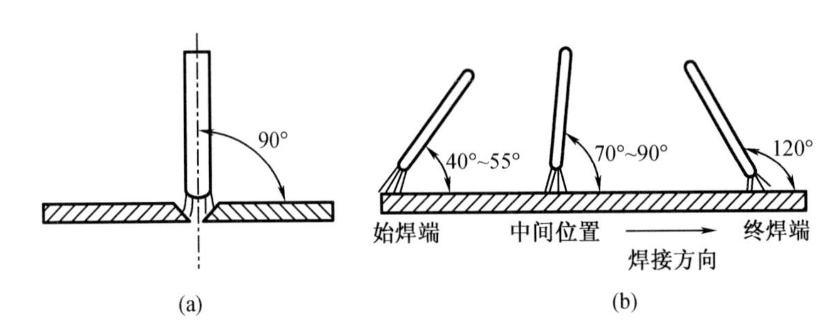


图 8.18 焊条角度

⑤运条时几个关键动作及作用

a. 焊条角度：掌握好焊条角度是为使铁水与熔渣很好地分离，防止熔渣超前现象，并控制一定的熔深。立焊、横焊、仰焊时，还有防止铁水下坠的作用。

b. 横摆动作：作用是保证两侧坡口根部与每个焊波之间相互很好地熔合及获得适量的焊缝熔深与熔宽。

c. 稳弧动作（电弧在某处稍加停留之意）：作用是保证坡口根部很好地熔合，增加熔合面积。

d. 直线动作：保证焊缝直线敷焊，并通过变化直线速度控制每道焊缝的横截面积。

e. 焊条送进动作：主要是控制弧长，添加焊缝填充金属。

⑥运条时注意事项

a. 焊条运至焊缝两侧时应稍做停顿，并压低电弧。

b. 三个动作运行时要有规律，应根据焊接位置、接头形式、焊条直径与性能、焊接电流大小以及技术熟练程度等因素来掌握。

c. 对于碱性焊条，应选用较短电弧进行操作。

d. 焊条在向前移动时，应做匀速运动，不能时快时慢。

e. 运条方法的选择应在实训指导教师的指导下，根据实际情况确定。

(4)接头技术

①焊道的连接方式

焊条电弧焊时，由于受到焊条长度的限制和操作姿势变化的影响，不可能一根焊条完成一条焊缝，因而出现了焊道前后两段的连接。焊道连接一般有以下几种方式。

a. 后焊焊缝的起头与先焊焊缝结尾相接，如图 8.19(a)所示。

b. 后焊焊缝的起头与先焊焊缝起头相接，如图 8.19(b)所示。

c. 后焊焊缝的结尾与先焊焊缝结尾相接，如图 8.19(c)所示。

d. 后焊焊缝结尾与先焊焊缝起头相接，如图 8.19(d)所示。

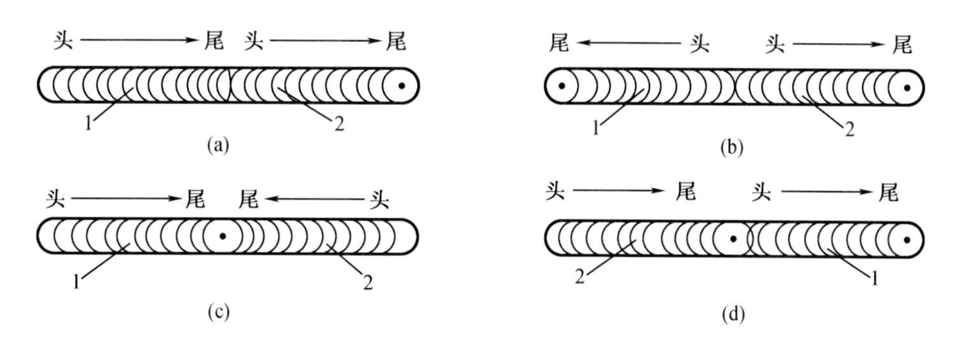


图 8.19 焊缝接头的四种情况

②焊道连接注意事项

a. 接头时,引弧应在弧坑前 10 mm 任意一个待焊面上进行,然后迅速移至弧坑处划圈进行正常焊。

b. 接头时,应对前一道焊缝端部进行认真清理,必要时可对接头处进行修整,这样有利于保证接头的质量。

(5)焊缝的收尾

①收尾方法

焊接时电弧中断和焊接结束,都会产生弧坑,常出现疏松、裂纹、气孔、夹渣等现象。为了克服弧坑缺陷,就必须采用正确的收尾方法,一般常用的收尾方法有三种。

a. 划圈收尾法。焊条移至焊缝终点时,做圆圈运动,直到填满弧坑再拉断电弧。此法适用于厚板收尾,如图 8.20(a)所示。

b. 反复断弧收尾法。焊条移至焊缝终点时,在弧坑处反复熄弧、引弧,直到填满弧坑为止。此法一般适用于薄板和大电流焊接,不适于碱性焊条,如图 8.20(b)所示。

c. 回焊收尾法

焊条移至焊缝收尾处即停住,并改变焊条角度回焊一小段。此法适用于碱性焊条,如图 8.20(c)所示。

收尾方法的选用还应根据实际情况来确定,可单项使用,也可多项结合使用。无论选用何种方法都必须将弧坑填满,达到无缺陷为止。

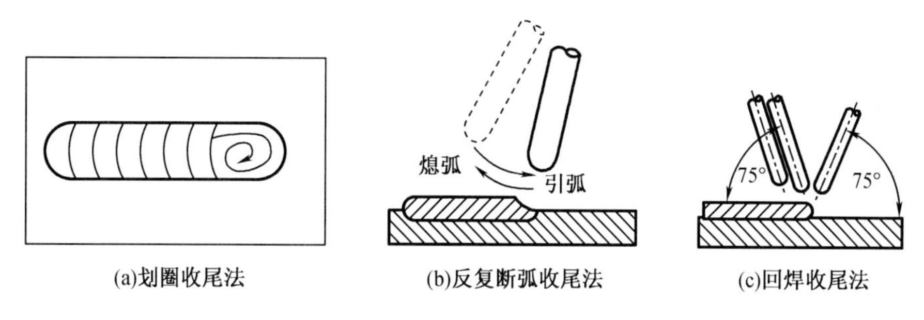


图 8.20 焊缝的收尾方法

②操作要领

手持面罩,看准引弧位置,用面罩遮挡面部,将焊条端部对准引弧处,用划擦法或直击法引弧,迅速而适当地提起焊条,形成电弧。

调试电流时须注意以下几点:

a. 看飞溅。电流过大时,电弧吹力大,可看到较大颗粒的铁水向熔池外飞溅,焊接时爆裂声大;电流过小时,电弧吹力小,熔渣和铁水不易分清。

b. 看焊缝成形。电流过大时,熔深大,焊缝余高低,两侧易产生咬边现象;电流过小时,焊缝窄而高,熔深浅,且两侧与母材金属熔合不好;电流适中时,焊缝两侧与母材金属熔合得很好,呈圆滑过渡。

c. 看焊条熔化状况。电流过大时,当焊条熔化了大半截时,其余部分均已发红;电流过小时,电弧燃烧不稳定,焊条易粘在焊件上。

3. 操作要求

按指导教师示范动作进行操作,教师巡查指导,主要检查焊接电流、电弧长度、运条方法等,若出现问题,及时解决,必要时再进行个别示范。

4. 注意事项

(1)焊接时要注意对熔池的观察,熔池的亮度反映熔池的温度,熔池的大小反映焊缝的宽窄;注意对熔渣和熔化金属的分辨。

(2)焊道的起头、运条、连接和收尾的方法要正确。

(3)正确使用焊接设备,调节焊接电流。

(4)焊接的起头和连接处基本平滑,无局部过高、过宽现象,收尾处无缺陷。

(5)焊波均匀,无任何焊缝缺陷。

(6)焊后焊件无引弧痕迹。

(7)训练时注意安全,焊后工件及焊条头应妥善保管或放好,以免烫伤。

(8)为了延长弧焊电源的使用寿命,调节电流时应在空载状态下进行,调节极性时应在焊接电源未闭合状态下进行。

(9)在实训场所周围应设置灭火器材。

(10)操作时必须穿戴好工作服、脚盖和手套等防护用品。

(11)必须戴防护遮光面罩,以防电弧灼伤眼睛。

(12)弧焊电源外壳必须有良好的接地或接零,焊钳绝缘手柄必须完整无缺。

### 8.4.3 平对焊

1. 平焊介绍

在平焊位置进行的焊接称为平焊。平焊是最常应用、最基本的焊接方法。根据接头形式不同,平焊分为平对接焊、平角焊。

平焊的特点如下:

(1)焊接时熔滴金属主要靠自重自然过渡,操作技术比较容易掌握,允许用较大直径的焊条和较大的焊接电流,生产效率高,但易产生焊接变形。

(2)熔池形状和熔池金属容易保持。

(3)若焊接工艺参数选择不对或操作不当,易在根部形成焊瘤或未焊透;运条及焊条角度不正确时,熔渣和铁水易混在一起分不清现象或熔渣超前形成夹渣,对于平角焊尤为突出。

2. 平对焊操作

(1)平对焊操作要点

①焊缝处于水平位置,故允许使用较大电流、较粗直径焊条施焊,以提高生产率。

②尽可能采用短弧焊接,可有效提高焊缝质量。

③控制好运条速度,利用电弧的吹力和长度使熔渣与液态金属分离,有效防止熔渣向前流动。

④对于T形、角接、搭接平焊接头,若两钢板厚度不同,则应调整焊条角度,将电弧偏向厚板一侧,使两板受热均匀。

⑤多层多道焊应注意选择层次及焊道顺序。

⑥根据焊接材料和实际情况选用合适的运条方法。

对于不开坡口平对焊,正面焊缝采用直线运条法或小锯齿形运条法,熔深可大于板厚的2/3,背面焊缝可用直线也可用小锯齿形运条,但电流可大些,运条速度可快些。

对于开坡口平对焊,可采用多层焊或多层多道焊,打底焊宜选用小直径焊条施焊,运条方法采用直线形、锯齿形、月牙形均可。其余各层可选用大直径焊条,电流也可大些,运条方法可用锯齿形、月牙形等。

对于T形接头、角接接头、搭接接头,可根据板厚确定焊角高度,当焊角尺寸大时,宜选用多层焊或多层多道焊。对于多层单道焊,第一层选用直线形运条,其余各层选用斜环形、斜锯齿形运条。对于多层多道焊宜选用直线形运条方法。

⑦焊条角度如图8.21所示。

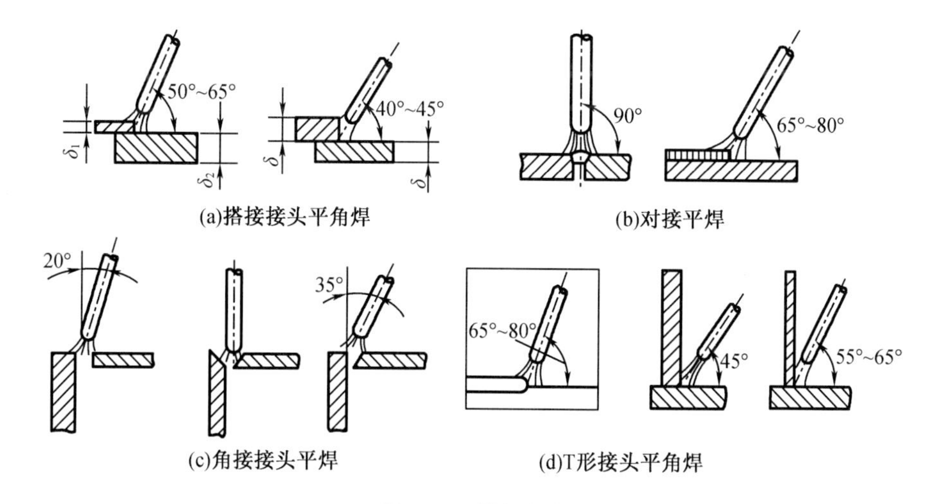


图8.21 焊条角度

(2)注意事项

①掌握正确选择焊接工艺参数的方法。

②操作时注意对操作要领的应用,特别是对焊接电流、焊条角度、电弧长度的调整及协调。

③注意观察熔池,发现异常应及时处理,否则会出现焊缝缺陷。

④焊前焊后要注意清理焊缝,注意对缺陷的处理。

⑤训练时若出现问题应及时向指导教师报告,请求帮助。

⑥定位焊点应放在工件两端 20 mm 以内,焊点长不超过 10 mm。

### 8.4.4 数控自动焊机

1. 自动焊机的主要构成及特点

(1)焊接电源,其输出功率和焊接特性应与拟用的焊接工艺方法相匹配,并装有与主控制器相连接的接口。

(2)送丝机及其控制与调速系统,对于送丝速度、控制精度要求较高的送丝机,其控制电路应加测速反馈。

(3)焊接机头用的移动机构,其由焊接机头、焊接机头支承架、悬挂式拖板等组成,属于精密型焊头机构,其驱动系统应采用装有编码器的伺服电动机。

(4)焊件移动或变位机构,如焊接滚轮架、头尾架翻转机、回转平台和变位机等,精密型的移动变位机构应配伺服电动机驱动。

(5)焊件夹紧机构。

(6)主控制器,亦称系统控制器,主要用于各组成部分的联动控制,焊接程序的控制,主要焊接参数的设定、调整和显示,必要时可扩展故障诊断和人机对话等控制功能。

(7)计算机软件,焊接设备中常用的计算机软件有:编程软件、功能软件、工艺方法软件和专家系统等。

(8)焊头导向或跟踪机构:弧压自动控制器、焊枪横摆器和监控系统。

(9)辅助装置,如送丝系统、循环水冷系统、焊剂回收输送装置、焊丝支架、电缆软管。

2. 数控自动焊接原理

自动焊机(automatic welding machine)是建立在电动机控制技术、单片机控制技术、PLC 控制技术及数控技术等基础上的一种自动焊接机器,如图 8.22 所示。

图 8.22 数控自动焊接机

（1）组成

自动焊机主要由工件自动上料、下料机构，工件工位自动转换机构，工件自动装夹机构，以及工件焊接过程自动化系统，集成控制系统等组成。一套在流水线的热水器生产线自动焊机包括自动上下料、自动传送、自动装夹和焊接过程自动化等机构。

（2）装置系统

①自动焊机的工件上下料机构

对于一套自动焊机，根据工件的焊缝形式和尺寸大小，需要设置不同的上下料机构。考虑到我国的国情以及国内大多数企业的成本承受力，很多企业依然选择人工上下料。而在汽车或者家用电器等焊接生产流水线上，大量采用机械手或者自动化机械结构进行自动上下料，包括输送、举升、翻转、转移等动作，从而实现快捷生产、无人工干预的自动焊接系统。

②工件焊接工位自动转换装置

在自动焊机系统里，为了提高焊接效率，常常需要采用多工位自动焊接，主要包括上料位、装夹位、焊接位、冷却位或检测位、下料位，从而形成一整套自动化系统，一次性完成工件从装配、焊接、检测到输出的工作。由焊接机器人组成的自动焊机系统里面，也常常采用双工位或者多工位焊接，在机器人的长臂覆盖范围内，可以从一个工位转换到另一工位，从而实现多工位焊接。

零部件的焊接工作，常常包括焊接一条或多条焊缝，也常常包括将多个零件组焊成一个零件。比如我们常用的热水器内胆、汽车贮气筒筒体等的焊接，由钢板卷圆后的直缝焊接、两端封头与筒体的环缝焊接、出水嘴或出气嘴与筒体或端盖的环缝焊接、内胆或筒体的挂架焊接，组焊完成为一个零件，即热水器内胆或贮气筒。要实现每种焊接方式的自动完成，需要从一个工位自动转换到另一个工位，从而形成流水化生产作业，实现自动焊接。

③工件自动装夹装置

自动焊机要实现自动焊接生产，必须有自动定位、自动夹紧、自动松开等装夹装置，才能使产品的焊接效率提高，焊接质量稳定，大批量生产。

④工件焊接过程自动化系统

焊接过程需要根据产品零件的材质、板厚、尺寸大小、焊缝形式、保护气体、送丝形式来选择不同的焊接方式。焊接过程自动化系统可以组成一个简单的自动焊接专机，也可作为自动焊机的一个组成部分。

⑤自动焊接机上常用的焊接工艺

自动焊接机上常用的焊接工艺包括埋弧焊、钨极气体保护电弧焊、熔化极气体保护焊、电阻焊、电子束焊、激光焊、激光电弧复合焊、钎焊、高频焊、气焊、爆炸焊、摩擦焊、超声波焊。

⑥自动焊机应用

自动焊机广泛应用在塑料加工、汽车制造、金属加工、五金家电制造、钢构制造、压力容器制造、机械加工制造、船舶建造、航天设备制造等领域。应用自动焊机后，大大提高了焊接件的外观和内在质量，并保证了质量的稳定性，降低了劳动强度，改善了劳动环境，降低了人工焊接技能要求及生产成本，提高了生产效率。

数控自动焊接如图8.23所示。

图 8.23 自动焊接演示

### 8.4.5 其他焊接方法简介

1. 气体保护焊

利用气体作为电弧介质并保护电弧和焊接区的电弧焊称为气体保护电弧焊,简称气体保护焊。常用的气体保护焊有二氧化碳气体保护焊和氩弧焊。

(1)二氧化碳气体保护焊

二氧化碳气体保护焊是利用 $CO_2$ 作为保护气体的气体保护焊,简称 $CO_2$ 焊。焊接过程如图 8.24 所示。NB－350 二氧化碳气体保护焊机如图 8.25 所示。其工艺过程是焊丝通过送丝机构导电嘴送入焊接处,$CO_2$ 气体通过气管进入导电嘴内以一定流量在焊丝周围喷出,在电弧周围形成保护区,防止空气进入,保护焊接区的氧化,焊丝作为电极,靠焊丝与工件之间的电弧热熔化工件和焊丝,以自动或半自动的方式进行焊接。

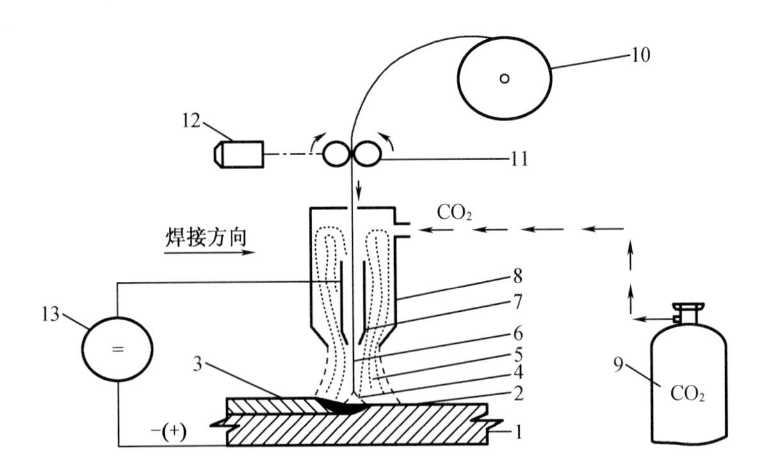


1—母材;2—熔池;3—焊缝;4—电弧;5—$CO_2$ 保护区;6—焊丝;7—导电嘴;

8—喷嘴;9—$CO_2$ 气瓶;10—焊丝盘;11—送丝滚轮;12—送丝电动机;13—直流电源。

图 8.24 实芯焊丝 $CO_2$ 气体保护焊示意

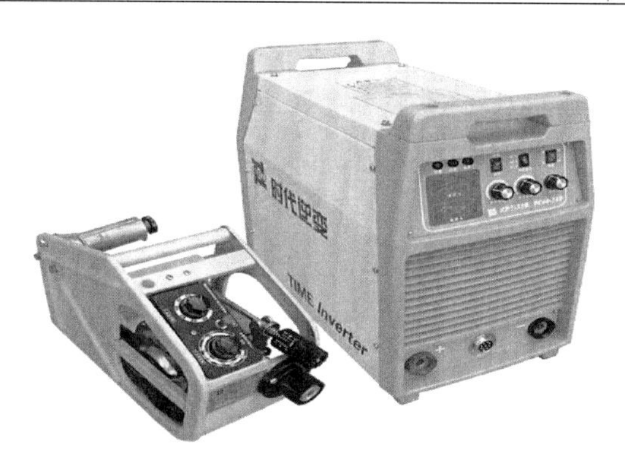


图 8.25 NB－350 二氧化碳气体保护焊机

$CO_2$ 气体保护焊优点：生产效率高，节省能量，焊接成本低，焊接变形小，对油、锈的敏感度低。焊缝中含铅量少，提高了低合金高强度钢抗冷裂纹的能力。电弧可见性好，短路过渡可用于全位置焊接。

$CO_2$ 气体保护焊缺点：金属飞溅大。不能在有风之处施焊，风使 $CO_2$ 保护气罩发生紊流，形成气罩倾斜和变形，从而破坏保护作用。

不能焊接易氧化的有色金属，在电弧的高温下，$CO_2$ 气体被分解成 CO 和 $O_2$，原子状态下的 $O_2$ 具有很强的氧化性，所以这种方法不能焊接易氧化的铝、铜、钛等有色金属。

焊工的劳动条件较差，焊接过程中会产生 $CO_2$ 和 CO 等有害气体和烟尘，而且焊接电流较大，会产生较强的紫外线辐射等。

(2)氩弧焊

氩弧焊是使用氩气作为保护气体的一种焊接技术，又称氩气体保护焊，即在电弧焊的周围通上氩气，将空气隔离在焊区之外，防止焊接区的氧化。氩弧焊按照电极的不同分为非熔化极氩弧焊和熔化极氩弧焊，如图 8.26 所示。非熔化极氩弧焊（钨极氩弧焊）是焊接时要外加焊丝作为焊缝的填充金属。熔化极氩弧焊工艺原理是焊丝不断送进并熔化填充在焊缝中。

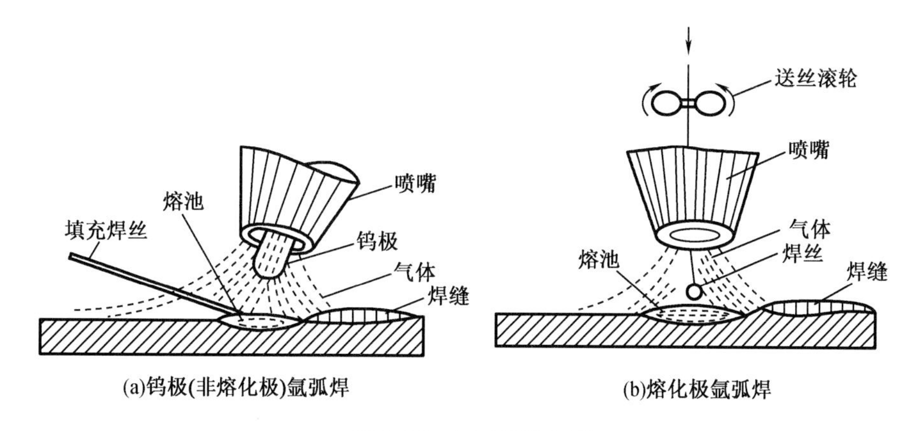


图 8.26 氩弧焊示意图

氩弧焊技术是在普通电弧焊原理的基础上,利用氩气对金属焊材的保护,通过高电流使焊材在被焊基材上熔化成液态形成熔池,使被焊金属和焊材达到冶金结合的一种焊接技术,由于在高温熔融焊接中不断送上氩气,使焊材不能和空气中的氧气接触,从而防止了焊材的氧化,因此可以焊接不锈钢、铁类五金金属。图 8.27 所示为 NB－350 氩弧焊机。

图 8.27　NB－350 氩弧焊机

氩弧焊之所以能获得如此广泛的应用,主要是因为有如下优点:

①氩气保护可隔绝空气中氧气、氮气、氢气等以避免对电弧和熔池产生不良影响,减少合金元素的烧损,得到致密、无飞溅、质量高的焊接接头。

②氩弧焊的电弧燃烧稳定,热量集中,弧柱温度高,焊接生产效率高,热影响区窄,所焊的焊件应力、变形、裂纹倾向小。

③氩弧焊为明弧施焊,操作、观察方便。

④氩弧焊的电极损耗小,弧长容易保持,焊接时无熔剂、涂药层,所以容易实现机械化和自动化。

⑤氩弧焊几乎能焊接所有金属,特别是一些难熔金属、易氧化金属,如镁、钛、钼、锆、铝等及其合金。

⑥不受焊件位置限制,可进行全位置焊接。

氩弧焊具有以下缺点:

①抗风能力差。氩弧焊利用气体进行保护,抗侧向风的能力较差。侧向风较小时,可减小喷嘴至工件的距离,同时增大保护气体的流量;侧向风较大时,必须采取防风措施。

②对工件清理要求较高。由于采用惰性气体进行保护,无冶金脱氧或去氢作用,为了避免气孔、裂纹等缺陷,焊前必须严格去除工件上的油污、铁锈等。

③生产率低,成本高。由于钨极的载流能力有限,致使氩弧焊的熔透能力较低,焊接速度小,焊接生产率低。

2. 电阻焊

(1)焊机

固定式交流电阻焊机如图 8.28 所示。

图 8.28 松下 YR－350SA2HVE 固定式交流电阻焊机

(2)技术数据

焊机型号:YR－350S;

额定容量:35 kVA;

额定输入电压:380 V;

最大焊接输入:59 kVA;

允许负载持续率:17.6%;

最大短路电流:13 000 A。

(3)焊接原理(图 8.29)

电阻焊是利用电流通过加热及其接触处所产生的电阻热,将焊件局部加热到塑性或熔化状态,然后在压力下形成焊接接头的焊接方法。

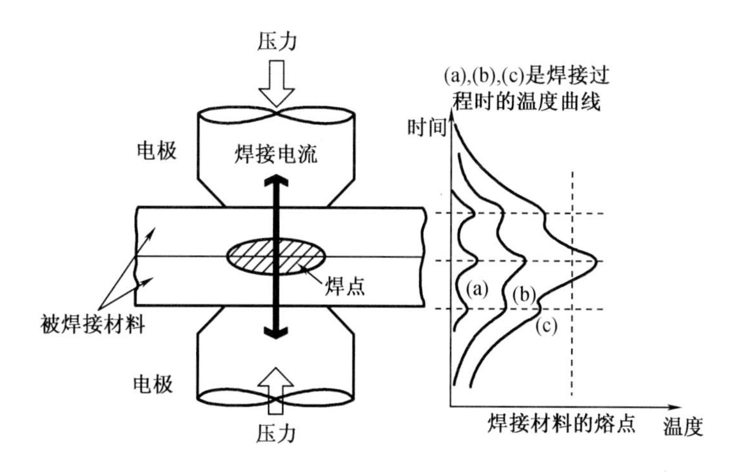


图 8.29 焊接原理图

电阻焊在焊接过程中产生的热量,可用焦耳－楞次定律计算:

$$Q = I^2 Rt$$

式中 $Q$——电阻焊时所产生的电阻热,J;

$I$——焊接电流,A;

$R$——工作总电阻,包括工件本身的电阻和工件间的接触电阻,Ω;

$t$——通电时间,s。

由于工件的总电阻很小,为了使工件在极短时间内(0.01 秒到几秒)迅速加热,必须采用很大的焊接电流(几千到几万安培)。

(4)电阻焊特点

优点:生产率高、焊接变形小、劳动条件好、不需另外焊接材料、操作简便、易实现机械化等。

缺点:设备较一般熔焊复杂、耗电量大、适用的接头形式与可焊工件厚度(或断面尺寸)受到限制。

3. 氧气-乙炔手工热熔焊

氧气-乙炔焊又叫气焊,它是利用可燃气体与助燃气体混合燃烧生成的火焰为热源,熔化焊件和焊接材料使之达到原子间结合的一种焊接方法,其设备组成如图 8.30 所示。图 8.31 是利用氧气-乙炔割炬改制的塑料焊枪。

氧气-乙炔焊的助燃气体主要为氧气,可燃气体主要采用乙炔、液化石油气等,所使用的焊接材料主要包括可燃气体、助燃气体、焊丝、气焊熔剂等。设备简单,无须用电。设备主要包括氧气瓶、乙炔瓶(如采用乙炔作为可燃气体)、减压器、焊枪、胶管等。

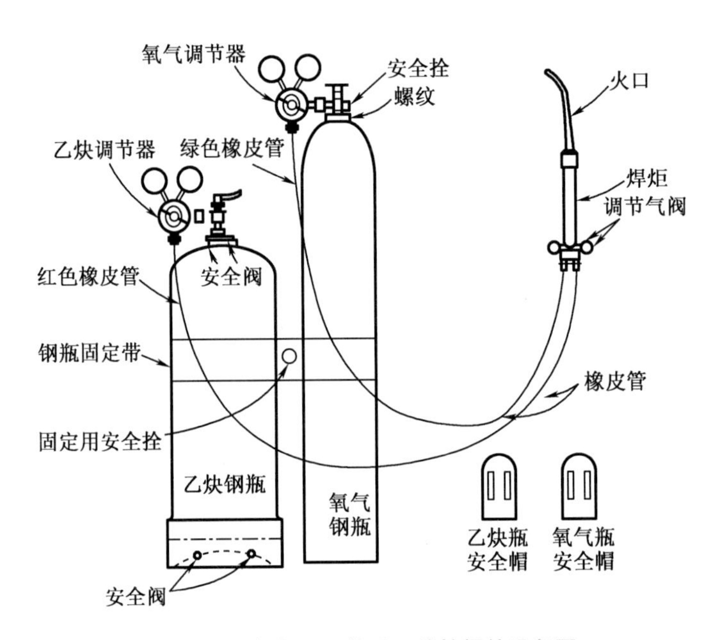


图 8.30 氧气-乙炔手工热熔焊的设备图

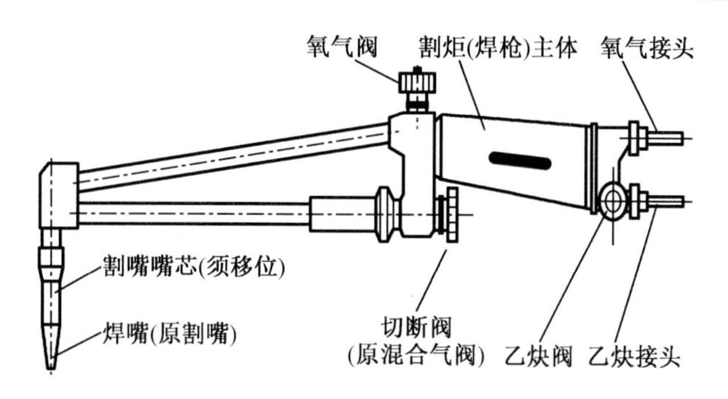


图 8.31　利用氧－乙炔割炬改制的塑料焊枪

由于所用储存气体的气瓶为压力容器,气体为易燃易爆气体,所以该方法是所有焊接方法中危险性最高的之一。氧气瓶的外面为蓝色,金属中金银材料最好,但较贵且质量大,其次为铜,其氧化性较弱,铜的氢氧化物为蓝色。

乙炔利用纯氧助燃,与在空气中相比,能大大提高火焰温度(约达3 000 ℃以上)。它与电弧焊相比,虽然气焊火焰的温度低、热量分散、加热速度缓慢、工件变形严重、焊接的热影响区大、焊接接头质量不高,但是气焊设备简单、操作灵活方便、火焰易于控制、不需要电源,所以气焊主要用于焊接厚度 3 mm 以下的低碳钢薄板,铜、铝等有色金属及其合金,以及铸铁的焊补等。此外,气焊也适用于没有电源的野外作业。

氧气—乙炔数控切割如图 8.32 所示。

图 8.32　氧气－乙炔数控切割图例

4. 等离子切割

等离子切割是利用高温等离子电弧的热量使工件切口处的金属局部熔化(和蒸发),并借高速等离子的动量排除熔融金属以形成切口的一种加工方法。其工作原理如图 8.33 所示,等离子切割机如图 8.34 所示。

配合不同的工作气体,等离子切割可以切割各种氧气切割难以切割的金属,尤其是对于有色金属(不锈钢、铝、铜、钛、镍)切割效果更佳。其主要优点在于切割厚度不大的金属的时候,等离子切割速度快,尤其在切割普通碳素钢薄板时,速度可达氧切割法的 5～6 倍,切割面光洁、热变形小,有较少的热影响区。等离子切割机广泛运用于汽车、机车、压力容器、化工机械、核工业、通用机械、工程机械、钢结构、船舶等行业。

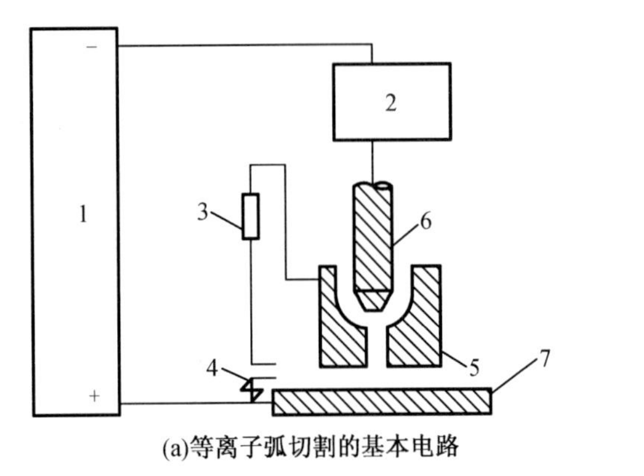


(a)等离子弧切割的基本电路

1—电源;2—高频引弧器;3—电阻;4—接触器触点;5—压缩喷雾;6—电极;7—工件。

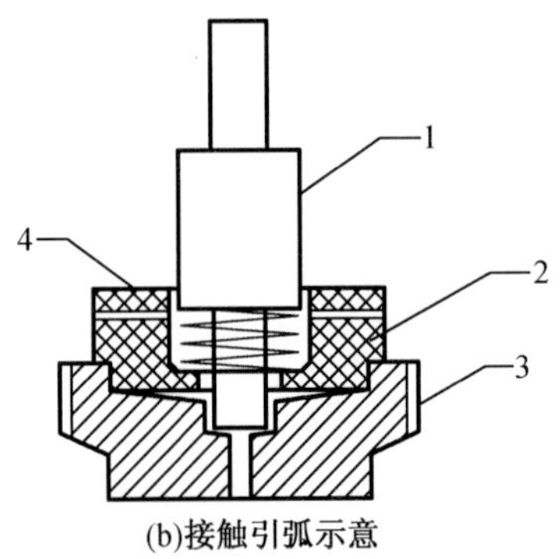


(b)接触引弧示意

1—电极;2—分流器;3—喷嘴;4—弹簧。

图 8.33　等离子切割工作原理

图 8.34　LGK－60 等离子切割机

操作示例分析:在一块厚度为 6 mm 的 Q235B 钢板上进行平敷焊,选用直径 3.2 mm,长度 300 mm 的焊条,自选焊接电流。表 8.1 为焊道要求。

表 8.1　焊道要求

| 学生实训时间/d | 焊道长度/mm | 焊道余高/mm | 焊道宽度/mm | 焊道直线度/mm |
| --- | --- | --- | --- | --- |
| 1 | 140 ~ 170 | 1.0 | 10( ±2.0) | ±2.5 |
| 1 | 140 ~ 160 | 1.5 | 10( ±1.0) | ±1.5 |
| 1 | 140 ~ 150 | 2.0 | 10( ±0.5) | ±1.0 |

## 思考题

1. 什么是手工电弧焊? 简述其工作原理。

2. 电焊条由哪几部分组成,各组成部分起什么作用? 你选用的是哪种焊条?

3. 焊条的操作运动由哪些运动合成的,各有什么含义?

4. 何谓焊接工艺参数,选用原则是什么?

5. 手弧焊对接平焊6 mm的Q45钢钢板时,如何确定焊条直径与焊接电流?

6. 简述你用什么样的方法才能保证自己焊出的焊道的直线度、焊道余高、焊道宽度、焊道长度符合课程内容的要求。

# 第9章　电火花实训

## 9.1　实训目的

1. 了解特种加工概念、分类、应用范围。

2. 了解数控电火花线切割,电火花成型加工机床的工作原理、工艺特点及应用范围。

3. 了解数控电火花线切割、电火花成型加工机床的基本组成及各部分作用。

4. 了解放电加工中的主要影响因素。

5. 掌握数控电火花线切割、电火花成型加工工艺及操作方法,并能利用 Auto CAD 绘制图形进行简单的加工。

## 9.2　实训要求

1. 操作前必须穿戴好规定的劳动保护用品。

2. 了解所用电火花设备的技术规范及安全操作规程。

3. 未经许可不得动用车间一切水、电及其他设备。

4. 具有良好的职业道德。

## 9.3　实训设备

### 9.3.1　北京安德建奇 AR1300 电火花线切割机

北京安德建奇 AR1300 电火花线切割机实物和结构图如图 9.1 和图 9.2 所示。

1. 技术数据

| | |
|---|---|
| 主机外形尺寸/mm　2000×1465×1727 | 主机质量/kg　1500 |
| 工作台尺寸(长×宽)/mm　620×400 | X 行程/mm　350 |
| Y 行程/mm　300 | Z 行程/mm　150 |
| U 行程/mm　36 | V 行程/mm　36 |
| 工作台最大承重/kg　300 | 最大切割锥度/(°)　±6 |
| 最大切割厚度/mm　200　400　500 | |

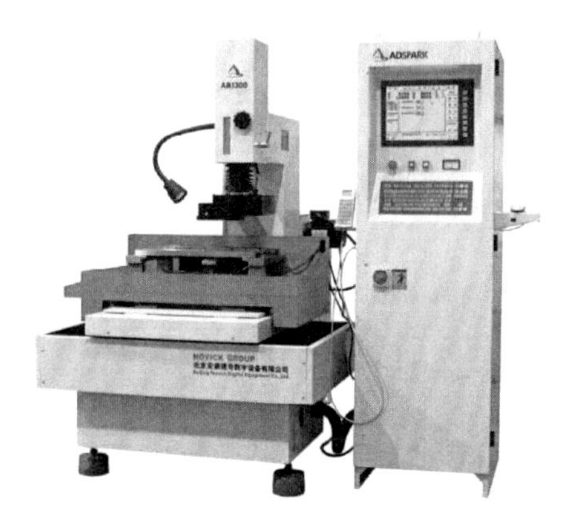


图9.1 北京安德建奇AR1300电火花线切割机实物图

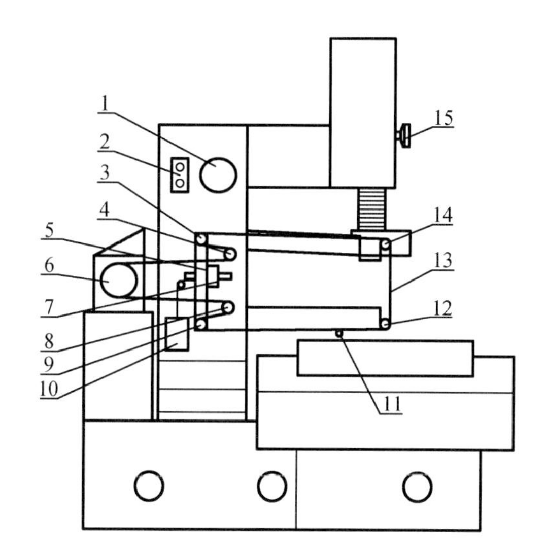


1—丝盘;2—水阀;3,4,5,8,9—张紧轮;6—储丝筒;7—导轨滑块;
10—重锤;11—导电块;12—下主导轮;13—电极丝;14—上导轮;15—Z轴升降手轮。

图9.2 北京安德建奇AR1300电火花线切割机结构图

2. 环境要求

室温/℃　20±3　保证精度/℃　15~30

湿度/%　30~80　机床噪声/dB　<80

### 9.3.2 北京安德建奇AF2100精密数控电火花成型机床

北京安德建奇AF2100精密数控电火花成型机床实物和结构图分别如图9.3和图9.4所示。

1. 技术数据

主机外形尺寸/mm:2 600×1 564×2 540

主机重量/kg:3 500

工件最大尺寸/mm:1 100×600×450

工作液槽容量/L:500

工作液槽尺寸/mm(长×宽×高):1 280×820×500

工作台尺寸/mm(长×宽):800×550

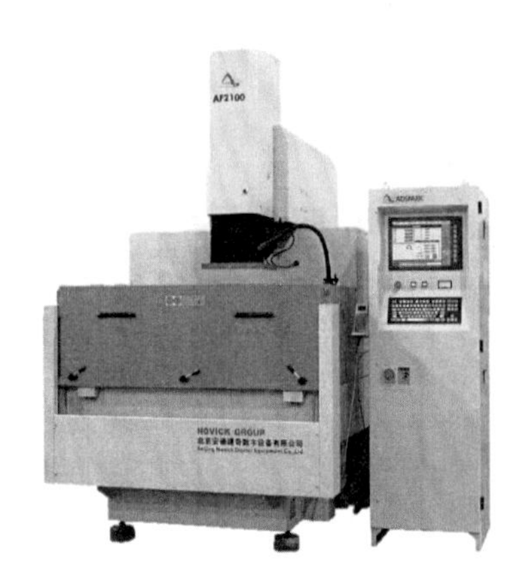

图 9.3　北京安德建奇 AF2100 精密数控电火花成型机床实物图

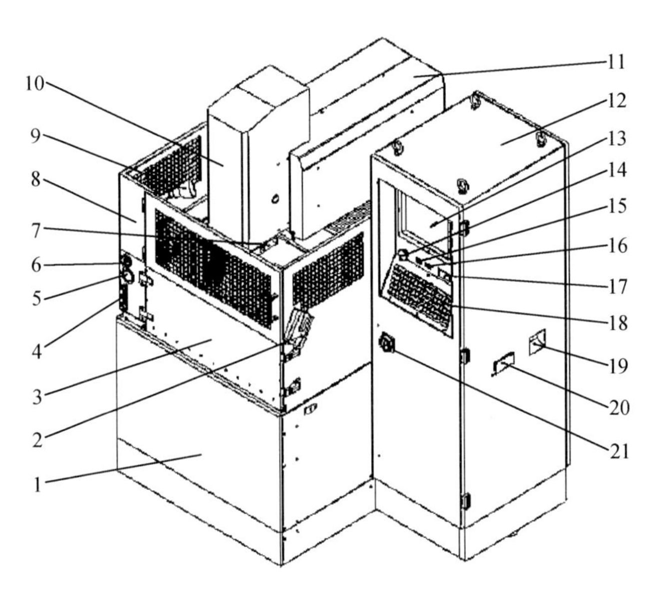


1—油箱;2—手控盒托架;3—液槽;4—冲油开关;5—压力表;6—液面控制手轮;7—Z 轴连接盘;8—屏蔽网;9—工作灯;10—Z 轴;11—Y 轴;12—电柜;13—液晶显示器;14—急停开关;15—开电源开关;16—关电源开关;17—电流表;18—键盘;19—RS233 接口;20—软盘驱动器;21—主开关。

图 9.4　北京安德建奇 AF2100 精密数控电火花成型机床结构图

## 9.4 实训内容

### 9.4.1 特种加工概述

特种加工是近几十年发展起来的新工艺,是直接利用电能、热能、声能、光能、化学能和电化学能,有时也结合机械能对工件进行加工。特种加工中以采用电能为主的电火花加工和电解加工应用较广,泛称电加工。

### 9.4.2 特种加工特点

(1)与加工对象的机械性能无关,有些加工方法,如激光加工、电火花加工、等离子弧加工、电化学加工等,是利用热能、化学能、电化学能等对工件进行加工,这些加工方法与工件的硬度、强度等机械性能无关,故可加工各种硬、软、脆、热敏、耐腐蚀、高熔点、高强度及特殊性能的金属、非金属材料。

(2)非接触加工,系指加工时不一定需要工具,有的加工虽使用工具,但与工件不接触,因此,工件不承受大的作用力,工具硬度可低于工件硬度,故使刚性极低元件及弹性元件得以加工。

(3)微细加工,工件表面质量高,有些特种加工,如超声、电化学、水喷射、磨料流等,加工余量都是微细进行,故不仅可加工尺寸微小的孔或狭缝,还能获得高精度、极低粗糙度的加工表面。

(4)不存在加工中的机械应变或大面积的热应变,可获得较低的表面粗糙度,其热应力、残余应力、冷作硬化等均比较小,尺寸稳定性好。

(5)两种或两种以上的不同类型的能量可相互组合形成新的复合加工,复合加工效果明显,且便于推广使用。

(6)特种加工对简化加工工艺、变革新产品的设计及零件结构工艺性等产生积极的影响。

### 9.4.3 特种加工分类

1. 电火花加工

电火花加工是利用工具电极与工件电极之间脉冲性的火花放电,产生瞬时高温将金属蚀除,又称放电加工、电蚀加工、电脉冲加工。电火花加工主要用于加工各种高硬度的材料(硬质合金和淬火钢等)和复杂形状的模具、零件,以及切割、开槽和去除折断在工件孔内的工具(钻头和丝锥)等。电火花加工机床通常分为电火花成型机床、电火花线切割机床、电火花磨削机床,以及各种专门用途的电火花加工机床,如加工小孔、螺纹环规和异形孔纺丝板等的电火花加工机床。

2. 电子束加工

电子束加工是利用高能量的会聚电子束的热效应或电离效应对材料进行加工。

3. 离子束加工

离子束加工的原理和电子束加工类似，也是在真空条件下，将离子源产生的离子束经过加速聚焦，使之撞击到工件表面。离子束的加工装置主要包括离子源、真空系统、控制系统和电源等。

4. 电化学加工

电化学加工是基于电解过程中的阳极溶解原理并借助于成型的阴极，将工件按一定形状和尺寸加工成型的一种加工方法。

5. 激光加工

激光加工是利用光的能量经过透镜聚焦后在焦点上达到很高的能量密度从而产生光热效应，靠光热效应来加工的方法。激光加工的特点是不需要工具、加工速度快、表面变形小，可加工各种材料。可用激光束对材料进行各种加工，如打孔、切割、划片、焊接及热处理等。

6. 超声波加工

超声加工是利用超声频率作为小振幅振动的工具，并通过它与工件之间游离于液体中的磨料对被加工表面的捶击作用，使工件材料表面逐步破碎的特种加工。

### 9.4.4 特种加工运用领域

特种加工技术在国际上被称为21世纪的技术，这种技术对新型武器装备的研制和生产，起到举足轻重的作用。随着新型武器装备的发展，国内外对特种加工技术的需求日益迫切。不论飞机、导弹，还是其他作战平台都要求降低结构质量，提高飞行速度，增大航程，降低燃油消耗，达到战技性能高、结构寿命长、经济可承受性好的状态。为此，上述武器系统和作战平台都要求采用整体结构、轻量化结构、先进冷却结构等新型结构，以及钛合金、复合材料、粉末材料、金属间化合物等新材料。

为了满足这些要求就需要采用特种加工技术，以解决武器装备制造中用常规加工方法无法实现的加工难题，所以特种加工技术的主要应用领域是：

(1)难加工材料，如钛合金、耐热不锈钢、高强钢、复合材料、工程陶瓷、金刚石、红宝石、硬化玻璃等高硬度、高韧性、高强度、高熔点材料的加工。

(2)难加工零件，如复杂零件三维型腔、型孔、群孔和窄缝等的加工。

(3)低刚度零件，如薄壁零件、弹性元件等零件的加工。

(4)以高能量密度束流实现焊接、切割、制孔、喷涂、表面改性、刻蚀和精细加工。

### 9.4.5 电火花加工原理

1. 电火花快走丝线切割工作原理及特点

(1)电火花快走丝线切割工作原理

如图9.5所示为往复高速走丝电火花线切割工艺及机床的示意图。利用储丝筒上的细钼丝作工具电极进行切割，储丝筒使钼丝作正反向交替移动。加工能源由脉冲电源供给，工件接脉冲电源正极,钼丝接负极。电极丝与工件之间保持一定的轻微接触压力,才形成火花放电。加工时,在电极丝和工件之间浇注工作液作为介质,工作台在水平面两个坐标方向各自按预定的控制程序,根据火花间隙状态做伺服进给移动,从而合成各种曲线轨迹,把工件切割成形。

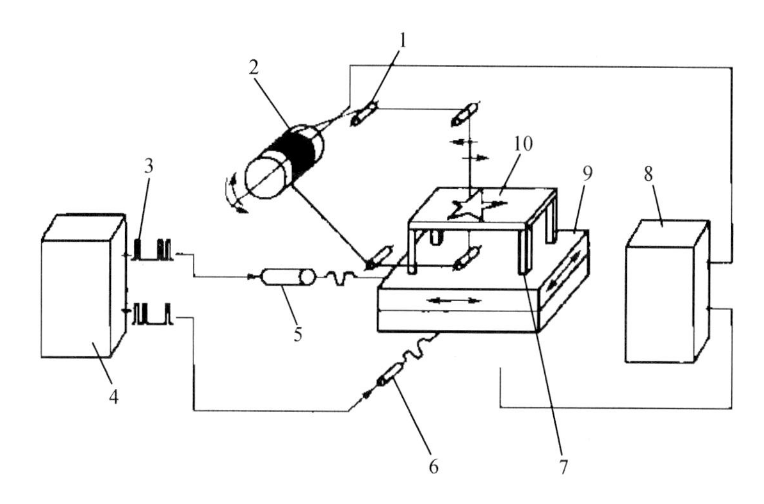


1—导轮;2—储丝筒;3—电脉冲信号;4—微机控制柜;5—丝杠;6—步进电机;7—垫铁;8—脉冲电源;9—切割台;10—工件。

图9.5 往复高速走丝电火花线切割工艺及机床的示意图

(2)电火花线切割的特点

①以0.03~0.35 mm的金属线为电极工具,不需要制造特定形状的电极,加工材料为导体或半导体的材料,可用于各种硬度的工件。

②虽然加工的对象主要是平面形状,但是除了内侧圆角(直径是金属线半径加放电间隙)等个别限制外,任何复杂的开头都可以加工。

③轮廓加工所需加工的余量少,能有效地节约贵重的材料。

④电极丝损耗小,加工精度高。(高速走丝切割采用低损耗脉冲电源,加工精度能达到0.01~0.02 mm;慢速走丝线切割采用单向连续供丝,在加工区总是保持新电极丝加工,加工精度达到0.002~0.005 mm。)

⑤依靠微型计算机控制电极丝轨迹和间隙补偿功能,同时加工凹凸两种模具时,间隙可任意调节。

⑥采用乳化液或去离子水作工作液,不会引燃起火,可以昼夜无人值守连续加工。

⑦任何初始加工复杂的零件,只要能编制加工程序就可以进行加工,因而很适合小批零件和试制品的生产加工,加工周期短,应用灵活。

⑧采用四轴联动,可加工上、下面异形体,形状扭曲曲面体,变化锥度和球形等零件。

### 9.4.6 电火花成型工作原理

1. 电火花成型工作原理

电火花加工是在液体介质中进行的,机床的自动进给调节装置使工件和工具电极之间保持适当的放电间隙，当工具电极和工件之间施加很强的脉冲电压（达到间隙中介质的击穿电压）时，会击穿介质绝缘强度最低处，如图9.6所示为电火花成型工作原理。由于放电区域很小，放电时间极短，所以能量高度集中，使放电区的温度瞬时高达10 000～12 000 ℃，工件表面和工具电极表面的金属局部熔化，甚至汽化蒸发。局部熔化和汽化的金属在爆炸力的作用下抛入工作液中，并被冷却为金属小颗粒，然后被工作液迅速冲离工作区，从而使工件表面形成一个微小的凹坑。一次放电后，介质的绝缘强度恢复，等待下一次放电。如此反复使工件表面不断被蚀除，并在工件上复制出工具电极的形状，从而达到成型加工的目的。

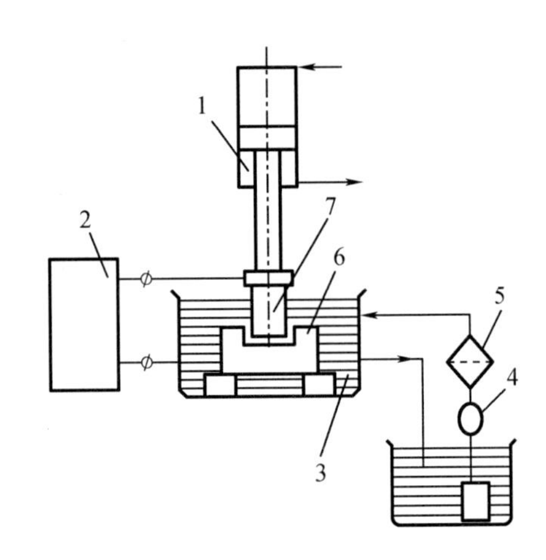


1—自动进给调节装置；2—脉冲电源；3—工作液；4—工作液泵；5—过滤器；6—工件；7—工具电极。

图9.6 电火花成型工作原理

2. 电火花成型的特点

（1）能加工普通切削加工方法难以切削的材料和复杂形状的工件。

（2）加工时无切削力。

（3）不产生毛刺和刀痕沟纹等缺陷。

（4）工具电极材料无须比工件材料硬。

（5）直接使用电能加工，便于实现自动化。

（6）加工后表面产生变质层，在某些应用中须进一步去除。

（7）工作液的净化和加工中产生的烟雾污染处理比较麻烦。

### 9.4.7 AR1300电火花线切割机床的基本操作

首先，使用AutoCAD的简单基础指令进行绘图，图案形状不限，但必须是封闭连贯无重合且无分叉的一笔画图形，大小限制在50 mm×50 mm的正方形区域内。再将图案保存Dxf2007版本格式导入线切割机床CAD中设置路径（此步骤也可以在AutoCAD中设置路径），路径为顺时针方向。然后进入DTNS界面，将路径生成NC代码文件。模拟检查绘图文件后，无误才可加工。

机床开机界面如图9.7所示。

CAD在主模块“编辑”的子功能区里，路径、DTNS命令在CAD界面主模块“线切割”的子功能区里。

DTNS界面，在界面中文件名及保存的路径文件名字，丝径输入0.18，厚度为工件厚度，其他默认即可。最后生成3B的NC文件，点击返回，回到开机操作面板界面，在主模块“检查”的子功能区“绘图文件”命令中模拟检查，无误后在主模块“加工”的子功能区“文件加工”中找到生成的NC文件名，调整好工件与钼丝的距离，最后，点击启动进行加工。加工过程中如出现意外，可按下红色急停按钮。

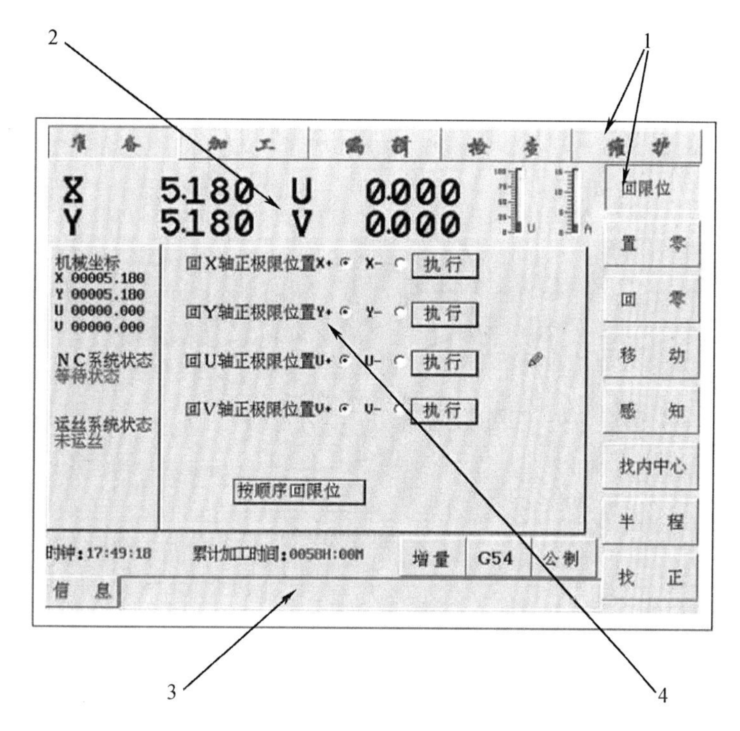


1—主模块与子功能区；2—坐标显示区；3—信息显示区；4—主模块及子功能执行区。

图9.7　AR1300线切割机开机界面

## 9.5　操作示例分析

以切割圆形工件为例，说明操作的一般顺序：

（1）利用AutoCAD二维软件绘制半径为5 mm的圆，文件名为“YUAN”，另存为Dxf2004版本格式的文件。

（2）将保存好的文件导入线切割机床CAD内，设置路径。圆外一点（5 mm以内）为穿丝点，靠近圆上的一点为切入点，切割方向顺时针，保存文件名为“YUAN”。

（3）打开DTNS界面，将文件“YUAN”打开，生成3B国际标准语言的NC代码程序，保存文件名为“YUAN”。

(4)装夹工件,利用手控盒“$X$、$Y$ 轴”按键,调整丝与工件的位置关系,确保穿丝点与切入点适当。

(5)点击“返回”,回到开机界面,在主模块“加工”的子功能区“文件加工”中打开“YUAN”的 NC 文件名,点击启动加工。

## 思考题

1. 简述电火花加工的基本原理。
2. 电火花加工时应具备几种条件?
3. 简述图 9.8 所示零件使用电火花加工的工艺,毛坯尺寸 50 mm × 50 mm × 3 mm。

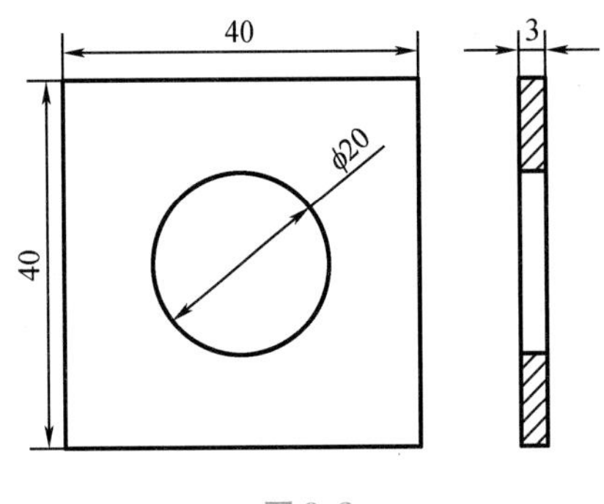


图 9.8

# 第 10 章　激光加工实训

## 10.1　实 训 目 的

1. 了解激光加工设备的种类以及加工特点。
2. 了解激光加工设备的工作原理及应用范围。
3. 了解激光雕刻机的基本组成部分及其作用。
4. 学习激光雕刻机的加工工艺及操作方法。
5. 学习二维 AutoCAD 制图的基本方法,利用激光雕刻机进行简单的加工。

## 10.2　实 训 要 求

1. 学生须按实习要求规范着装,认真学习并遵守安全守则。
2. 严格执行本车间的规章制度,听从实训教师管理。
3. 未经许可不得动用实训室内设备,禁止随意拨动实训室内开关电闸。
4. 严格按照安全操作规程操作设备,不许违规操作。
5. 具有良好的职业道德,文明操作,确保设备安全。

## 10.3　实 训 设 备

### 10.3.1　激光雕刻机

大族激光雕刻机 YLP - HM2OI(图 10.1)技术参数:

| | |
|---|---|
| 工作面/mm | 600 × 400 |
| 工作速度/(mm/s) | 0 ~ 500 |
| 支持图片格式 | AI、DXF、BMP、JPGE、PLT、DST、DSB 等 |
| 整机质量/kg | 250 |
| 工作平台 | 蜂窝网工作平台 |
| 整机功率/W | < 1 500 |
| 冷却方式 | 水冷 |

图 10.1 大族激光雕刻机 YLP－HM2OI

### 10.3.2 激光打标机

大族激光打标机 YLP－F20I(图 10.2)技术参数:

| 机型 | YLP－F20I |
| --- | --- |
| 激光平均输出功率/W | 20 |
| 激光波长/nm | 1 064 |
| 雕刻范围/mm | 160×160 |
| 最大激光雕刻速度/(mm/s) | 7 000 |
| 激光雕刻最小线宽/mm | 0.03 |
| 整机功率/W | ≤500 |
| 电力需求 | 电压/V 220;频率/Hz 50;电流/A 2.5 |
| 运行环境温度/℃ | 15～35 |
| 主机外形尺寸/mm | 1 064×1 102×1 326 |
| 主机质量/kg | 155 |

图 10.2 大族激光打标机 YLP－F20I

### 10.3.3 激光内雕机

大族激光内雕机 PHANTOMIII(图10.3)技术参数:

| | |
|---|---|
| 工件最大尺寸/mm | 300×300×100 |
| 内雕最大范围/mm | 90×90×90 |
| 激光器类型 | 端面泵浦激光器 |
| 激光器激光等级 | 第四级 |
| 镜头与聚焦点之间的距离/mm | 120(空气中) |
| 主机尺寸/mm | 1 100×800×1 300 |
| 主机质量/kg | 60 |
| 电力需求 | 电压/V 220;频率/Hz 50;电流(单极)/A 15 |
| 整机耗电功率/kW | 1 |
| 工作环境温度/℃ | 15~35 |
| 工作环境湿度/% | 10~60 |
| 兼容文件格式 | DXF、JPG、BMP、PLT等 |

图10.3 大族激光内雕机 PHANTOMIII

## 10.4 实训内容

### 10.4.1 激光加工

1. 概述

激光加工(laser beam machining, LBM)是用高强度、高亮度、方向性好、单色性好的相干光,通过一系列的光学系统聚焦成平行度很高的微细光束(直径几微米至几十微米),获得极高的能量密度($10^8$~$10^{10}$ W/cm$^2$)和10 000 ℃以上的高温,使材料在极短的时间内熔化甚至气化,以达到去除材料的目的。激光加工的应用包括切割、焊接、表面处理、打孔、打标、划线、微调等各种加工工艺,已在生产实践中显示出了它的优越性,受到广泛的关注。

2. 原理

激光是一种受激辐射而得到的加强光。其基本特征是:强度高、亮度大、波长频率确定、单色性好、相干性好、相干长度长,几乎是一束平行光。当激光束照射到工件表面时,光能被吸收,转化成热能,使照射斑点处的温度迅速升高、熔化、气化而形成小坑。由于热扩散使斑点周围金属熔化,小坑内金属迅速膨胀,产生微型爆炸,将熔融物高速喷出并产生一个方向性很强的反冲击波,于是在被加工工件表面上打出一个上大下小的孔,如图 10.4 所示。

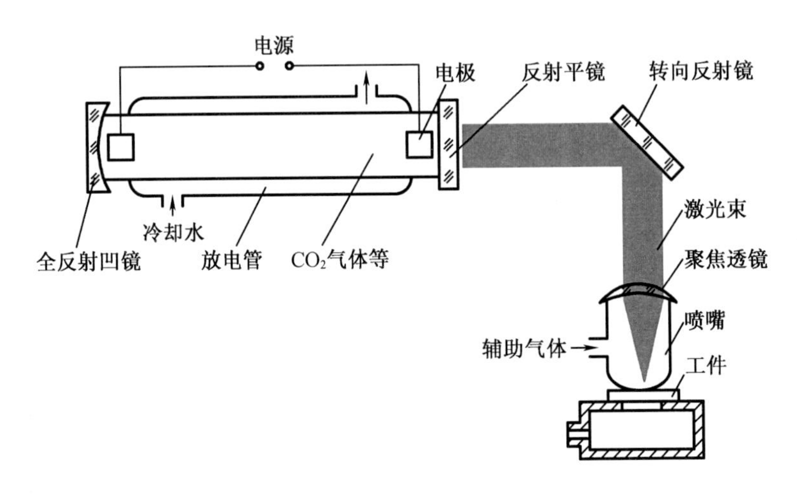


图 10.4 激光加工原理示意图

3. 特点

(1)对材料的适应性强。激光加工的功率密度是各种加工方法中最高的一种,激光加工几乎可以用于任何金属材料和非金属材料,如高熔点材料、耐热合金、陶瓷、宝石、金刚石等脆性材料。

(2)打孔速度极快,热影响区小。通常打一个孔只需 0.001 s,易于实现加工自动化和流水作业。

(3)激光加工不需要加工工具。由于它属于非接触加工,工件无变形,对刚性差的零件可实现高精度加工。

(4)激光能聚焦成极细的光束,能加工深而小的微孔和窄缝,适于精微加工。

(5)可穿越介质进行加工。可以透过由玻璃等光学透明介质制成的窗口对隔离室或真空室内的工件进行加工。

4. 应用

激光加工的应用包括切割、焊接、表面处理、打孔、打标、划线、微调等各种加工工艺,已经在生产实践中显示出了它的优越性,受到广泛的重视。

(1)激光焊接

激光焊接是利用高能量密度的激光束作为热源的一种高效精密焊接方法。激光焊接是激光材料加工技术应用的重要方面之一。由于其独特的优点,已成功应用于微、小型零件的精密焊接中。

(2)激光切割

用激光切割是将激光器发射出的激光,经光路系统,聚焦成高功率密度的激光束。激光束照射到工件表面,使工件达到熔点或沸点,同时与光束同轴的高压气体将熔化或气化的金属吹走。随着光束与工件相对位置的移动,最终使材料形成切缝,从而达到切割的目的。

(3)激光打标

激光打标技术是激光加工最大的应用领域之一。激光打标是利用高能量密度的激光对工件进行局部照射,使表层材料气化或发生颜色变化的化学反应,从而留下永久性标记的一种打标方法。激光打标可以打出各种文字、符号和图案等,字符大小可以从毫米到微米量级,这对产品的防伪有特殊的意义。

(4)激光打孔

激光打孔过程是激光和物质相互作用的热物理过程,它是由激光光束特性(包括激光的波长、脉冲宽度、光束发散角、聚焦状态等)和物质的诸多热物理特性决定的。

(5)激光热处理

激光热处理也称激光淬火或激光相变硬化,是以高能量激光束快速扫描工件,使被照射的金属或合金表面温度以极快速度升高到相变点以上,激光束离开被照射部位时,由于热传导作用,处于冷态的基体使其迅速冷却而进行自冷淬火,得到较细小的硬化层组织,硬度一般高于常规淬火硬度。处理过程中工件变形极小,适用于其他淬火技术不能完成或难以实现的某些工件或工件局部部位的表面强化。

(6)激光快速成型

激光快速成型是将CAD、CAM、CNC、激光、精密伺服驱动和新材料等先进技术集成的一种全新制造技术。与传统制造方法相比具有原型的复制性;互换性高;制造工艺与制造原型的几何形状无关;加工周期短(加工周期缩短70%以上);成本低(一般制造费用降低50%);高度技术集成;实现设计制造一体化的特点。

(7)激光涂敷

激光涂敷在航空航天、模具及机电行业应用广泛。

5. 注意事项

由于激光加工技术的某些特殊性,决定了加工精度受多方面影响,所以其加工精度是由加工机性能、光束品质、加工现象而决定的整体精度。

(1)加工产品的全体尺寸有变化

这是由于切口上激光焦点直径和其周围燃烧区域形成的切口宽度所影响的。

虽然在相同条件下,对相同的加工物,使用同一偏置补偿值可以确保其精度,但是焦点位置的设定要凭借加工机操作人员的经验来确定,而且热透镜作用也会造成焦点位置的变化,所以需要定期检查最佳的偏置补偿值。

(2)加工方向(部分)上的尺寸误差有差别

板材上部的尺寸精度要求的有不同的情况。这个现象要考虑两方面的原因。首先,光束圆度和强度分布不均,造成切口宽度沿加工方向有所不同。解决的方法是进行光轴调整或清洗光学部件。其次,被加工物受热膨胀会引起加工形状长方向尺寸变短的情况。

(3)翘曲引起的变化

尺寸精度虽然在要求范围内,但热变形等会使工件发生翘曲。加工铝、铜、不锈钢等时非常显著,它受到线膨胀系数、热容量等物性的影响。就加工形状来说,纵横比越大,翘曲量就越大。为解决这一问题在低热量加工条件下加工以及在加工线路等在加工程序上下工夫,但还没有完全解决问题。

加工板件所拥有的残余应力对翘曲和尺寸误差也有影响,所以我们需要对加工程序始终保持一定的配置方向。

(4)间距精度变化

加工很多孔时,孔与孔之间的间距精度会出现偏差。由于在热膨胀情况下开孔,因此冷却收缩后,间距变小。我们可以在程序中补正收缩部分的精度或者灵活运用形状缩放功能。无论什么情况,都要在初期加工后,测定其加工尺寸,补误差。当间隔精度不随加工位置而变化,而是在整个加工区里都变化时,其原因是机械精度的变化而造成的。

(5)圆度变化

在激光加工中,加工孔切割面产生坡度是无法避免的,下面直径比背面直径大,一般都评估背面稍小一侧的圆度。

6. 防护措施

为避免发生各种伤害,首先对激光加工设备采取必要的防护措施。这些措施主要包括以下方面。

(1)激光加工设备要可靠接地,电器系统外罩的所有维修门应安装有连锁装置,电器外罩应设置相应措施,在进入维修门之前使内部的电容器组放电。

(2)激光加工设备应有各种安全措施,在激光加工设备上应设置明显的危险警告标志,如“激光危险”“高压危险”等字样。

(3)激光加工的光路系统应尽可能全部封闭,如使激光在金属管中传递,以防止对人体直接照射而造成伤害。

(4)如果激光加工的光路系统不可能全封闭,则光路应设在较高的位置,使光束在传递过程中避开人的头部,让激光从人的高度以上通过。

(5)激光加工设备的工作台应采用玻璃等防护装置屏蔽,以防止激光的反射。

(6)进行激光加工的场地也应设有明显的安全标志,并设置栅栏、隔墙、屏风等,防止与工作无关人员误入危险区。

### 10.4.2 激光雕刻

1. 简介

激光雕刻分点阵雕刻和矢量雕刻。点阵雕刻酷似高清晰度的点阵打印。激光头左右摆动,每次雕刻出一条由一系列点组成的线,同时,激光头上下移动雕刻出多条线,最后构成整版的图像或文字。扫描的图形、文字及矢量化图文都可使用点阵雕刻。矢量切割与点阵雕刻不同,矢量切割是在图文的外轮廓线上进行的。我们通常使用此模式在木材、亚克力板、纸张等材料上进行穿透切割,也可在多种材料表面进行打标操作。

2.设备特点

YLP－HM20I系列激光雕刻机是光、机、电一体化的高科技产品,可由计算机控制激光进行工作,该雕刻机具有如下特点:

(1)适用范围广。可用于切割和雕刻,切割机可进行分色切割,根据软件中设定的不同颜色线条,切割出不同深度。可以扫描制做半色调图,即以点的疏密表现颜色的深浅,成品具有黑白照片的效果。

(2)适用材料多样。适用于常见的非金属材料,如竹木制品、有机玻璃、塑料制品、皮革制品、双色板、皮革纺织品、纸张、橡胶等的加工。

(3)加工质量好。分辨精度为0.025 mm切割时,走线平滑,曲线拟合精准,雕刻机扫描加工时,可精确输出点阵图,网点细腻。

(4)结构巧妙。配置自动升降台,最厚可加工250 mm的工件,机箱前后相通,工作台板配置灵活,可以根据不同的加工方式和材料选择不同的台面配置。

3.设备型号及外观组成

设备型号及外观组成如图10.5所示。

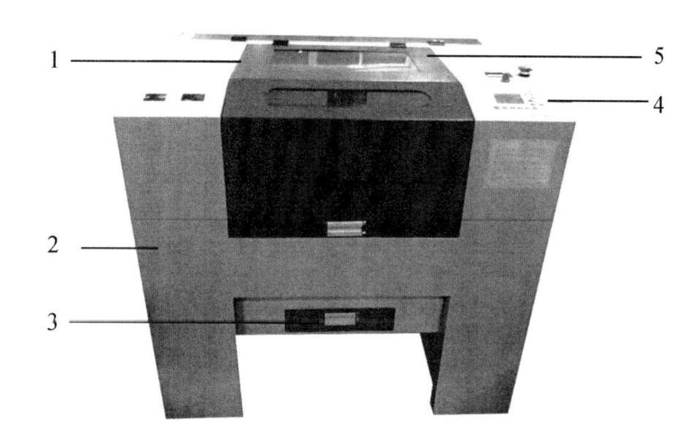


1—上盖;2—机器箱体;3—料渣收纳盒;4—主控面板(包含急停开关、电流调节旋钮);5—加工仓(内含导轨、激光头)。

图10.5　YLP－HM2OI系列激光雕刻机

4.使用环境

| | |
|---|---|
| (1)运行环境温度/℃ | 5～40 |
| (2)运行环境湿度/% | 5～80(无结露) |
| (3)空气压力/Mpa | 0.15～0.4 |
| (4)电力要求 | 电压/V 220;频率/Hz 50;电流/A 2.5 |
| (5)电网波动/% | <10 |
| (6)所处环境 | 干燥、无烟、无灰尘、无污染、无震动 |
| (7)电磁干扰 | 设备安装附近应无强烈电磁干扰,远离无线发射站或中继站 |

5.工作原理

激光切割机技术采用激光束照射到金属板材表面时释放的能量,使金属板材熔化并由气体将溶渣吹走。由于激光的力量非常集中,所以只有少量热传到金属板材的其他部分造成的变形很小甚至没有变形。利用激光可以非常准确地切割复杂形状的坯料。

6. 主要用途及适用范围

适合对二氧化碳激光吸收特性好的材料,比如布料皮革、有机玻璃木制品、橡胶、竹制品等非金属材料进行切割或扫描。适用于服装商标、玩具工艺品、广告装饰、建筑装潢、包装印刷、纸制品等行业。

7. 设备基本操作与加工

(1)首先,顺时针旋转机器控制面板上的红色急停开关,使其处于弹开状态,机器解锁。

(2)找到机器右侧控制开关面板,如图 10.6 所示。打开“电源”开关,打开“照明”开关,注意此时不要打开“激光”开关,然后等待开机,激光头自动回到工作原点。

图 10.6 激光雕刻机开关面板

(3)打开电脑,在电脑桌面找到 RDworksV8 软件图标,双击打开,软件自动和激光雕刻机连接,使电脑扩展成外接控制系统。

(4)使用 AutoCAD 的简单基础指令进行绘图,要求图形边框大小为 80 mm×60 mm 的封闭长方形,内部绘制图案不限,要求配有文字。再将图案保存为 Dxf2007 版本格式导入软件中。通过“文件”里子目录的“导入”功能,或者直接点击“导入”功能键,搜索所绘 DXF 格式文件,从电脑桌面导入 DRworksV8 软件中(如简单图形,可直接利用 DRworksV8 软件中的画图功能绘制)。界面如图 10.7 所示。

(5)通过点选右侧图层,选择图层,定义边框为图层 1,内部图形为图层 2,分别用不同颜色表示,通过鼠标左键选中后再点击左下角各种颜色不同的小方框更改图层颜色,达到分图层和区分不同图层的目的,如图 10.8 所示。

(6)双击鼠标左键,打开图层,设置加工参数,对不同材质只需更改切割速度和切割功率,具体参数设置根据实训切割材质而定,加工方式可选“激光切割”和“激光扫描”,根据加工需要而定。如图 10.9 所示。

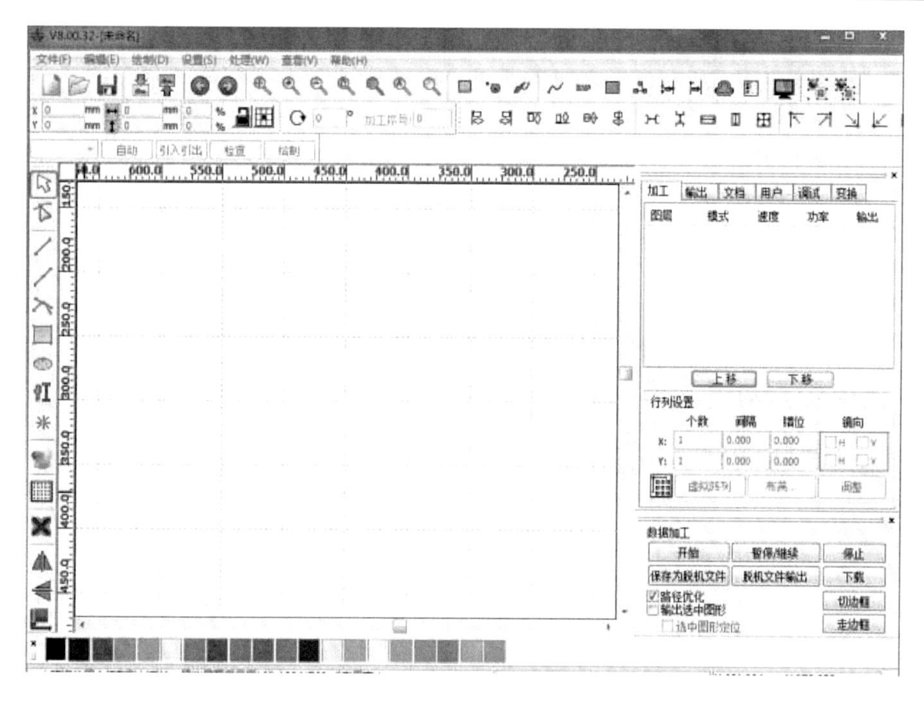


图 10.7　开机界面

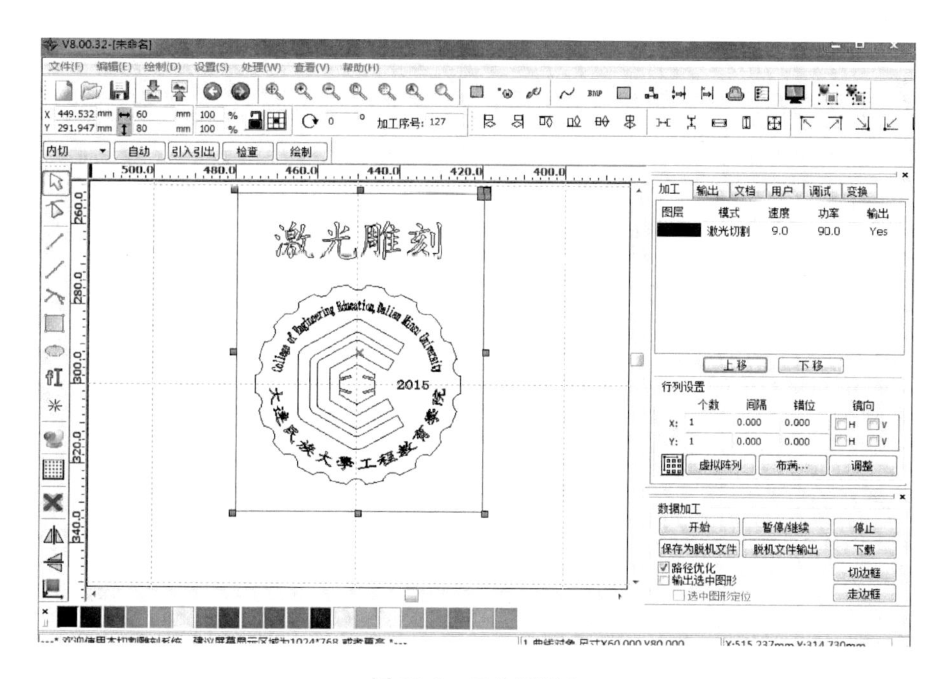


图 10.8　工作界面 1

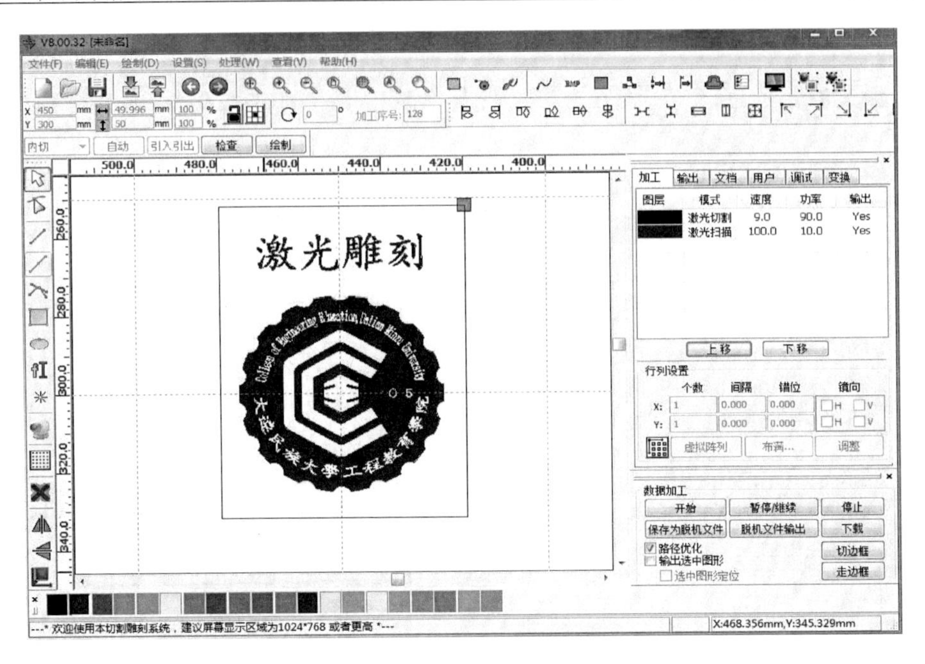


图 10.9 工作界面 2

(7)参数设置完毕之后(图 10.10),检查激光头是否在要求的工件切割点的正确位置,如需调整位置可用控制面板上的方向键调整(图 10.11)。准备好后点击“走边框”,观察物料大小是否合适,符合加工条件后打开“激光”船型开关,激光器激活,水冷系统运行,然后点击软件“开始”,进行加工。

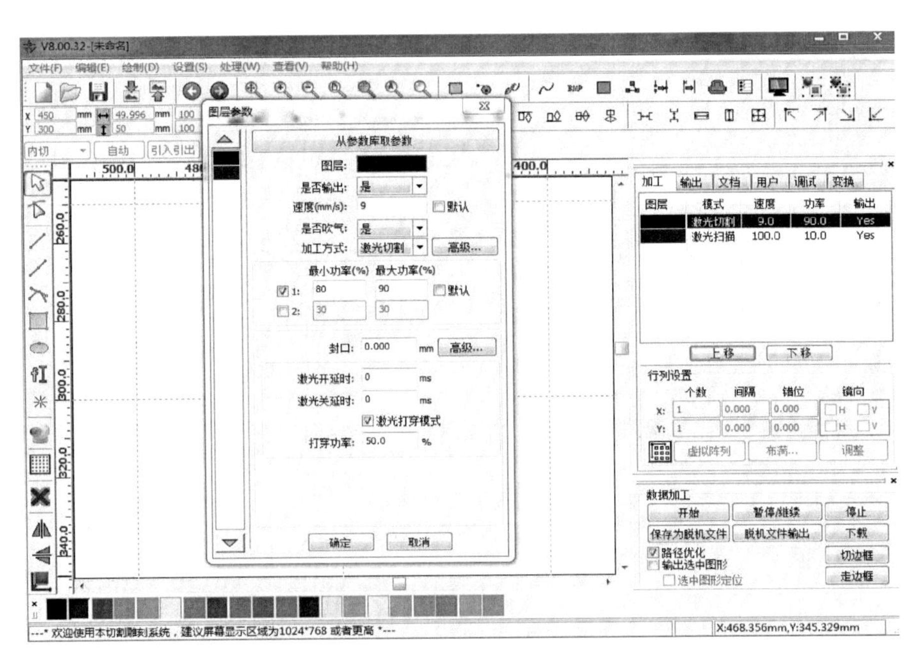


图 10.10 参数设置界面

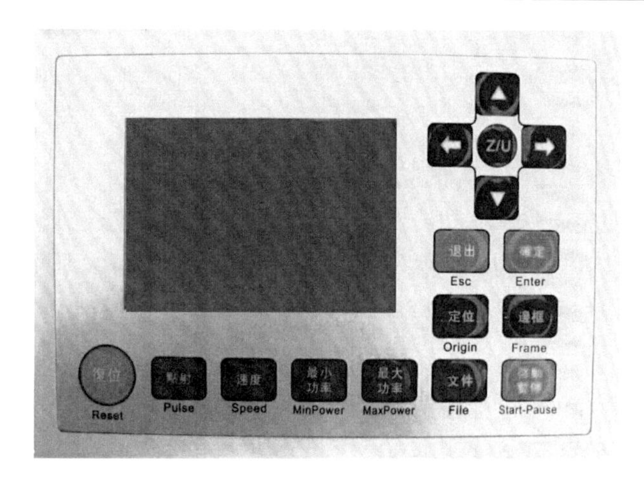


图10.11　控制面板按键

(8)加工过程中可根据需要适当调节电流旋钮(图10.12),使输出功率既能满足加工需要,又不至于过大而破坏工件的表面质量甚至损坏工件。

图10.12　电流旋钮

(9)加工结束后,关闭激光器开关,开盖检查加工效果是否达到预期,如果扫描效果不明显,可调整参数后二次扫描,如工件没有切割完全,也可以进行二次切割,其间不可移动工件。

(10)加工完毕后,激光头会退回自定义的初始位置,机器发出“嘀嘀”报警声,证明加工结束,这时首先关掉激光器开关,再打开上盖,取出工件。

(11)加工完成后,关闭软件、电脑主机、照明开关、激光开关、总开关,最后按下急停开关。

### 10.4.3 激光打标

1. 简介

激光打标技术是激光加工最大的应用领域之一。激光打标是利用高能量密度的激光对工件进行局部照射，使表层材料气化或发生颜色变化的化学反应，从而留下永久性标记的一种打标方法。激光打标可以打出各种文字、符号和图案等，字符大小可以从毫米到微米量级，对产品的防伪有特殊的意义。

2. 设备特点

YLP－F系列（型号说明如图10.13所示）通用激光打标机具有如下特点：

（1）整机体积小，打标精度高，速度快。

（2）操作方便，界面直观，方便用户加工操作。

（3）使用寿命长，免维护，能适应恶劣环境。

（4）采用光纤激光器，电光转换效率高，整机的耗电功率低。

（5）具有红光预览功能，具有激光器过温保护、防干扰等安全保护功能。

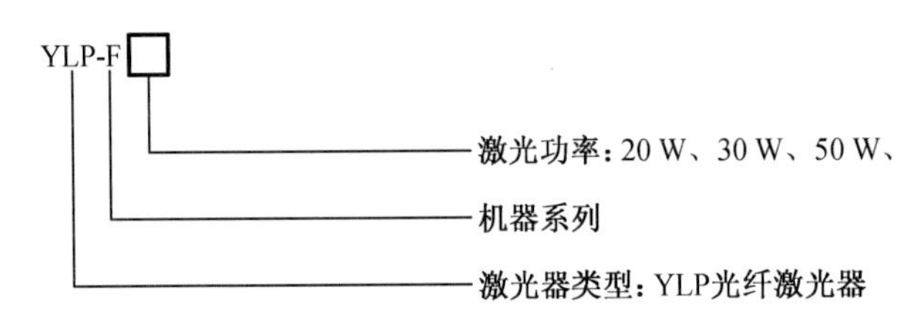


图10.13 型号说明

3. 设备型号及外观组成（图10.14）

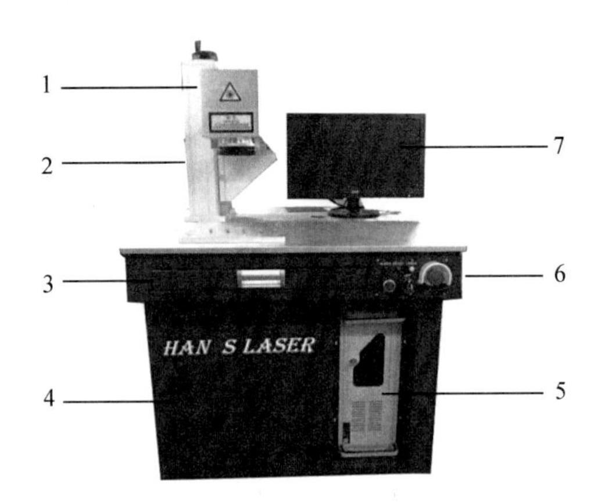


1—主梁一体化方头；2—电子手轮升降台；3—鼠标键盘组件；4—机柜主体；5—工控机；6—控制按钮；7—液晶显示器。

图10.14 YLP－F20I激光打标机

4. 使用环境

(1)大气气压:86 ~ 106 kPa。

(2)湿度要求为40% ~80%,无结露。

(3)设备工作空间要保证无烟无尘,避免金属抛光研磨等粉尘污染严重的工作环境。

(4)安装设备附近应无强烈电磁信号干扰,安装地周围避免有无线电发射站。

(5)地基振幅小于50 μm;震动加速度小于0.05$g$,避免有大型冲压机等机床设备在附近。

5. 工作原理

由激光器输出波长为1 064 nm的激光束内部扩束后,再射到$X$轴、$Y$轴两只振镜扫描器反射镜上,振镜扫描器在电脑控制下产生快速摆动,使激光束在平面$X$、$Y$二维方向上进行扫描。通过镜头激光束聚焦在加工物体的表面形成一个个微细的、高能量密度的光斑,每一个高能量的激光光斑瞬间就在物体表面烧蚀成印记。经过电脑控制的反复不断的这一过程,预先编制好的字符、图形等标记就永久地刻在了物体的表面上。

6. 主要用途及适用范围

YLP-F系列通用激光打标机主要用于如下行业:电子元器件、集成电路、电工电气、手机通信、五金制品、工具配件、精密器械、眼镜钟表、首饰饰品、汽车配件、医疗器械等。适用材料包括:普通金属及合金(铁、铜、铝、等金属),金属氧化物(各种金属氧化物均可),ABS材料(电器用品外壳、日用品),特殊表面处理(磷化、铝阳极花、电镀表面),油墨(透光按键、印刷制品),环氧树脂(电子元件的封装、绝缘层)。

7. 基本操作与加工

(1)接通外供电源(确定各部分的电气连接可靠无误,接通外部电源开关);

(2)闭合空气开关(合上设备后部的空气开关);

(3)开启急停开关(旋转急停开关处于打开状态);

(4)开启钥匙开关(旋转操作版上的钥匙至"ON"状态);

(5)启动电脑(按操作面板上的"PC POWER")启动电脑;

(6)进入打标软件(电脑桌面"上 HAN'S LASER MAKING SYSTEM");

(7)按设备启动按钮"START"(设备启动,风机开始运行);

(8)调节升降工作台至焦点(之后要锁定升降主梁);

(9)调节标记参数开始打标工作(注意回检,确保无误后才可以加工)。

### 10.4.4 激光内雕

1. 简介

激光内雕是一种新兴的激光加工技术。激光内雕是通过激光束在透明材料内部定位聚焦,使焦点处的材料被烧坏或熔化成可见的点,从而留下永久性标记的一种雕刻技术。高能量密度的激光可以在材料内部雕刻出二维或三维的图像、文字、符号。激光内雕具有无机械接触、热影响区域小、加工精细、速度快、成本低、无污染等优点。激光内雕因其独特的优点已成功应用于工艺品、纪念品、装饰材料、工业标记防伪等行业。

2. 设备特点

(1)雕刻的图像位于产品内部,并且丝毫不损伤表面,可以永不磨灭;

(2)内雕爆破点细腻、均匀、密集,使得内雕图案清晰精美;

(3)激光通过高速振镜可以实现高速度、高精度地雕刻;

(4)通过电脑随意设置所需图案、文字、符号,简单方便。

3. 设备型号及外观组成

PHANTOM III(型号规格说明如图 10.15 所示)激光内雕机采用模块化封闭结构,整机包括机架、激光器、光路系统、工作台、工控机、控制箱、散热风扇、显示器、输入设备等,如图 10.16 所示。

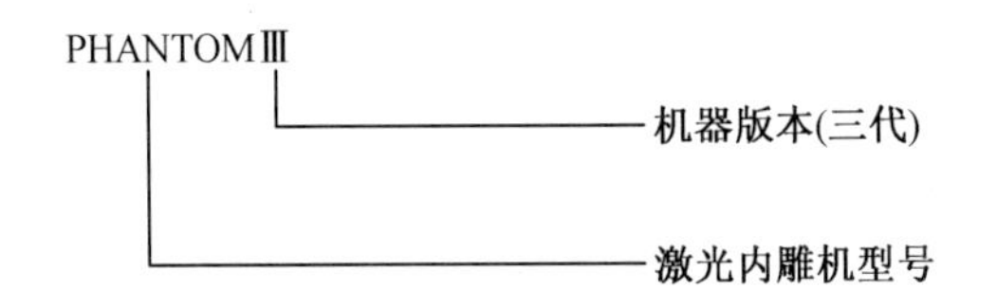


图 10.15 型号规格说明

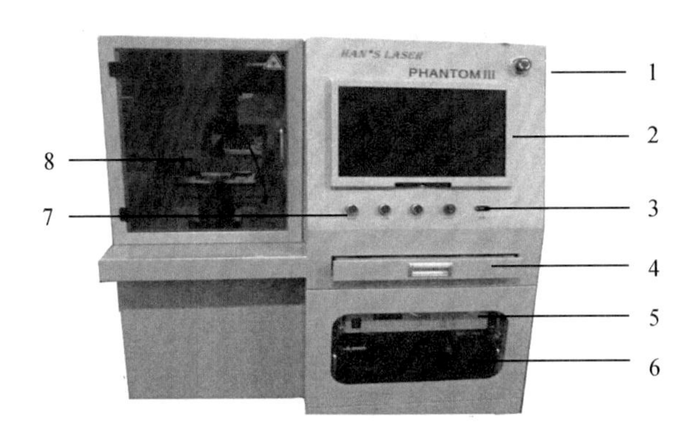


1—急停按钮;2—电脑主机显示屏;3—外接 U 盘插口;4—键盘;5—控制箱;6—电脑主机;
7—依次为电源按钮、激光按钮、照明按钮、控制箱控制面板;8—加工仓。

图 10.16 PHANTOM III 激光内雕机

4. 使用环境

| | |
|---|---|
| (1)运行环境温度/℃ | 18 ~ 25 |
| (2)运行环境湿度/% | 40 ~ 70(无结露) |
| (3)气压/kPa | 86 ~ 106 |
| (4)电力要求 | 电压/V 220;频率/Hz 50;电流/A 2.5 |
| (5)电网波动/% | <10 |
| (6)地基振幅/μm | <50 |
| (7)电磁干扰 | 设备安装附近应无强烈电磁干扰,远离无线发射站或中继站 |

5. 工作原理

工作原理是激光器输出的绿激光经扩束镜扩束后,通过 XY 振镜反射到聚焦镜,聚焦镜将激光聚焦到透明工件的内部，并在聚焦点出烧蚀材料形成像点，XY振镜在计算机控制下摆动使激光焦点在XY二维方向上进行扫描形成平面图像，再配合自动升降工作台实现三维图像内雕。

6. 主要用途及适用范围

（1）配合三维照相机，可以制作个性化的3D水晶人头像；

（2）制作精美的水晶或玻璃工艺品、纪念品、装饰品、奖杯；

（3）工业标记及防伪，如手机按键、防伪瓶盖。

7. 基本操作与加工

（1）整机开机程序，控制面板示意图如图10.17所示。

①接通整机总电源线，把整机后面的空开打到“ON”；

②松开急停开关，打开“START”按钮；

③打开船型开关，钥匙开关打到“ON”，打开电脑开关；

④等待就绪后调节电流后依次打开振镜（SCAN），照明灯（LIGHT）按钮；

⑤打开内雕软件，设置内雕参数，载入或绘制图形；

⑥放置工件，打开菜单对话框选择“通用内雕”，点击“开始内雕”。

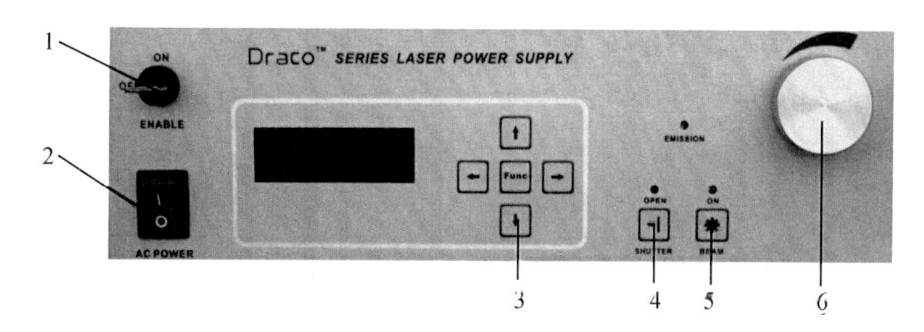


1—在船型开关开启时候，钥匙打到“ON”，整个系统得电；2—船型开关，急停松开情况下，打到“ON”表示系统通电；3—方向键，主要用于调节电流；4—松开有效激活键；5—GSTE模式下打开BEAM；6—主要用于调节电流大小。

图10.17　操作面板控制按键示意图

（2）软件组成及功能简介

该软件系统主要由两部分组成：三维图形处理软件和图形内雕软件。

①三维软件图形处理软件可以导入DXF、3DS、GIF等格式的三维图，然后进行处理，转化成内雕数据——点云。

②图形内雕软件根据三维图形处理软件转化成的图形数据进行内雕，也可以使用JPG、BMP等平面内雕，并且可以对一些主要的系统参数进行设置，如工作台参数、图层参数、内雕参数等。

（3）三维图形转换软件

三维图形编辑软件可以导入DXF、BMP、JPG、GIF、PLT等文件格式进行处理，同时显示三维图形在XY、YZ、XZ平面的投影以及整个立体图形。可以手工对图像进行相关的处理，以满足自己的要求。

启动:在电脑桌面点击"HL3D"内雕软件图标即可启动三维图形编辑软件。

主界面主要包括文件、编辑、查看、设置、窗口、帮助等。文件菜单中包含常见的九个子菜单。其中"导入"子菜单是在当前文件中导入所需图像。编辑菜单也同样包含九个子菜单。

①实体切层:产生内雕数据——点云;

②新建:创建一个空白文档;

③打开:打开文档;

④保存:保存当前使用的文档;

⑤导入:导入内雕图案,比如 DXF、3DS 等格式图形;

⑥导出:将处理后的图形导出成默认的.Agl 点云文件;

⑦居中:内雕图形居中;

⑧转换实体:实际改变内雕图形位置、大小、角度参数等;

⑨细分:产生内雕数据——点云。

(4)平面图像内雕

①打开桌面雕刻软件"HL.exe";

②点击 工具栏的"导入"按钮,导入图像;

③选择 可以调整图形的大小,也可以按住鼠标左键拖动边框来调整;

④选择 位图按钮设置图像参数;

⑤设置物料高度参数,物料高度必须和要雕刻材料的物料高度一致;

⑥选择 通用内雕按钮进行内雕。

(5)三维图像内雕

①双击内雕软件图标打开软件;

②导入需要处理的图形,比如 DXF、3DS 等格式的三维图形,点击工具栏上的"导入"图标,等待一段时间;

③选择"实体变换工具"来修改图形的大小、位置和角度,点击应用后关闭此对话框;

④选择设置菜单——设置内雕参数,$x$、$y$ 点间距和层间距,默认值为 0.6,我们这里设置 $x$、$y$ 间距为 0.15,层间距为 0.15。细分模式使用面模式。设置完成后点击确定;

⑤细分完成后,点击"导出"按钮,自动转换成了 Agl 格式的文件保存;

⑥选择用于振镜式内雕机,点击确定,将会在你所选择的路径下自动生成.Agl 格式的文件。之后可以将转换的文件导入 HL.exe 中进行后续的内雕操作。

## 思考题

1. 工业上哪些加工设备利用了激光技术?

2. 在激光切割中,物料的硬度和厚度哪一个是应该考虑的因素,为什么?

3. 激光技术除了在工业上的应用,还有哪些领域应用了激光技术?

# 第11章　三维数字化实训

## 11.1　实训目的

1. 了解3D打印基本原理、分类、应用范围。
2. 了解3D打印机的基本结构、加工原理和加工方法。
3. 了解并掌握3D打印机的基本操作。
4. 了解3D模型的基本创建过程，能够利用软件建立简单的三维模型。
5. 了解3D打印机软件的基本参数意义，会设置软件常用的参数。
6. 了解3D打印产品的后期处理工艺、简单上色喷涂的过程。

## 11.2　实训要求

1. 操作前必须穿戴好规定的劳动保护用品。
2. 了解所用3D打印机的技术规范及安全操作规程。
3. 未经许可不得动用车间一切水、电及其他设备。
4. 具有良好的道德规范。

## 11.3　实训设备

### 11.3.1　设备型号

闪铸科技 Dreamer Pro 桌面级3D打印机，如图11.1所示。

### 11.3.2　设备功能、特点

功能：能够打印最大尺寸200 mm×150 mm×160 mm（长×宽×高）的模型。
一般使用材料：ABS，PLA。
特点：小巧轻便，快速成型。

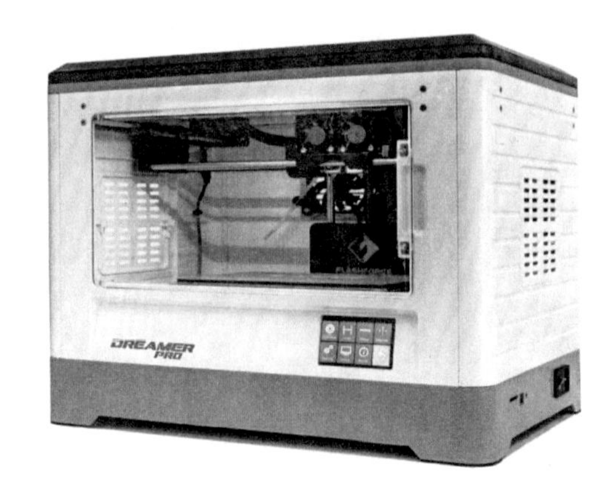


图 11.1 Dreamer Pro 桌面级 3D 打印机

## 11.4 实训内容

### 11.4.1 3D 打印机的概念

3D 打印技术(3D printing)是快速成型技术的一种,以数字模型文件为基础,运用粉末状金属或者塑料等可黏合材料,通过逐层堆积的方式来构造物体的技术,也称为增材制造技术(additive manufacturing)。图 11.2 为 3D 打印机和 3D 打印作品。

图 11.2 3D 打印机和 3D 打印作品

### 11.4.2 3D 打印机的组成

和我们通常见到的打印机一样,3D 打印机也是由控制电路、驱动电路、数据处理电路、电源及输入输出几个模块组成。硬件部分包括 PC 电源、主控电路、步进电机、控制电路、高温喷头和工件输出基板这几个部分。其外侧用木板来固定,采用非密闭式铸模平台。

### 11.4.3　3D打印机核心构件

3D打印机的核心是一块采用微处理器的主电路板，通过这块主电路板将处理后的3D模型文件转换成$X$、$Y$、$Z$轴和喷头供料的步进电机数据，交给4个步进电机控制电路进行控制，然后让步进电机控制电路控制工件输出基板的$X-Y$平面移动；喷头的垂直移动和喷头供料的速度比较精确地让高温喷头将原料（ABS或其他塑料丝）融化后一层一层地喷在工件输出基板上，形成最终的实体模型。

### 11.4.4　快速成型技术的概念

快速成型（rapid prototyping，RP），诞生于20世纪80年代后期，是基于材料堆积法的一种新型技术，被认为是近20年来制造领域的一个重大成果。它集机械工程、CAD、逆向工程技术、分层制造技术、数控技术、材料科学、激光技术于一身，可以自动、直接、快速、精确地将设计思想转变为具有一定功能的原型或直接制造零件，从而为零件原型制作、新设计思想的校验等方面提供了一种高效低成本的实现手段。目前国内传媒界习惯把快速成型技术叫作"3D打印技术"或者"三维打印技术"，显得比较生动形象，但是实际上，"3D打印技术"或者"三维打印技术"只是快速成型的一个分支，只能代表部分快速成型工艺。目前市面上常见的3D打印技术共有四种，分别是熔丝堆积技术（FDM）、光固化技术（SLA）、数字光投影技术（DLP）、激光烧结技术（SLS），这四种技术所能打印的成品基本满足了各行各业的需求。

1.熔丝堆积技术（FDM）

（1）定义：FDM工艺，也叫挤出成型，关键是保持半流动成型材料刚好在熔点之上（通常控制在比熔点高10℃左右）。FDM喷头受CAD分层数据控制，使半流动状态的熔丝材料（丝材直径般在1.5 mm以上）从喷头中挤压出来，凝固形成轮廓形状的薄层，一层叠一层，最后形成整个零件模型。其工艺特点是直接采用工程材料ABS、PC等进行制作，适合设计的不同阶段，缺点是表面光洁度较差。

（2）代表厂家：美国STRATASYS（工业级）、波兰ZORTRAX（桌面级）。

（3）耗材种类：ABS、PETG、HIPS、PA、PLA。

（4）成型精度：±0.2/100 mm。

（5）成型规格：400 mm×400 mm以内。

（6）应用领域：设计模型试作。

2.光固化技术（SLA）

（1）定义：该技术以光敏树脂为原料，将计算机控制下的紫外激光按预定零件各分层截面的轮廓为轨迹对液态树脂连点扫描，从而被扫描区的树脂薄层产生光聚合反应，形成零件的一个薄层截面。当层固化完毕，移动工作台，在原先固化好的树脂表面再敷上一层新的液态树脂以便进行下一层扫描固化。新固化的一层牢固地黏合在前一层上，如此重复直到整个零件制造完毕。该项技术特点是精度和光洁度高，但是材料比较脆，运行成本太高，后处理复杂，对操作人员要求较高，适合验证装配设计过程中使用。

（2）代表厂家：美国3D system（工业级）、国内陕西恒通智能（工业级）。

(3)耗材种类:液态光敏树脂(含半透明与可铸造材料)。

(4)成型精度:±0.1/100 mm。

(5)成型规格:600 mm×600 mm 以内。

(6)应用领域:精细外观与结构模型制作、珠宝首饰、精密铸造蜡型。

(7)SLA 的优势:

①光固化成型法是最早出现的快速原型制造工艺,成熟度高,经过时间的检验。

②由 CAD 数字模型直接制成原型,加工速度快,产品生产周期短,无须切削工具与模具。

③可以加工结构外形复杂或使用传统手段难于成型的原型和模具。

④使 CAD 数字模型直观化,降低错误修复的成本。

⑤为实验提供试样,可以对计算机仿真计算的结果进行验证与校核。

⑥可联机操作,可远程控制,利于生产的自动化。

(8)SLA 的缺点:

①SLA 系统造价高昂,使用和维护成本过高。

②SLA 系统是要对液体进行操作的精密设备,对工作环境要求苛刻。

③成型件多为树脂类,强度、刚度、耐热性有限,不利于长时间保存。

④预处理软件与驱动软件运算量大,与加工效果关联性较高。

⑤软件系统操作复杂,入门困难,使用的文件格式不为广大设计人员所熟悉。

⑥立体光固化成型技术被单一公司所垄断。

(9)SLA 的发展趋势与前景:立体光固化成型法的发展趋势是高速化、节能环保与微型化。不断提高的加工精度使之有最先可能在生物、医药、微电子等领域大有作为。

3. 数字光投影技术(DLP)

(1)定义:DLP 投影式三维打印工艺的成型原理是利用直接照灯成型技术(DLPR)把感光树脂成型,CAD 的数据由计算机软件进行分层并建立支撑,再输出黑白色的“Bitmap”挡。每一层的“Bitmap”挡会由 DLPR 投影机投射到工作台上的感光树脂,使其固化成型。DLP 投影式三维打印的优点:利用机器出厂时配备的软件,可以自动生成支撑结构并打印出完美的三维部件。相比于快速成型领域其他的设备,其独有的 voxelisation 专利技术保证了成型产品的精度与表面光洁度。

(2)代表厂家:美国 formlabs(桌面级)、德国 Envision TEC(工业级)。

(3)耗材种类:液态光敏树脂(含半透明与可铸造材料)。

(4)成型精度:±0.1/100 mm。

(5)成型规格:400 mm×400 mm 以内。

(6)应用领域:精细外观与结构模型制作、珠宝首饰、精密铸造蜡型。

4. 选择性激光烧结技术(SLS)

(1)定义:该法采用 $CO_2$ 激光器作能源,目前使用的造型材料多为各种粉末材料。在工作台上均匀铺上一层很薄的(100~200 μm)粉末,激光束在计算机控制下按照零件分层轮廓有选择性地进行烧结,一层完成后再进行下一层烧结。全部烧结完后去掉多余的粉末,再进行打磨、烘干等处理便获得零件。目前,工艺材料为尼龙粉及塑料粉,也有使用金属粉进行烧结的。德国 EOS 公司的 P 系列塑料成型机和 M 系列金属成型机产品是全球较好的 SLS 技术设备。SLS 技术既可以归入快速成型的范畴,也可以归入快速制造的范畴,因为使用 SLS 技术可以直接、快速制造最终产品。

(2)原理:使用 SLS 设备可以直接制造金属模具和注塑模具的异形热流道系统,其硬度可达较高洛氏硬度,性能达到锻件级别, 也可以直接制造特殊、复杂功能零件。正是由于 SLS 技术的小批量特殊、复杂功能件的快速制造能力,且可以多个零件一次性成型制造,实现多品种、个性化的小批量快速制造,使该种技术在航空航天、军工、汽车发动机测试和开发、医疗领域得到了广泛的认可和应用。

(3)代表厂家:德国 EOS(金属粉末打印)、国内华曙高科(尼龙粉末打印)。

(4)耗材种类:尼龙粉末、PS 高分子粉末(蜡型)、合金粉末。

(5)成型精度: ±0.1/100 mm。

(6)成型规格:800 mm×500 mm 以内。

(7)应用领域:航空航天、军工、高端模具、精密铸造、医疗骨关节、牙科等

5. 总结与展望

快速成型技术中,金属粉末 SLS 技术是人们研究的一个热点。实现使用高熔点金属直接烧结成型零件,对于传统切削加工方法难以制造出高强度零件及对快速成型技术更广泛的应用具有特别重要的意义。展望未来,SLS 技术在金属材料领域中的研究方向应该是单元体系金属零件烧结成型,多元合金材料零件的烧结成型,先进金属材料如金属纳米材料、非晶态金属合金等的激光烧结成型等,尤其适合于硬质合金材料微型元件的成型。此外,根据零件的具体功能及经济要求来烧结形成具有功能梯度和结构梯度的零件。我们相信,随着人们对激光烧结金属粉末成型机理的掌握,对各种金属材料最佳烧结参数的获得,以及专用的快速成型材料的出现,SLS 技术的研究和应用必将进入一个新的境界。

### 11.4.5　FDM、SLA、DLP、SLS 四种工艺表面打印质量对比

如图 11.3 所示为在 0.1 mm 分层情况下用 60 倍放大镜观察打印表面质量的对比。

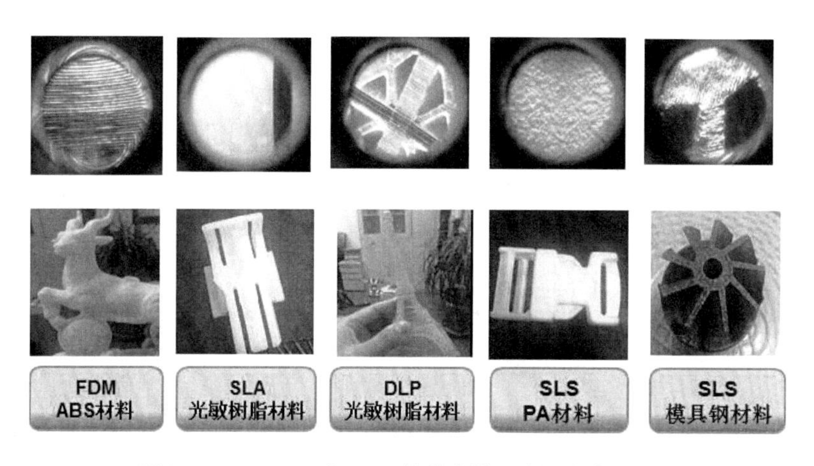


图 11.3　0.1 mm 分层 60 倍放大镜观察打印表面质量

### 11.4.6 Dream pro 桌面级 3D 打印机的组成和结构

Dream pro 桌面级 3D 打印机的组成和结构较为简单，从图 11.4 和图 11.5 可以看到 3D 打印机的基本组成和相关配件。

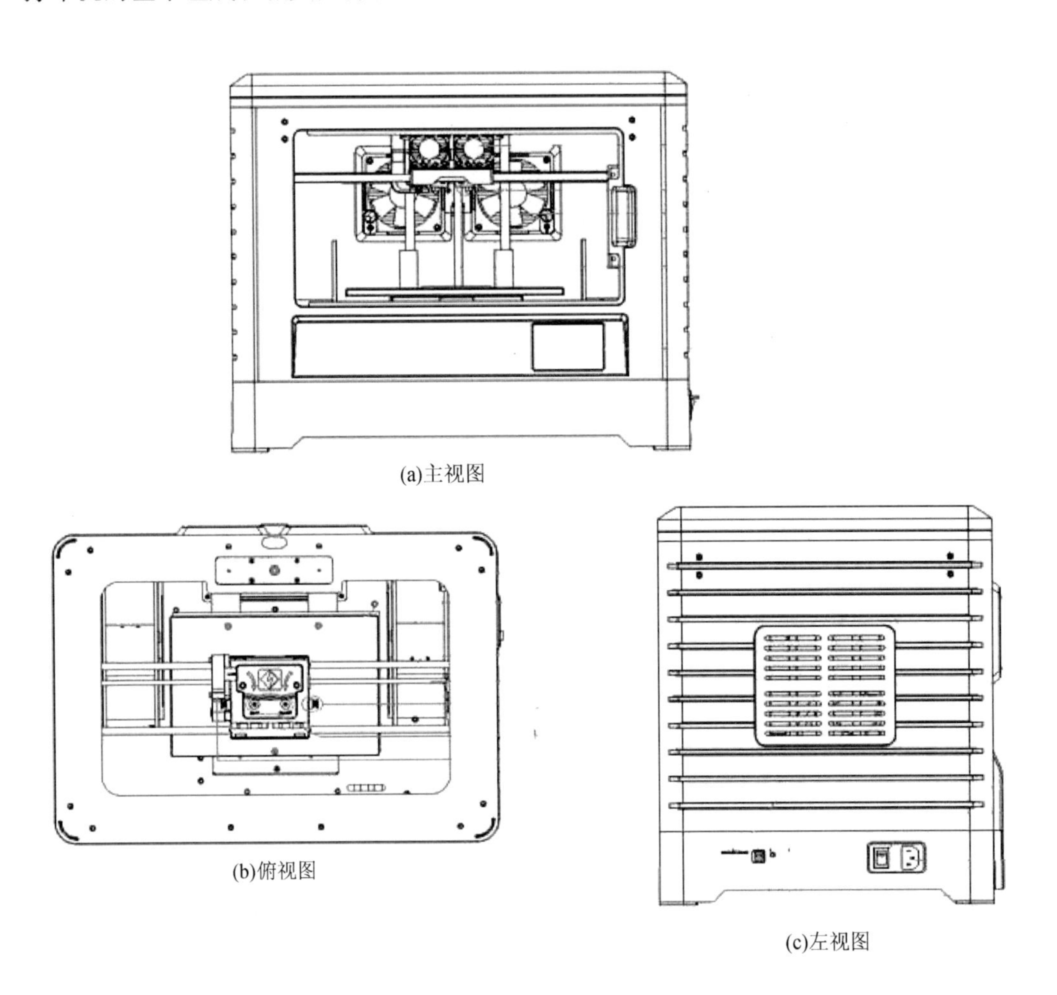

(a)主视图

(b)俯视图

(c)左视图

图 11.4　3D 打印机的各角度观察图

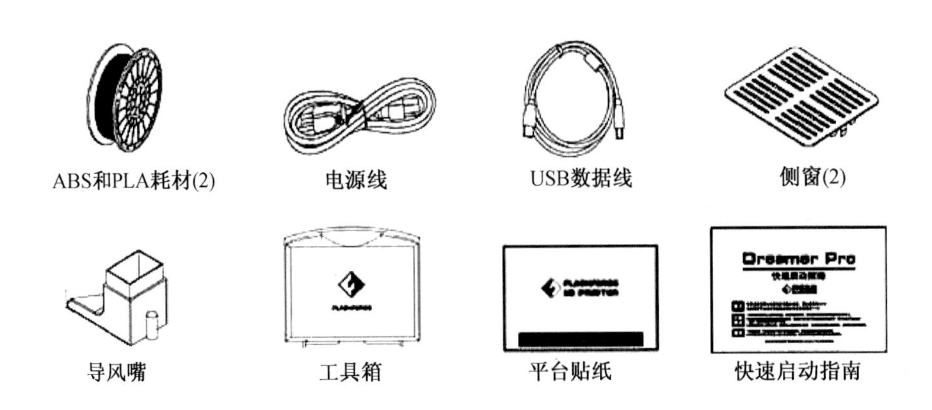


图 11.5　3D 打印机的配件

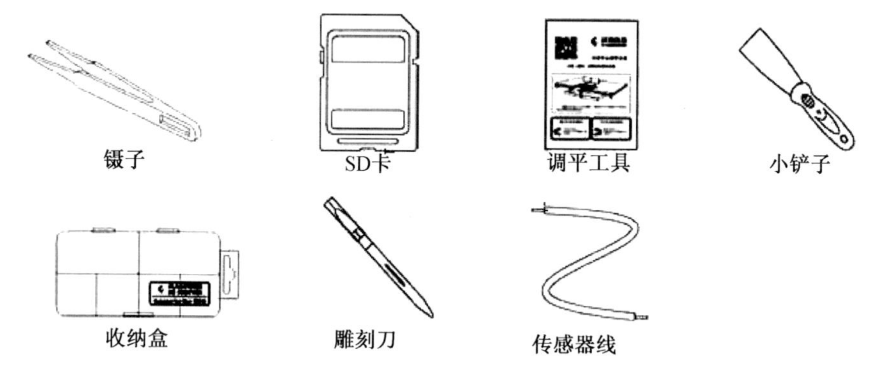


图 11.5(续)

### 11.4.7　耗材安装

(1)将配送的耗材放置于机身内的圆槽中,使用丝盘轴将丝盘保持在固定位置,但保证丝盘转动顺畅。丝盘轴旋转 90°固定,如图 11.6 所示。

图 11.6　丝盘轴

(2)然后使耗材从位于机身内背部的导丝管通过,这样可以有效防止耗材旋转打结,保持打印畅通。

(3)接下来就可以通过进丝操作使耗材通入到喷头内。

(4)出厂时已经一张平台贴纸粘在打印平台上,如图 11.7 所示。自行更换贴纸时,请先将平台加热再撕下来更换,但注意避免高温烫伤。

(5)连接电源线和 USB 数据线,如图 11.8 所示:

①确定电源输入端口,将电源线插入端口,电源线另一端连接插座。

②确定 USB 数据传输端口,将数据线一端连接 Dreamer Pro 打印机,一端连接电脑。Dreamer Pro 仅支持 USB2.0 端口,若电脑不能识别,请确认连接是否正确。

图 11.7 贴纸粘在打印平台上

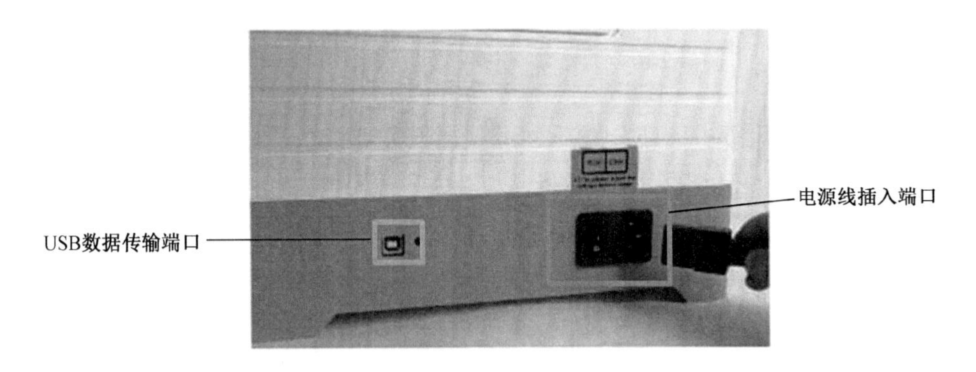


图 11.8 连接电源线和 USB 数据线

(6)打印所使用的材料有 PLA 与 ABS 两种,其材料特性分别为:

①聚乳酸(PLA)是一种新型的生物降解材料,使用可再生的植物资源(如玉米)所提出的淀粉原料制成,机械性能及物理性能良好。聚乳酸适用于吹塑、热塑等加工方法,加工方便,应用十分广泛,相容性与可降解性良好。聚乳酸在医药领域应用也非常广泛,如可生产一次性输液用具、免拆型手术缝合线等,低分子聚乳酸还可作药物缓释包装剂等。

②ABS 树脂是目前产量最大、应用最广泛的聚合物,它将 PS、SAN、BS 的各种性能有机地统一起来,兼具韧、硬、刚相均衡的优良力学性能。ABS 是丙烯腈、丁二烯和苯乙烯的三元共聚物,A 代表丙烯腈,B 代表丁二烯,S 代表苯乙烯。ABS 塑料一般是不透明的,外观呈浅象牙色,无毒、无味,燃烧缓慢,火焰呈黄色,有黑烟,燃烧后塑料软化、烧焦,发出特殊的肉桂气味,但无熔融滴落现象。

打印 ABS 材料与打印 PLA 聚乳酸材料区别:

打印 PLA 材料时气味为棉花糖气味,不像 ABS 材料那样刺鼻子的不良气味。PLA 材料可以在没有加热床情况下打印大型零件模型而边角不会翘起。PLA 材料加工温度是 200 ℃,ABS 则在 220 ℃以上。PLA 材料具有较低的收缩率,即使打印较大尺寸的模型时也表现良好。PLA 材料具有较低的熔体强度,打印模型更容易塑形,表面光泽性优异,色彩艳丽。PLA 材料是晶体,ABS 材料是一种非晶体。当加热 ABS 材料时,会慢慢转换凝胶液体。PLA 材料像冰冻的水一样,直接从固体到液体。因为没有相变,ABS 材料不吸喷嘴的热能,部分 PLA 材料使喷嘴堵塞的风险更大。所以本次实训我们所选用的材料为 PLA。

### 11.4.8 进丝和退丝

1. 进丝

进丝操作步骤如表11.1所示。

表11.1 进丝操作步骤

| 序号 | 步骤内容 | 示意图 |
| --- | --- | --- |
| 1 | 取下 Dreamer Pro 顶盖 |  |
| 2 | 在触摸屏主面板上点击“工具” | 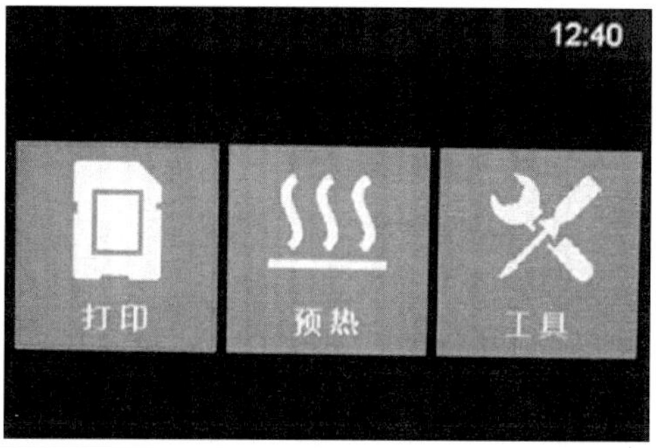 12:40<br>打印 预热 工具 |
| 3 | 选择“换丝”,并在下一栏中选择“左喷头进丝” | 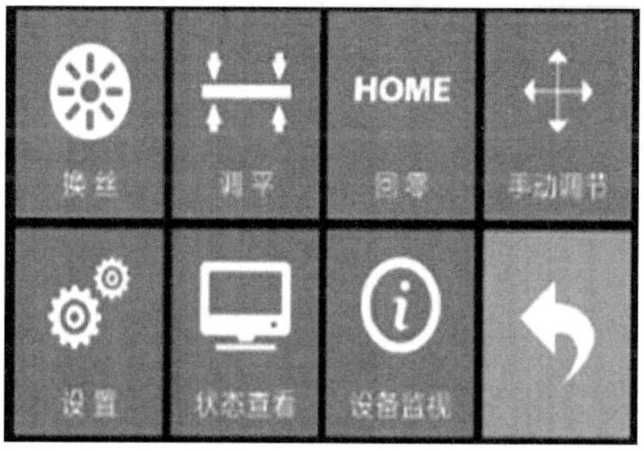 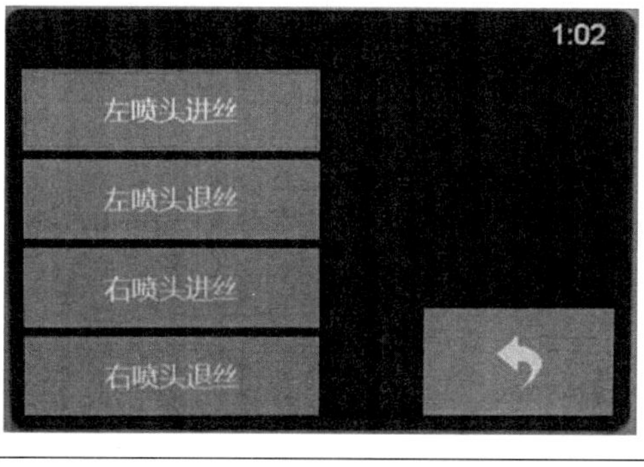 HOME<br>换丝 调平 回零 手动调节<br>设置 状态查看 设备监视<br>1:02<br>左喷头进丝<br>左喷头退丝<br>右喷头进丝<br>右喷头退丝 |

表 11.1(续)

| 序号 | 步骤内容 | 示意图 |
|---|---|---|
| 4 | 等待喷头加热到工作温度。达到工作温度后喷头会提示一次。安装耗材时,先从导丝管中穿过再从垂直的角度插入喷头,同时按下左侧的弹簧片(若右喷头进丝则按下右侧弹簧片) | 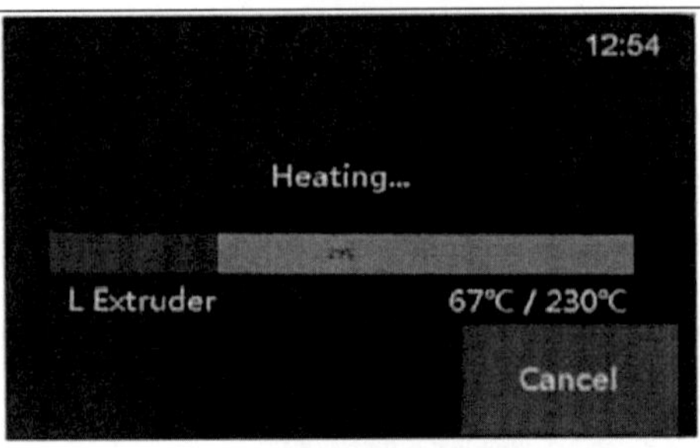 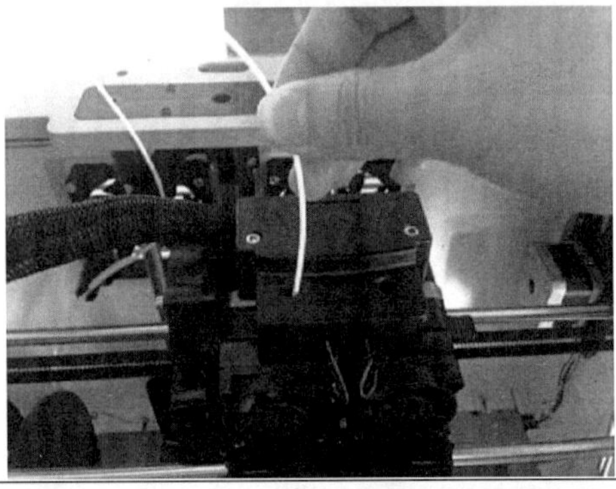 12:54<br>Heating...<br>L Extruder 67℃ / 230℃<br>Cancel |
| 5 | 耗材开始从喷嘴挤出,继续装填来保证耗材沿着直线被挤出。如果耗材挤出角度不对,请报告实训老师 | 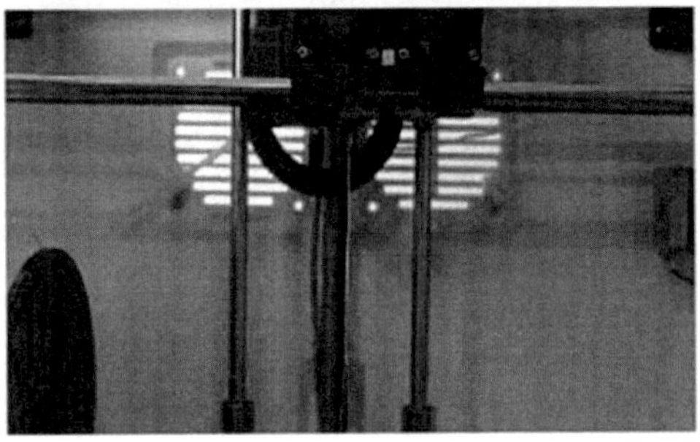 |

2. 退丝

退丝操作步骤如表 11.2 所示。

表 11.2 退丝操作步骤

| 序号 | 步骤内容 | 示意图 |
|---|---|---|
| 1 | 取下 Dreamer Pro 顶盖 |  |

表 11.2(续)

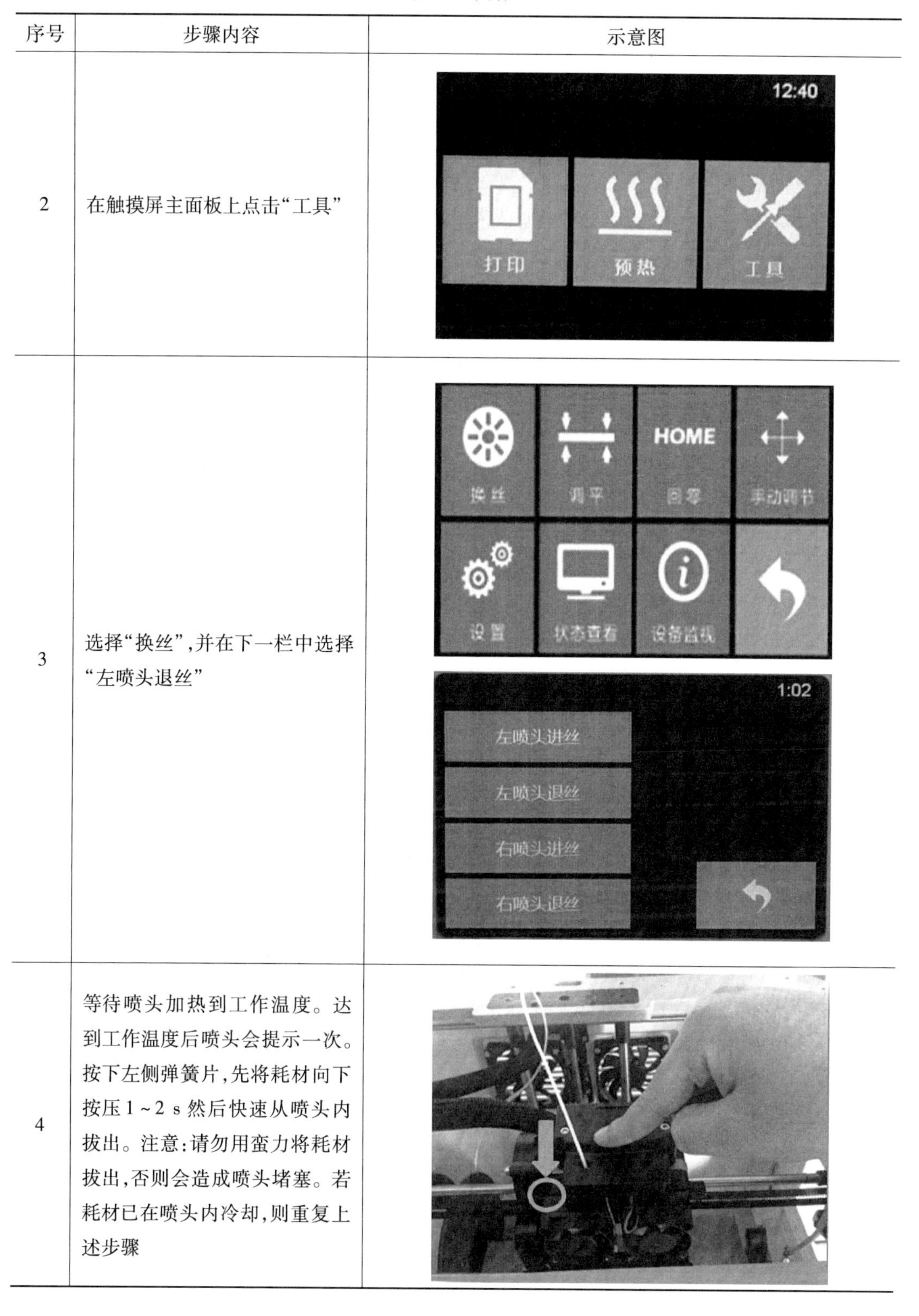

| 序号 | 步骤内容 | 示意图 |
| --- | --- | --- |
| 2 | 在触摸屏主面板上点击“工具” | |
| 3 | 选择“换丝”，并在下一栏中选择“左喷头退丝” | |
| 4 | 等待喷头加热到工作温度。达到工作温度后喷头会提示一次。按下左侧弹簧片，先将耗材向下按压 1 ~ 2 s 然后快速从喷头内拔出。注意：请勿用蛮力将耗材拔出，否则会造成喷头堵塞。若耗材已在喷头内冷却，则重复上述步骤 | |

### 11.4.9 平台调平

一个正确调平的打印平台是打印质量的保证。当打印出来的物体与理想中出现偏差时,第一步就是检查并复核打印平台以保证打印平台被调平。一般的经验就是留出一片纸的厚度的间隙。然而,要打印高精度的物体(150 μm 及以下),务必用塞尺来调整平台,因为高精度打印需要喷嘴和平台之间拥有更小的间隙。

Dreamer Pro 的打印平台应用了三点调平系统。在打印平台的底部的前面有一个弹簧承载的螺丝,后面有两个。当拧紧螺丝时打印平台与喷嘴间隙增大,反之减小,调平平台的步骤如表 11.3 所示。

表 11.3　平台调平步骤

| 序号 | 步骤内容 | 示意图 |
| --- | --- | --- |
| 1 | 在触摸屏主页面上点击“工具”,在下一级菜单中点击“调平”。此时,喷头移动到起始位置 | 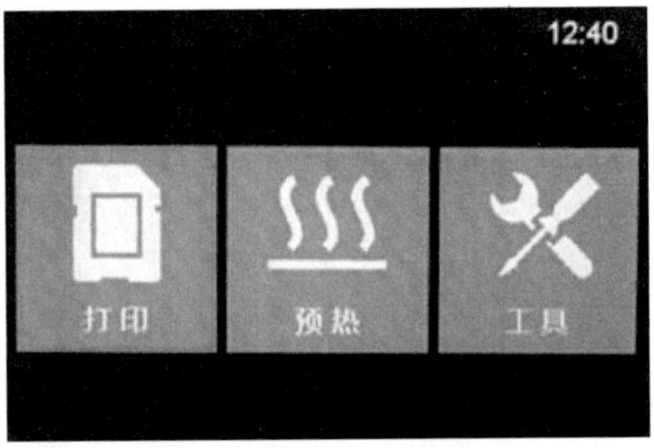  |
| 2 | 取出调平工具 |   |

表 11.3(续)

| 序号 | 步骤内容 | 示意图 |
|---|---|---|
| 3 | 一旦喷头和打印平台停止移动,在喷嘴和打印平台之间来回滑动纸片,同时调整螺丝的松紧直到纸片产生明显的摩擦为止 | 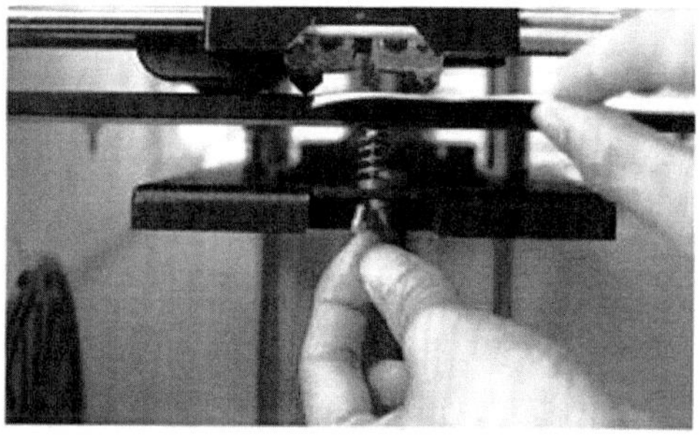 |
| 4 | 按下“next”键,并等待喷头移动到第二个位置,前后滑动纸片,与上一步相同,调整螺丝直到产生同样强度的摩擦 |  |
| 5 | 再次按下“next”键,重复同样的调平手法 |  |
| 6 | 按下“next”键,喷嘴会移动到打印平台的中心。滑动纸片确保有明显的摩擦。如果没有摩擦或者摩擦过大,则缓慢调整螺丝松紧 |  |

表 11.3(续)

| 序号 | 步骤内容 | 示意图 |
| --- | --- | --- |
| 7 | 当调平完成后,按下“完成”键结束调平 | 12:42<br>底板调平已完成 |

## 11.4.10 打印软件 FlashPrint – Pro 的基本操作

1. 工具栏

工具栏包含了 7 个子项目,分别为载入、打印、视角、移动、旋转、缩放、喷头,如图 11.9 所示。下面将一一介绍各个子项目的作用和操作。

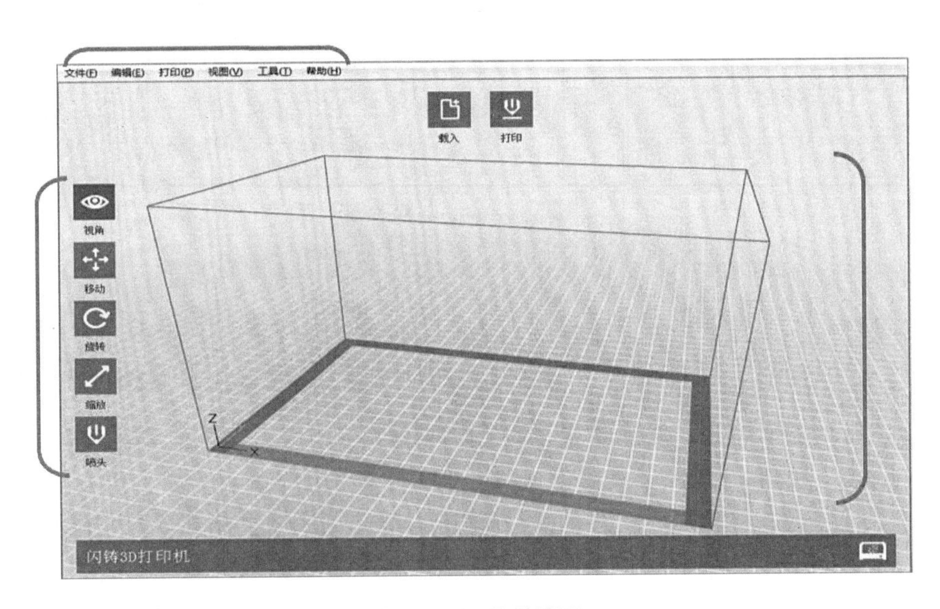


图 11.9 工具栏界面

(1)载入

点击“载入”选项,选择一个 3D 文件(. stl &. obj),你可以从 www. ishare3d. com 上下载 3D 模型。载入成功以后,可以在软件的平台上看到所载入的 3D 模型。该 3D 模型就是实际打印的模拟。

(2)打印

①打印方案选项,可以选择切片引擎、打印机类型、使用耗材种类、是否需要支撑结构等

相关内容。一般情况下,Slic3r 引擎的切片表现更为良好,建议用户使用这个引擎。方案选项中有三种方案,不同的方案已经设置好了各种不同的参数,高质量打印成型方案的成型效果更好,但打印速度更慢,低质量打印成型的方案则刚好相反。如果选择使用 PLA 耗材打印,另有“超精细”选项可供选择(该选项实际效果还需要更多测试)。

②底板选项(仅限 Skeinforge 切片),设置是否打印底板。有打印底板模型将更容易贴合在打印平台上。

③围墙选项,用在双色打印中,由于两个喷头会交替使用,处在待命状态的喷头会漏出少许耗材。围墙可以刮除喷头上漏出的耗材,防止粘接在模型表面。

④点击更多选项按钮弹出参数菜单,可以对层高、填充、速度、温度等具体参数进行设置,这些选项的调协如表 11.4 所示。

表 11.4 更多选项下的参数说明

| | | |
|---|---|---|
| 层高 | 层高是打印中每一层叠加的高度,数值越小,模型文件表面更细腻 | |
| | 第一层层高 | 是模型文件第一层的层厚,这将影响到模型与打印平台的黏合度,最大厚度为 0.4 mm。一般情况下,建议用户使用默认的层参数即可(注:该选项仅在 Slic3r 切片引擎下支持) |
| | 外壳数量 | 控制每层模型外壳部分的打印圈数,最大数量为 10 |
| 填充 | 填充密度 | 等同于填充率 |
| | 填充形状 | 模型内部填充部分的形状,不同的填充形状可能会影响到打印时间 |
| 速度 | 打印速度 | 打印中喷头的移动速度,较慢的速度会获得相对更高的精度,也会获得相对细腻的模型表面 |
| | 支撑打速度 | 控制打印支撑结构时喷头的移动速度(注:该选项仅在 Slic3r 切片引擎下支持) |
| | 空走速度 | 控制喷头在不打印状态下的移动速度 |
| 温度 | 喷头及打印平台温度 | a. ABS 耗材建议喷头温度设置为 220 ℃,打印平台温度默认设置为 105 ℃;<br>b. PLA 耗材建议喷头温度设置为 220 ℃,打印平台默认 50 ℃ |
| 其他选项 | 陡峭判定阈值 | 设置支撑的生成条件,即超过设定陡峭度的部位将生成支撑结构 |

注:不同的温度会对打印成型效果产生细微影响,想要获得更好的打印效果,需要用户根据自身情况进行调整。打印参数设置完成后点击确定,保存为. g 或. gx 文件即可用于 Dreamer Pro 打印。

(3)视角

从不同角度观察模型。长按鼠标左键,可以拖动打印范围框体在屏幕中的位置;长按鼠标右键,通过移动鼠标来变换不同的角度;滚动鼠标滚轮来改变观察距离。同时按住 Shift 键状态下,上述两种操作方式相互切换。在除视角模式之外的模式中,长按鼠标右键,通过移动鼠标来变换不同的角度;长按鼠标右键并加按 Shift 键,可以拖动打印范围框体在屏幕中的位置。在任何操作状态下,都可以如此操作来改变模型观察角度与观察距离。

再次点击视角按钮，将弹出视角选择框，可以选择从六个方向观察模型，也可以选择重置模型视角。

(4)移动

用来调节模型空间位置。鼠标左键选择需要移动的模型文件，被选中的模型会呈现更为明亮的颜色。选中模型后，长按鼠标左键并移动鼠标来移动模型。坐标箭头显示模型相对前一位置产生的位移方向和距离。再次点击移动按钮，将弹出设置位置框，可以调节或设置模型的坐标，或者重置模型位置。

(5)旋转

用来调节模型摆放姿态。选中需要操作的模型后，会看到相互垂直的三个圆环，分别为红色、绿色、蓝色。点击选中圆环后可以在当前圆环方向进行旋转。转过的角度和转动方向将以夹角显示在圆心位置。再次点击旋转按钮，将弹出设置旋转框，可以设置转动角度或者重置模型姿态。

(6)缩放

用来调节模型的大小。选中模型文件后，长按鼠标左键并拖动鼠标来改变模型大小。模型文件当前的长、宽、高数值将显示在对应的三条边框上。再次点击缩放按钮，可以设置模型的尺寸，或者改变各个方向上的比例以进行缩放。当下方的“保持比例”选项为勾选状态下，改变任意一边的长度将使模型进行等比例缩放；如“保持比例”选项为不勾选状态，长度的改变将在单一方向上进行。点击最大尺寸，模型将自动等比例缩放到打印机允许的最大尺寸上，重置按钮可以返回模型的最初样式。

(7)喷头

双击喷头按钮，会弹出设置喷头框。在选中需要设置的模型后，可以选择打印该模型使用的喷头。如果用户的打印机为双喷头打印机，设置为左喷头打印的部分将在模型上显示为绿色，使用右喷头打印的部分将显示为米色。

2. 菜单栏

菜单栏下的选项及各个选项的功能如表 11.5 所示。

表 11.5 菜单栏下的选项及功能说明

| | |
|---|---|
| 载入文件 | 点击“载入文件”选项，选择一个 3D 文件(.stl & .obj)你可以从 www.ishare3d.com 上下载 3D 模型。载入成功以后，可以在软件的平台上看到所载入的 3D 模型。该 3D 模型就是实际打印的模拟 |
| 保存场景 | 将当前软件中显示的模型，包括模型的相关设置参数保存到一个.stl 文件中 |
| 示例 | 软件中直接有四个示例模型，便于进行初次打印以及相关打印测试。可以根据示例模型的打印情况来评估 Dreamer Pro 打印机的现况 |
| 最近打开的文件 | 便于用户浏览查看最近打开的文件 |
| 偏好位置 | 语言文字选项，有四种语言文字，每次重新选择语言文字后需要重启软件 |
| 关闭 | 关闭软件 |

3. 编辑

编辑下的选项及各个选项的功能如表 11.6 所示。

表 11.6　编辑下的选项及功能说明

| | |
|---|---|
| 撤销 | 撤销上一步的操作 |
| 重做 | 取消撤销 |
| 全选 | 选中软件中的全部模型 |
| 创建副本 | 复制且仅能复制一次软件平台上的模型(所有模型) |
| 删除 | 删除选中的模型 |

4. 打印、视图、工具、帮助

(1)打印

打印功能说明如表 11.7 所示。

表 11.7　打印功能说明

| | |
|---|---|
| 连接 | 将 Dreamer Pro 打印机连接到电脑,有串口(USB)和 WIFI 两种连接方式。另请阅读 WIFI 设置部分 |
| 断开 | 断开 Dreamer Pro 打印机和电脑的连接 |
| 打印 | 请参照工具栏下的打印选项操作 |

(2)视图

视图功能说明如表 11.8 所示。

表 11.8　视图功能说明

| | |
|---|---|
| 六视图 | 可分别从六个不同的面观察模型 |
| 显示模型边框 | 高亮显示模型的边线,便于更好地观察 |
| 显示陡峭表面 | 高亮显示陡峭面的区域,这些区域需要支撑打印 |

(3)工具

工具功能说明如表 11.9 所示。

表 11.9　工具功能说明

| | |
|---|---|
| 控制面板 | 控制面板是一个带有诊断功能的菜单,包括 $X$、$Y$、$Z$ 轴电机的点动控制,喷头电机的转速设置以及喷头和平台温度的设置,该功能仅在连接电脑的情况下有效 |

表 11.9(续)

| | |
|---|---|
| 更新固件 | 当 Dreamer Pro 有新的固件需要更新时,可以使用该选项进行更新固件,必须连接到电脑进行更新 |
| 主板参数配置 | 查看主板的参数配置 |
| 机器信息 | 查看 Dreamer Pro 打印机的版本信息 |

(4)帮助

帮助功能说明如表 11.10 所示。

表 11.10 帮助功能说明

| | |
|---|---|
| 帮助 | 点击帮助选项,打开 FlashPrint Pro 使用指南 |
| 模型共享 | 将您的模型共享到爱炫 3D 网站 www. ishare3d. com |
| 检查更新 | 查看软件的更新情况,若有更新将会自动提示 |
| 关于 | 查看软件的版本信息 |

5. 一般的打印流程

(1)USB 连接打印

①用 2.0 的数据线连接 Dreamer Pro 到电脑上。

②打开机器,确保打印平台已被调平,耗材装载在左喷头上。

③在软件的菜单栏中选择“打印”,然后选择“连接机器”。

④点击“重新扫描”,然后点击“连接”。

⑤现在打印机连接上了 FlashPrint Pro。右下角状态栏会显示两个喷头和打印平台的温度。

⑥点击“打印”图标,会出现一个打印选择的对话框。确保在左侧材料选项选择了“ABS”高级选项,可以点击“更多选择”图标来进行。注意在对话框上方勾选“分层完成后打印”然后点击“确定”。

⑦后缀为. g 或. gx 代码文件可以保存在任何位置,保存后模型开始切片,并自动上传至 Dreamer Pro 中,打印机开始进入预热模式,预热完成后即开始打印。

(2)从 SD 卡打印

①将 SD 卡插入到电脑中。

②模型设置好后点击“打印”,出现打印选择对话框,确保在左侧材料选项选择了“ABS”高级选项,可以点击“更多选择”图标来进行。注意在对话框上方勾选“打印预览”后点击“确定”。

③将. g 或. gx 代码文件保存到 SD 卡,软件开始对模型切片。

④切片完成后,将 SD 卡插入打印机的卡槽中,并启动打印机,确保已被调平,耗材已装载与左喷头。

⑤点击触摸屏主菜单中“打印”按键,然后选择中间 SD 卡图标,出现打印文件列表,选

择您所需要打印的文件,点击“是”。注意,.gx 文件是可预览的。

⑥打印机开始预热,预热完成后则开始打印。

(3)支撑打印

如果3D模型有处于“悬空”状态的部位,这些部位就需要支撑来进行打印。在打印选择对话框中有“支撑”选项,用户可以选择左/右喷头来进行支撑部分打印,另一个喷头来打印模型实体。在这里,推介用户使用可溶性耗材来进行打印支撑,可溶性耗材可溶于水或香蕉水,便于去除支撑打印部分的材料。

6. 打印中的常见错误和解决办法

(1)开始打印第一层时,若吐丝未能与底板较好的粘接在一起,请立即停止打印,并重新调平底板。

(2)若打印中出现断丝的情况,请立即停止打印,并通知实训教师。

(3)打印时,若遇到喷头不吐丝的情况,请立即停止打印,并通知实训教师。

(4)打印时,若发现打印的模型底面与底板脱落,请停止打印,重新调平底板,并且打印时加底板。

7. 模型打印完成以后的后期工艺

(1)打印完成以后,请把工作台手动调到合适高度,用小铲子把模型从打印平台上卸下来,如若难以卸载,请通知实训老师。

(2)用整形锉刀将模型表面的毛刺去掉,并用尖嘴钳将支撑部分去除。

(3)将模型放置在的通风的地方由实训老师统一上色。

(4)若模型需要拼接,请使用实训老师统一发放的黏结剂。

# 第 12 章　钣金实训

## 12.1　实训目的

通过为期两周的实训，使学生对钣金以及钣金加工工艺有一定认识，对钣金初级加工有一定的操作技能。让学生把自己内心的想法通过钣金加工的方式表达出来，从大环境上认识和了解钣金加工，使学生通过对一个钣金题目的制作，把理论知识和实践操作有机地结合到一起。由于钣金操作需要分组制作，在制作过程中不但培养了学生的分工协作的能力，同时还培养了学生的团队协作精神。

## 12.2　实训要求

1. 着装要求：不准穿背心、短裤、拖鞋和戴围巾进入生产实训场地。上课前穿好长袖工作服，戴好工作帽，女同学辫子盘在工作帽内。
2. 遵守现场纪律要求。
3. 遵守用电和防火要求。
4. 遵守设备及工具使用操作要求。
5. 提倡节约使用材料。
6. 遵守场地内卫生要求。

## 12.3　实训设备

### 12.3.1　剪板机

剪板机(plate shears;guillotine shear)是用一个刀片相对另一刀片做往复直线运动剪切板材的机器。其借于运动的上刀片和固定的下刀片，采用合理的刀片间隙，对各种厚度的金属板材施加剪切力，使板材按所需要的尺寸断裂分离。剪板机属于锻压机械的一种，主要应用于金属加工行业。剪板机实物图和剪切原理图如图 12.1 和图 12.2 所示。

1. 工作过程

后挡料控制剪切工件的长度，当踩下脚踏开关后，工件立即被压料脚压紧，导向板带着刀片准备下行剪切。其工作过程示意图如图 12.3 所示。

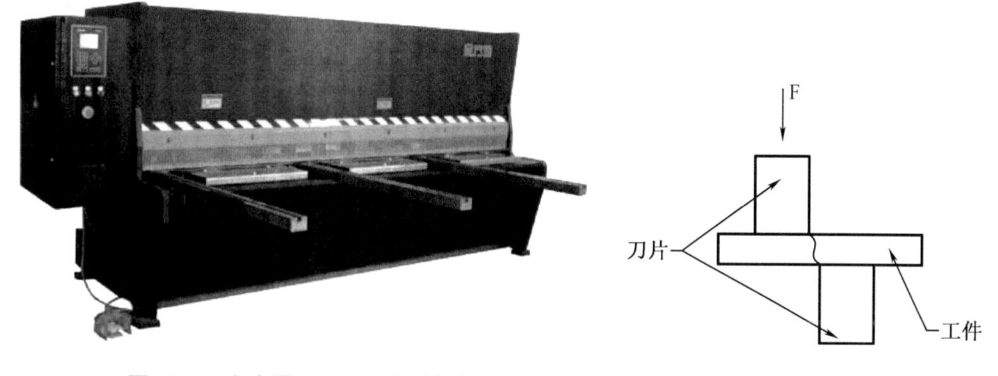


图12.1 金方圆6×2500型剪板机

图12.2 剪切原理图

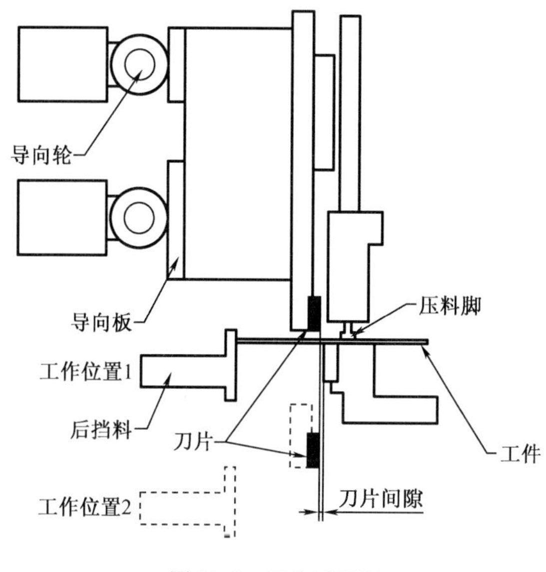


图12.3 工作过程图

工作位置1:钢板被压料脚压紧准备剪切。

工作位置2:剪板机下行,钢板被剪切。

剪切过程结束后,导向板带着刀片回到起始位置,准备下一次剪切。

2. 主要性能特点

(1)与普通剪板机相配套,为前送料数控剪板机,相比后挡料定位更加精确,可完全替代人工,主要应用于各种尺寸的板材剪切、下料,效率高,下料精确,可实现自动编程、自动定位、自动裁切、自动送料、自动回位等功能。

(2)保护功能包括:

①超限保护,当行程走到极限后会自动停止运动,避免撞车;

②自诊断保护功能,当软件、系统或电气出现故障时会自动报警,提醒检查和排除;

③气压保护功能,当气压过低时会报警并停止工作,避免损伤气动元件;

④电压保护功能,当电压波动过大时,会自动报警并停止工作,避免损坏伺服系统、电气件及软件程序。

(3)选用气动式自动夹钳,夹持力大,送料平稳,操作方便。

### 12.3.2 联合冲剪

联合冲剪机,如图 12.4 所示,是一种综合了金属剪切、冲孔、剪板、折弯等多种功能的机床设备,它具有操作简便、能耗少、维护成本低等优点,是现代化制造业(如冶金、桥梁、通信、电力、军工等行业)金属加工的首选设备。联合冲剪机分液压联合冲剪机和机械联合冲剪机两种。联合剪使用的刀具如图 12.5 所示。

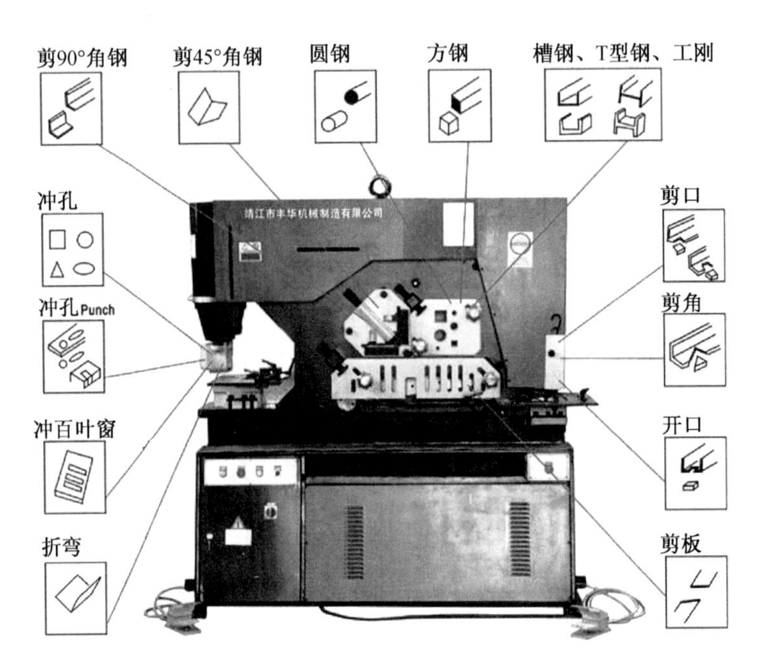


图 12.4 联合冲剪机

图 12.5 联合剪使用的刀具

### 12.3.3 油压机

油压机(液压机的一种)是一种通过专用液压油作为工作介质,通过液压泵作为动力源,靠泵的作用力使液压油通过液压管路进入油缸/活塞,然后油缸/活塞里有几组互相配合的密封件,不同位置的密封都是不同的,但都起到密封的作用,使液压油不能泄露,最后通过单向阀使液压油在油箱循环使油缸/活塞循环做功从而完成一定机械动作来作为生产力的一种机械。100 t 四柱油压机如图 12.6 所示,油压机制作的产品如图 12.7 所示。

图 12.6 100 t 四柱油压机

(a)电动机外壳

(b)钢罐壳体

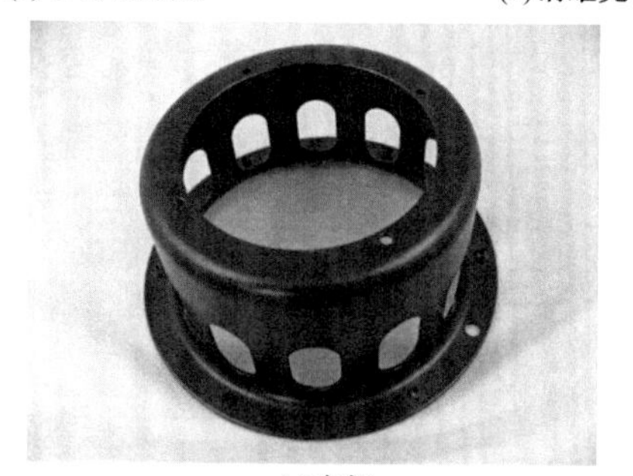

(c)支架

图 12.7 油压机制作的产品

### 12.3.4 冲压式压力机

冲床,如图 12.8 所示,是一台冲压式压力机。在国民生产中,冲压工艺比传统机械加工来说有节约材料和能源,效率高的特点。冲压生产主要是针对板材的,通过模具,能做出落料、冲孔、成型、拉深、修整、精冲、整形、铆接及挤压件等,广泛应用于各个领域。如在日常生活中用到的开关插座、杯子、碗柜、碟子、电脑机箱等,以及听到或看到的导弹、飞机……有非常多的配件都可以用冲床通过模具生产出来。

图 12.8　冲床实物图

冲床的设计原理是将圆周运动转换为直线运动,由主电动机出力,带动飞轮,经离合器带动齿轮、曲轴(或偏心齿轮)、连杆等运转,来达成滑块的直线运动。冲床结构如图 12.9 所示,冲床加工的制品如图 12.10 所示。

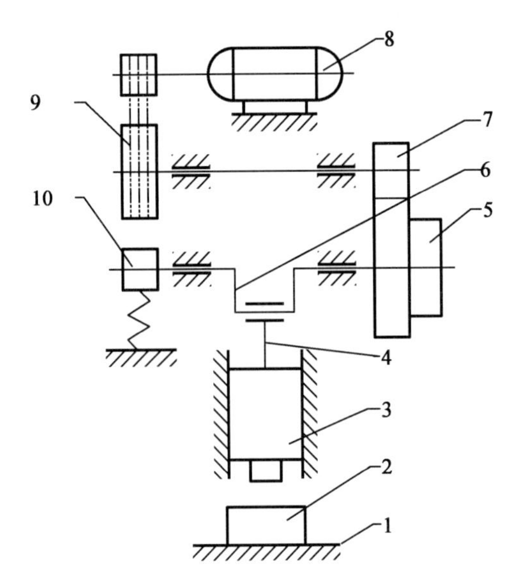


1—机体;2—工作台;3—滑块;4—连杆;5—离合器;6—曲轴;
7—减速齿轮;8—电机;9—飞轮;10—刹车。

图 12.9　冲床结构图

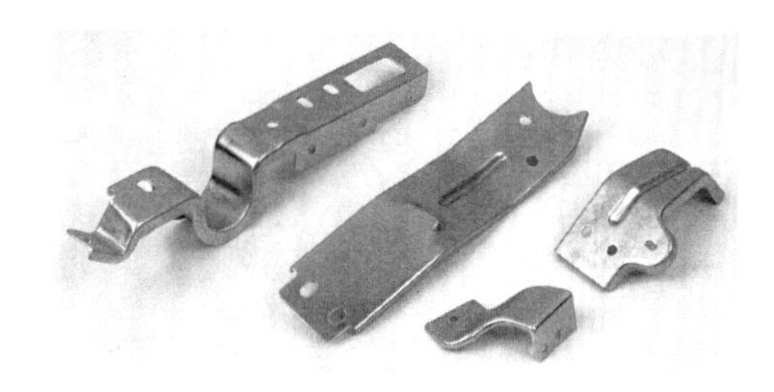

图12.10 冲床加工的制品

### 12.3.5 卷板机

卷板机(rolling machine),如图12.11所示,是对板材进行连续点弯曲的塑形机床,具有卷制O型、U型、多段R型等不同形状板材的功能。三辊卷板机有机械式和液压式:机械式三辊卷板机分为对称和非对称,可将金属板材卷成圆形、弧形和一定范围内的锥形工件。

卷板机工作原理:对称式卷板机上辊在两下辊中央对称位置通过液压缸内的液压油作用于活塞做垂直升降运动,通过主减速机的末级齿轮带动两下辊齿轮啮合做旋转运动,为卷制板材提供扭矩。卷板机规格平整的塑性金属板通过卷板机的三根工作辊(两根下辊、一根上辊)之间,借助上辊的下压及下辊的旋转运动,使金属板经过多道次连续弯曲(内层压缩变形,中层不变,外层拉伸变形),产生永久性的塑性变形,卷制成所需要的圆筒、锥筒或它们的一部分。液压式三辊卷板机缺点是板材端部须借助其他设备进行预弯。该卷板机适用于卷板厚度在50 mm以上的大型卷板机,两根下辊的下部增加了一排固定托辊,缩短两根下辊跨距,从而提高卷制工件精度及机器整体性能。

图12.11 卷板机外观

### 12.3.6 折弯机

折弯(bending)加工适用于金属材料和拉伸性能比较好的材料。板料在折弯机上模或下模的压力下,首先经过弹性变形,然后进入塑性变形,在塑性弯曲的开始阶段,板料是自由弯曲的,随着上模或下模对板料的施压,板料与下模V型槽内表面逐渐靠紧,同时曲率半径和弯曲力臂也逐渐变小,继续加压直到行程终止,使上下模与板材三点靠紧全接触,此时完成一个V型弯曲,就是俗称的折弯。金方圆60×1500型折弯机如图12.12所示。

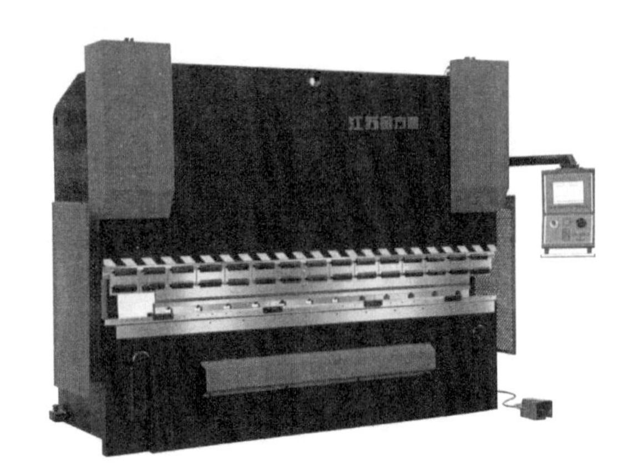

图 12.12　金方圆 60 × 1500 型折弯机

成型基本过程：
(1)调整后挡块位置，确定工件折弯尺寸；
(2)将钢板放入上下模之间，如图 12.13(a)所示；
(3)上模将工件压至图纸需要角度，如图 12.13(b)所示；
(4)上模抬起，准备下一次工作。

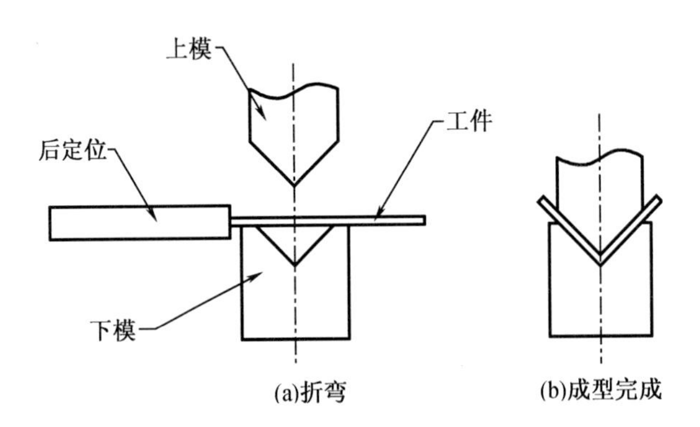


图 12.13　折弯机成型原理图

折弯机的折弯制品如图 12.14 所示。

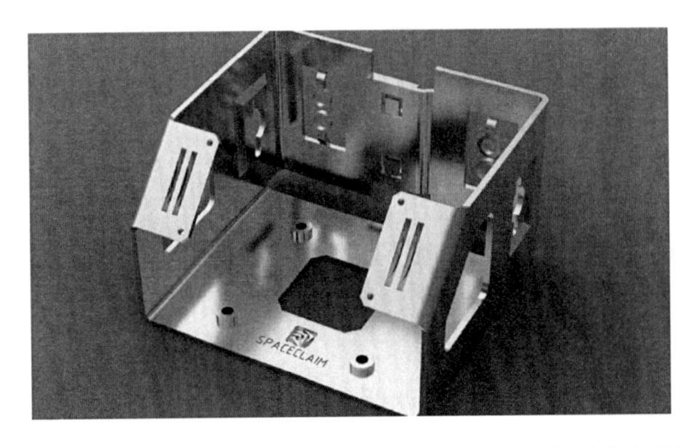

图 12.14　折弯机的折弯制品

# 12.4 实训内容

### 12.4.1 钣金的定义

钣金是针对金属薄板(通常在6 mm以下)的一种综合冷加工工艺,包括剪、冲、切、复合、折、焊接、铆接、拼接、成型等。其显著的特征就是同一零件厚度一致。

### 12.4.2 钣金加工特点

(1)材料利用率高;

(2)劳动生产率高;

(3)质量小;

(4)能够获得其他加工方法难以加工或无法加工的形状复杂的零件。

据统计,钣金零件占全部金属制品总数的90%以上,钣金零件具有自身薄,易成形等特点,可以成型为各种形状的零部件。随着焊接、组装、拉铆等工艺的应用,给予了产品实现多结构的可能性。

### 12.4.3 钣金成型与钣金展开的区别

(1)钣金成型是将钢板的平整区域弯曲成某一角度、圆弧状、拉伸、扭转等成型的过程。

(2)钣金展开是将成型的钣金件展开成平面薄板的过程。

### 12.4.4 钣金成型的常用方法及设备

1. 钣金成型的常用方法

(1)分离:主要包括剪裁、冲裁(落料、冲孔)、切口等。

(2)变形:主要包括弯曲(折角和滚动)、拉延、扭转、成形(起伏、翻边)等。其特点是板料受外力后,应力超过屈服极限,但低于强度极限,经过塑性变形后成一定形状。

2. 钣金成型常用设备

固定式电阻焊机、剪板机、联合冲剪机、油压机、立式可倾压力机、折弯机、卷板机。

### 12.4.5 钣金常用工具的使用及注意事项

(1)台虎钳:夹持功能,不能用力砸钳口;

(2)手虎钳:夹持和剪切功能,不能用来敲击物体;

(3)直角尺:测量功能,不能敲击及作为垫片进行敲击物体;

(4)铁皮剪:剪铁皮用,不能剪铁丝;

(5)角度尺:用来测量和检验角度的量具;

(6)锤子:敲击物体,防止锤头甩出;

(7)锉刀:用修形及处理工件加工产生的毛刺,不能敲击及用台虎钳夹持锉刀;

(8)划针:用在金属工件上划线,不能撞击划针的尖部;

(9)圆规:用在金属工件上划线,不能撞击划针的尖部;

(10)样冲:用在钢板上打孔。

# 参考文献


[1] 郝新博.普通车床改造中数控技术的应用研究[J].内燃机与配件,2021(19):80-81.

[2] 凌旭东.普通车床实习教学质量提升策略[J].内燃机与配件,2021(05):242-243.

[3] 陈燕燕.数控车床加工实习教学中常见故障与解决方法探究[J].内燃机与配件,2021(09):228-229.

[4] 刘莉莉.数控加工工艺设计原则及方法探讨[J].装备制造技术,2021(02):213-214,228.

[5] 钱益超.机械加工中的数控加工工艺探析[J].内燃机与配件,2020(24):87-88.

[6] 朱峥.关于数控车床加工实习教学的探讨[J].中国金属通报,2021(04):223-224.

[7] 徐冬香,李小标,何康,等.数控技术在金工实习中的应用[J].科技视界,2021(19):16-17.

[8] 蒋毅,徐凤.论数控车床加工常见安全事故及预防办法[J].南方农机,2019,50(20):165.

[9] 张光曙.加工中心机械加工工艺设计分析[J].现代制造技术与装备,2021,57(12):126-128.

[10] 吕剑峰,房志华,张海波,等.焊接工艺技术及焊接质量控制[J].内蒙古水利,2021(12):79-80.

[11] 陈小刚.机械装配中钳工的操作技能分析[J].内燃机与配件,2022(02):194-196.